世纪英才高等职业教育课改系列规划教材（电子信息类）

# 微控制器及其应用

林契 主编

人民邮电出版社

北京

图书在版编目（CIP）数据

微控制器及其应用 / 林挈主编. -- 北京：人民邮电出版社，2010.6
（世纪英才高等职业教育课改系列规划教材.电子信息类）
ISBN 978-7-115-22505-4

Ⅰ.①微… Ⅱ.①林… Ⅲ.①微控制器－高等学校：技术学校－教材 Ⅳ.①TP332.3

中国版本图书馆CIP数据核字（2010）第037386号

## 内 容 提 要

本书从微控制器应用开发职业岗位的任职要求出发，以3个应用项目为载体，介绍了微控制器控制系统总体控制方案的设计、常用的微控制器机型和系统设计常用器件型号、微控制器接口电路设计、控制程序设计与系统联机调试等内容。本书以自主开发的 51 系列单片机实验平台为基础，辅以各种调试工具，从简单的 I/O 接口应用实例开始，由浅入深，循序渐进，全面而翔实地介绍了微控制器应用的相关知识，包括指示灯控制器系统设计与调试、超速报警系统设计与调试、电动自行车调速系统设计与调试的相关知识和操作训练内容。本书力求做到对 51 系列单片机应用知识和微控制器控制系统开发过程介绍的全面性，并将理论知识与操作练习融为一体，使学生逐渐提高举一反三的能力，全面掌握微控制器控制系统的设计与调试技术。

本书可作为高职高专院校应用电子技术、电气自动化、机电一体化专业的教材，也可作为相关专业师生和工程技术人员的参考用书。

世纪英才高等职业教育课改系列规划教材（电子信息类）
### 微控制器及其应用

◆ 主　　编　林　挈
　　责任编辑　丁金炎
　　执行编辑　郑奎国

◆ 人民邮电出版社出版发行　北京市崇文区夕照寺街 14 号
　　邮编　100061　电子函件　315@ptpress.com.cn
　　网址　http://www.ptpress.com.cn
　　三河市潮河印业有限公司印刷

◆ 开本：787×1092　1/16
　　印张：16.5
　　字数：381 千字　　　　　　2010 年 6 月第 1 版
　　印数：1 – 3 000 册　　　　 2010 年 6 月河北第 1 次印刷

ISBN 978-7-115-22505-4
定价：31.00 元
读者服务热线：(010)67129264　印装质量热线：(010)67129223
反盗版热线：(010)67171154

# 前言 *Foreword*

  本书是金华职业技术学院国家示范性高职院校建设项目成果之一，是由多年从事微控制器应用项目开发及课程教学的老师和紧密合作企业的工程师一起编写的。本书从高职学生的学习能力、微控制器应用技能的实用性和课程教学的可操作性出发，选择了当前国内流行的 51 系列单片机为主要教学对象，介绍微控制器控制系统的开发方法。

  本书的内容选取参照了工作过程系统化的要求，主要面向助理电子设计工程师所从事的分析系统总体设计方案、单片机和电子元器件选型、设计单片机的外部接口电路、编写控制程序与系统联机调试、编写简单技术文件等典型工作任务，针对区域电子行业的主流技术，结合学生的认知规律，并融入了由工业和信息化部委托中国电子企业协会组织的全国单片机应用设计师资格考试的要求，最后综合分析并归纳确定了书中内容。

  本书力求做到对微控制器应用知识与微控制器控制系统开发过程介绍的全面性，以便使学生掌握关键技术，达到举一反三的目的。按照项目描述、项目学习引导、工作页、练习页的次序，书中完整地介绍了微控制器应用项目的开发过程。

  本书共设计了 3 个教学项目，参考学时数为 120 学时，可以采用项目引领、任务驱动、学做结合的理论实践一体化和工作过程系统化的教学方式进行学习。通过指示灯控制系统设计与调试、超速报警系统设计与调试和电动自行车调速系统设计与调试 3 个项目的详细介绍与教学，学生即可以掌握微控制器控制系统开发的一般方法。

  本书开篇导读、项目二由林契老师和尹华军老师共同编写、项目一和附录由林契老师编写，项目三由廖任秀老师和尹华军老师共同编写。

  在本书的编写过程中，先后得到金华南天邮电设备制造有限公司的工程技术人员、武汉铁路技师学院的李忠国老师和金华职业技术学院领导的大力支持，在此一并表示衷心的感谢。

  限于编者水平，书中难免会有不妥之处，恳请读者批评指正。

编　者

# 目 录
## Contents

开篇导读 ··················································································· 1
  导读一　认识微控制器 ································································· 1
  附录 1　数制与编码 ···································································· 31
  导读二　单片机开发工具 ····························································· 37

项目一　指示灯控制系统的设计与调试 ············································ 65
  任务一　指示灯亮灭控制模块 ······················································ 66
    第一部分　任务学习引导 ·························································· 66
    第二部分　工作页 ··································································· 74
    第三部分　练习页 ··································································· 77
  附录 2　AT89C51 的 I/O 口 ························································· 78
  任务二　指示灯开关控制模块 ······················································ 81
    第一部分　任务学习引导 ·························································· 82
    第二部分　工作页 ··································································· 90
    第三部分　练习页 ··································································· 95
  附录 3　程序设计的基本结构 ······················································· 97
  任务三　装饰灯控制模块 ···························································· 99
    第一部分　任务学习引导 ························································· 100
    第二部分　工作页 ·································································· 111
    第三部分　练习页 ·································································· 114
  附录 4　AT89C51 的中断系统 ····················································· 116

项目二　超速报警系统的设计与调试 ·············································· 124
  任务一　速度显示模块 ······························································ 125
    第一部分　任务学习引导 ························································· 126
    第二部分　工作页 ·································································· 140
    第三部分　练习页 ·································································· 142
  任务二　转速测量模块 ······························································ 144
    第一部分　任务学习引导 ························································· 145
    第二部分　工作页 ·································································· 160
    第三部分　练习页 ·································································· 165
  附录 5　AT89C51 的定时器/计数器脉冲宽度测量应用 ······················ 166

任务三　超限报警模块 …………………………………………………………… 167
　　　　第一部分　任务学习引导 ……………………………………………………… 168
　　　　第二部分　工作页 ……………………………………………………………… 170
　　　　第三部分　练习页 ……………………………………………………………… 178
　　附录6　液晶显示接口设计 ………………………………………………………… 179

项目三　电动自行车调速系统的设计与调试 ………………………………………… 191
　　任务一　调速信号采集模块 ………………………………………………………… 191
　　　　第一部分　任务学习引导 ……………………………………………………… 192
　　　　第二部分　工作页 ……………………………………………………………… 200
　　　　第三部分　练习页 ……………………………………………………………… 207
　　任务二　直流电动机驱动模块 …………………………………………………… 209
　　　　第一部分　任务学习引导 ……………………………………………………… 209
　　　　第二部分　工作页 ……………………………………………………………… 216
　　　　第三部分　练习页 ……………………………………………………………… 225
　　任务三　电动机过电流保护模块 ………………………………………………… 226
　　　　第一部分　任务学习引导 ……………………………………………………… 227
　　　　第二部分　工作页 ……………………………………………………………… 228
　　　　第三部分　练习页 ……………………………………………………………… 231
　　附录7　AT89C51串行接口 ………………………………………………………… 233
　　附录8　补充知识 …………………………………………………………………… 244
　　附录9　MC5-51指令系统汇总 …………………………………………………… 249
　　附录10　主要知识点索引表 ………………………………………………………… 254
参考文献 ………………………………………………………………………………… 256

# 微控制器及其应用

# 开篇导读

## 导读一　认识微控制器

单片机全称为单片微型计算机（Single Chip Microcomputer），又称微控制器（Microcontroller Uint）或嵌入式控制器（Embedded Controller），是微型计算机的一个很重要的分支。将计算机的中央处理器（CPU）、存储器（ROM，RAM）、各种输入/输出接口（并行 I/O、串行 I/O、定时器/计数器、中断控制以及 A/D 转换器等）、系统时钟及系统总线等基本部件微型化并集成到一块硅片上，这样一块芯片具有微型计算机的功能，因此称为单片微型计算机。

单片机被称为微控制器，是因为它最早应用在工业控制领域。单片机由芯片内仅有 CPU 的专用处理器发展而来。最早的设计理念是通过将大量外围设备和 CPU 集成在一个芯片中，使计算机系统更小，更容易集成到复杂的且对要求严格的控制设备当中。Intel 的 Z80 是最早按照这种思想设计的处理器，从此以后，单片机和专用处理器的发展便分道扬镳了。

### 一、微控制器的发展及应用

单片机自 1976 年诞生以来，世界各大半导体公司推出的单片机已有数十个系列几百种产品。早期的单片机都是 8 位或 4 位的。其中最成功的是 Intel 的 8031，因为简单可靠而性能不错获得了很大的好评。此后 MCS-51 单片机系列得到了进一步的发展和补充。基于这一系列的单片机系统直到现在还在广泛使用。随着工业控制领域要求的提高，开始出现了 16 位单片机，但因为性价比不理想并未得到很广泛的应用。20 世纪 90 年代后随着消费电子产品大发展，单片机技术得到了巨大的提高。随着 Intel i960 系列特别是后来的 ARM 系列的广泛应用，32 位单片机迅速取代了 16 位单片机的高端地位，并且进入主流市场。而传统的 8 位单片机的性能也得到了飞速提高，处理能力比起 20 世纪 80 年代提高了数百倍。目前，高端的 32 位单片机主频已经超过 300MHz，性能直追 20 世纪 90 年代中期的专用处理器，而普通型号的出厂价格跌落至 1 美元，最高端的型号也只有 10 美元。当代单片机系统已经不再只在裸机环境下开发和使用，大量专用的嵌入式操作系统被广泛应用在全系列的单片机上。而在作为掌上计算机和手机核心处理的高端单片机甚至可以直接使用专用的 Windows 和 Linux 操作系统。

MCS-51 具有以下特征：典型的结构，完善的总线专用寄存器的集中管理，众多的逻辑位操作功能及面向控制的丰富的指令系统，堪称为一代"名机"，并为以后的其他单片机的发展奠定了基础。正因为其优越的性能和完善的结构，导致后来的许多厂商多沿用或参考了其体系结构，有许多世界大的电气商丰富和发展了 MCS-51 单片机，像 PHILIPS、Dallas、ATMEL 等著名的半导体公司都推出了兼容 MCS-51 的单片机产品，就连我国台湾地区的

WINBOND 公司也发展了兼容 C51（人们习惯将 MCS-51 简称 C51，如果没有特别声明，二者同指 MCS-51 系列单片机）的单片机品种。单片机经过 30 多年的迅猛发展，其产品已经形成了多公司、多系列、多型号的局面。当前影响较大的公司及其 8 位机型主要产品如表 0-1 所示。

表 0-1　目前较著名的 8 位单片机的生产厂家和主要机型

| 公　司 | 典型产品系列 |
| --- | --- |
| Intel（美国英特尔）公司 | MCS-51 及其增强型系列 |
| ATMEL（爱特梅尔）公司 | 与 MCS 系列兼容的 MCS-51 系列 |
| Motorola（摩托罗拉）公司 | 6801 系列和 6805 系列 |
| PHILIPS（荷兰飞利浦）公司 | 8×C552 及 89C66X 系列 |
| Microchip（美国微芯科技）公司 | PIC16 5X 系列 |
| Infineon（原 Siemens 半导体）公司 | C500 系列 |
| Zilog（美国齐洛格）公司 | Z8 系列及 SUPER8 |
| Fairchild（美国仙童）公司 | F8 系统和 3870 系统 |
| Rockwell（美国洛克威尔）公司 | 6500/1 系列 |
| TI（美国得克萨斯仪器仪表）公司 | TMS7000 系列 |
| NS（美国国家半导体）公司 | NS8070 系列 |
| RCA（美国无线电）公司 | CDP180 系列 |
| NEC（日本电气）公司 | uCOM87（uPD7800）系列 |
| HITACHI（日本日立）公司 | HD6301、HD63L05、HD6305 |

随着超大规模集成电路技术的发展，单片机集成的功能越来越强大，并朝着系统的单片化（SOC）方向发展。目前单片机已渗透到我们生活的各个领域，几乎很难找到哪个领域没有单片机的踪迹。导弹的导航装置，飞机上各种仪表的控制，计算机的网络通信与数据传输，工业自动化过程的实时控制和数据处理，广泛使用的各种智能 IC 卡，民用豪华轿车的安全保障系统，录像机、摄像机、全自动洗衣机的控制，以及程控玩具、电子宠物等，都离不开单片机，更不用说自动控制领域的机器人、智能仪表、医疗器械了。因此，单片机的学习、开发与应用将造就一批计算机应用与智能化控制的科学家、工程师。

单片机广泛应用于仪器仪表、家用电器、医用设备、航空航天、专用设备的智能化管理及过程控制等领域，大致可分如下几个范畴。

1. 在智能仪器仪表上的应用

单片机具有体积小、功耗低、控制功能强、扩展灵活、微型化和使用方便等优点，广泛应用于仪器仪表中，结合不同类型的传感器，可实现诸如电压、功率、频率、湿度、温度、流量、速度、厚度、角度、长度、硬度、元素以及压力等物理量的测量。采用单片机控制使得仪器仪表数字化、智能化、微型化，且功能比采用电子或数字电路的更加强大，例如精密的测量设备（功率计，示波器，各种分析仪）。

2．在工业控制中的应用

用单片机可以构成形式多样的控制系统、数据采集系统。例如工厂流水线的智能化管理、电梯智能化控制、各种报警系统，与计算机联网构成二级控制系统等。

3．在家用电器中的应用

可以这样说，现在的家用电器基本上都采用了单片机控制，从电饭煲、洗衣机、电冰箱、空调机、彩电、音响视频器材，再到各种电子称量设备，五花八门，无所不在。

4．在计算机网络和通信领域中的应用

现代的单片机普遍具备通信接口，可以很方便地与计算机进行数据通信，为在计算机网络和通信设备间的应用提供了极好的物质条件，现在的通信设备基本上都实现了单片机智能控制，从手机、电话机、小型程控交换机、楼宇自动通信呼叫系统、列车无线通信，再到日常工作中随处可见的移动电话，集群移动通信，无线电对讲机等。

5．在医用设备领域中的应用

单片机在医用设备中的用途亦相当广泛，例如医用呼吸机、各种分析仪，监护仪，超声诊断设备及病床呼叫系统等。

6．在各种大型电器中的模块化应用

某些专用单片机设计用于实现特定功能，从而在各种电路中进行模块化应用，且不要求使用人员了解其内部结构。如音乐集成单片机，看似简单的功能，微缩在纯电子芯片中（有别于磁带机的原理），就需要复杂的类似于计算机的原理。如音乐信号以数字的形式存于存储器中（类似于ROM），由微控制器读出，转化为模拟音乐电信号（类似于声卡）。

在大型电路中，这种模块化应用极大地缩小了体积，简化了电路，降低了损坏、错误率，也方便更换。

此外，单片机在工商、金融、科研、教育、国防航空航天等领域都有着十分广泛的用途。

## 二、常用的单片机

下面介绍几种常用的 8 位单片机芯片，这些芯片是其所属系列比较有代表性的，其余的芯片请读者参阅相关的技术资料自行查阅。通过对这些芯片的了解，读者可以在实际应用中更加灵活地选型，从而在开发过程中节省实际的成本。

1．ATMEL 公司 AT89C51 单片机

AT89C51 是美国 ATMEL 公司生产的低电压、高性能 CMOS8 位单片机，片内含 4KB 可反复擦写的 Flash 只读程序存储器和 128B 的随机存取数据存储器（RAM），器件采用高密度非易失存储器制造技术，与工业标准的 MCS-51 指令集和输出引脚完全兼容。其方便易用、性价比高的显著特点，可适用许多高性价比的应用场合，可灵活应用于各种控制领域。其简化版 AT89C2051 也因价廉物美、体积小、功能强而受到用户的特别青睐。

本节主要以 AT89C51 为例，讲解 C51 系列单片机的硬件结构。

AT89C51 内置中央处理单元、128B 内部数据存储器 RAM、4KB Flash 程序存储器、32 个双向输入/输出（I/O）口、21 个特殊功能寄存器，可寻址各 64KB 的外部程序存储器和数据存储器，其他各部件的功能和使用方法将在后续章节陆续介绍。

此外，AT89C51 有位寻址功能及较强的布尔数据处理能力，还可工作于低功耗模式，可通过两种软件选择空闲和掉电模式。在空闲模式下冻结 CPU 而 RAM 定时器、串行口和中断系统维持其功能。掉电模式下，保存 RAM 数据，时钟振荡停止，同时停止芯片内其他功能。因此掉电模式可以用在如软关机等场合。

（1）AT89C51 单片机的封装和引脚

AT89C51 有 PDIP（40pin）、TQFQ 和 PLCC（44pin）三种封装形式，图 0-1 所示为 AT89C51PDIP 封装的引脚图，其功能特性如表 0-2 所示。

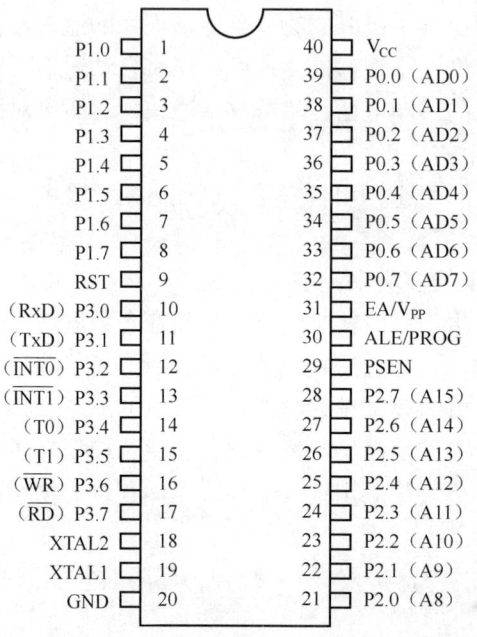

图 0-1　AT89C51 的引脚图

表 0-2　　　　　　　　　AT89C51 的主要功能特性

| 标准 MCS-51 内核和指令系统 | 4KB 内部 ROM（外部可扩展至 64KB） |
|---|---|
| 32 个可编程双向 I/O 口 | 128x8bit 内部 RAM（可扩充 64KB 外部存储器） |
| 2 个 16 位可编程定时/计数器 | 时钟频率 0～16MHz |
| 5 个中断源 | 5.0V 工作电压 |
| 可编程全双工串行通信口 | 布尔处理器 |
| 2 层优先级中断结构 | 电源空闲和掉电模式 |
| 快速脉冲编程 | 2 层程序加密位 |
| PDIP 和 PLCC 封装形式 | 兼容 TTL 和 CMOS 逻辑电平 |

① 电源引脚 $V_{CC}$ 和 $V_{SS}$。
- $V_{CC}$：电源端。正常工作和编程校验（8051/8751）时均为+5V。
- $V_{SS}$：接地端。

② 时钟电路引脚 XTAL1 和 XTAL2：XTAL1 和 XTAL2 分别为内部振荡电路反相放大器的输入端和输出端。这两个引脚外接石英晶体和微调电容即可为内部时钟电路提供振荡脉冲信号，以产生单片机有序工作所必需的时钟节拍。

③ 控制信号引脚 RST/VPD、ALE/$\overline{PROG}$、$\overline{PSEN}$ 和 $\overline{EA}$/VPP。

- RST/VPD：RST 是复位信号输入端，高电平有效。当此输入端保持两个机器周期（24 个时钟振荡周期）的高电平时，就可以完成复位操作。RST 引脚的第 2 功能是 VPD，即备用电源输入端。当主电源 $V_{CC}$ 发生断电或电压降到一定值时，备用电源通过 VPD 给内部 RAM 供电，以保证信息不丢失。

- ALE/$\overline{PROG}$：ALE 为地址锁存允许信号端。当访问外部存储器时，ALE 用来锁存由 P0 口送出的低 8 位地址信号。正常工作过程中，ALE 引脚以 fosc/6 的频率（fosc 为晶振频率）不断向外输出正脉冲信号，因而又可用作外部定时。但要注意，每当访问外部存储器时，将跳过一个 ALE 脉冲。此引脚的第 2 功能 $\overline{PROG}$ 是对片内带有可编程 ROM 的单片机（例如 8751 等）编程写入时，作为编程脉冲的输入端。

- $\overline{PSEN}$：外部程序存储器允许输出信号端，低电平有效。在访问外部 ROM 时，此端定时输出负脉冲作为读外部 ROM 的选通信号。在取指令期间，每当 $\overline{PSEN}$ 信号有效时，外部 ROM 的内容被送至数据总线（P0 口）。

- $\overline{EA}$/VPP：$\overline{EA}$ 为外部程序存储器访问允许信号端。当 $\overline{EA}$ 引脚接高电平时，CPU 先访问片内 ROM 并执行片内 ROM 中的指令，一旦地址超出片内 ROM 范围，再访问片外 ROM 的内容。当 $\overline{EA}$ 引脚接低电平时，CPU 只访问外部 ROM 并执行外部 ROM 中的指令。对于 8031，由于内部没有 ROM，因此 $\overline{EA}$ 引脚必须接地。该引脚的第 2 功能 VPP 是 8751EPROM 的 21V 编程电源输入端。

④ I/O 端口 P0、P1、P2 和 P3。

- P0 口：8 位漏极开路的双向 I/O 口，即地址/数据总线复用口。作为输出口用时，每位的吸收电流的方式驱动 8 个 TTL 逻辑门电路。对端口写"1"可作为高阻抗输入端用。如需增加负载能力，可在 P0 总线上增加总线驱动器。

在访问外部数据存储器或程序存储器时，这组口线分时转换地址（低 8 位）和数据，实现总线复用。

在 Flash 编程时，P0 口接收指令字节，而在程序校验时，输出指令字节，校验时，要求外接上拉电阻。

- P1 口：带内部上拉电阻的 8 位双向 I/O 口，P1 的输出缓冲级可驱动（吸收或输出电流）4 个 TTL 逻辑门电路。对端口写"1"，通过内部的上拉电阻把端口拉到高电平，此时可作输入口。做输入口使用时，因为内部存在上拉电阻，某个引脚被外部信号拉低时会输出一个电流（$I_{IL}$）。

Flash 编程和程序校验期间，P1 接收低 8 位地址。

- P2 口：带内部上拉电阻的 8 位双向 I/O 口，P2 的输出缓冲级可驱动（吸收或输出电流）4 个 TTL 逻辑门电路。对端口写"1"，通过内部的上拉电阻把端口拉到高电平，此时可作输入口。做输入口使用时，因为内部存在上拉电阻，某个引脚被外部信号拉低时会

输出一个电流（$I_{IL}$）。

在访问外部程序存储器或 16 位地址的外部数据存储器（例如执行 MOVX @DPTR 指令）时，P2 口送出高 8 位地址数据，在访问 8 位地址的外部数据存储器（如执行 MOVX @Ri 指令）时，P2 口线上的内容（即特殊功能寄存器（SFR）区中 P2 寄存器的内容）在整个访问期间不改变。

Flash 编程或校验时，P2 亦接收高位地址和其他控制信号。

● P3 口：带内部上拉电阻、引脚有复用功能的 8 位双向 I/O 口，如表 0-3 所示。P3 的输出缓冲级可驱动（吸收或输出电流）4 个 TTL 逻辑门电路。对端口写"1"，通过内部的上拉电阻把端口拉到高电平，此时可作输入口。做输入口使用时，因为内部存在上拉电阻，某个引脚被外部信号拉低时会输出一个电流（$I_{IL}$）。

表 0-3　　　　　　　　　P3 口各引脚第二功能

| P3 口引脚 | 第二功能 |
| --- | --- |
| P3.0 | RXD（串行口输入） |
| P3.1 | TXD（串行口输出） |
| P3.2 | $\overline{INT0}$（外部中断 0 输入） |
| P3.3 | $\overline{INT1}$（外部中断 1 输入） |
| P3.4 | T0（定时器 0 外部输入） |
| P3.5 | T1（定时器 1 外部输入） |
| P3.6 | $\overline{WR}$（外部 RAM 写信号） |
| P3.7 | $\overline{RD}$（外部 RAM 读信号） |

P3 口还接收一些用于 Flash 存储器编程和程序校验的控制信号。

注意：AT89C51 直接驱动负载时每个端口可驱动的最大灌电流负载（IOL）为 10mA；每组端口 8 个引脚的总灌电流负载驱动能力 P0 口为 26 mA，P1～P3 为 15mA；4 组（P0,P1,P2,P3）端口 32 个引脚的总灌电流负载驱动能力为 71 mA。驱动 TTL 负载时扇出系数为 8，驱动其他负载时，只能使用灌电流方式，其电流大小如前所述。

(2) AT89C51 单片机的内部结构

AT89C51 虽然仅是一块芯片，但包括了构成计算机的基本部件，因此可以说它是一台简单的计算机。

图 0-2 所示为 AT89C51 单片机的内部结构框图。如图 0-2 所示，单片机内部各个部分（CPU、RAM、ROM、I/O 接口等）由总线（共分为地址总线 AB、数据总线 DB、控制总线 CB 三大类）紧密地联系在一起。这就像人体的各个部位都通过神经受大脑的控制，心脏通过周身的血管将新鲜的血液送到身体的各个部位一样。

(3) AT89C51 单片机的存储器

存储器是单片机内用于存储数据的地方。为了便于理解，可以把一个存储器看作是一个大柜子，这个大柜子里有许多小抽屉，每一个小抽屉都可以用来存放一个数据。而 51 系列单片机处理的数据都是以字节（B）为单位的，每一字节包含 8 位二进制数字（0 或 1），所以，每一个小抽屉里又分成了 8 格。如果要在单片机内存储一个数据"6"，也就是"00000110"，只要在"抽屉"格子里对应地存入"1"或"0"就可以了（"1"或"0"依靠电平的高或低来实现）。

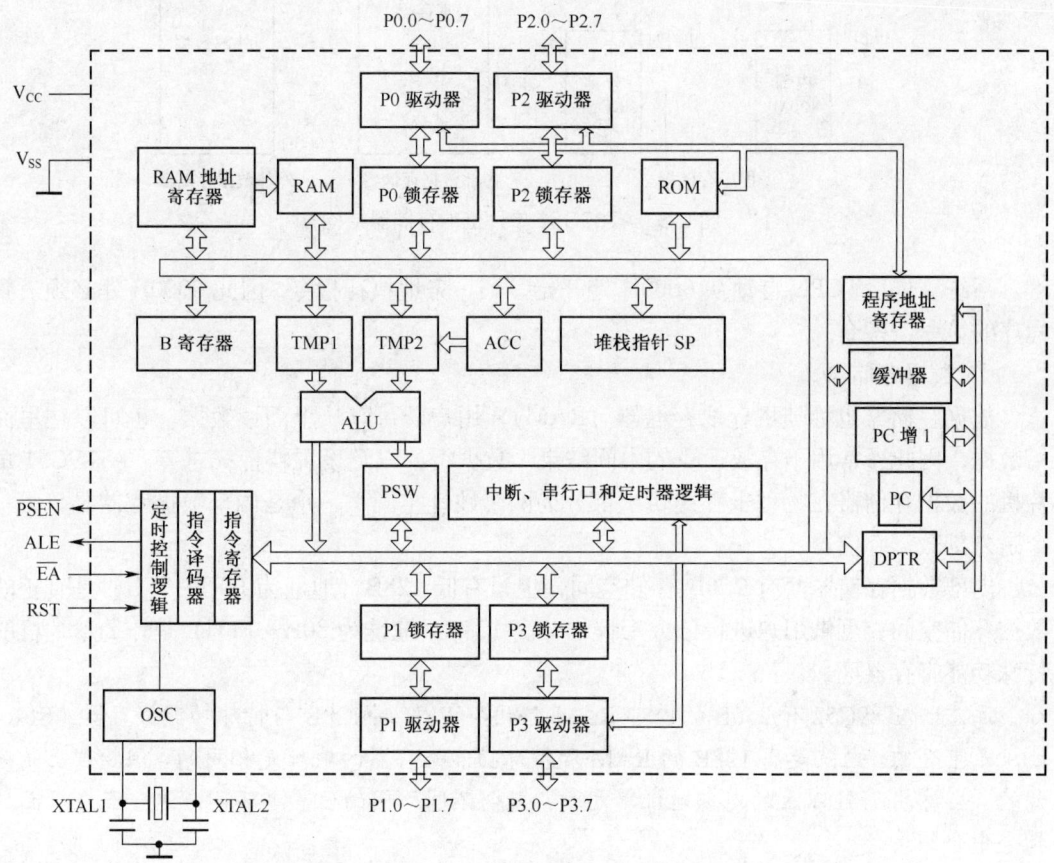

图 0-2　MCS-51 单片机的内部结构框图

AT89C51 单片机的存储器结构如图 0-3 所示，可分成 3 个部分，即程序存储器、内部数据存储器和外部数据存储器。

① 程序存储器。

程序存储器主要是用于存放程序代码和一些固定的表格数据，单片机工作过程中其内容始终保持不变。由图 0-3 可知，MCS-51 单片机的程序存储器可以分为片内和片外两部分。片内有程序存储空间，相当于有 4KB 可用来存放数据。那么，如何对这 4KB 进行区分？如前面举例，存储器就像一个大柜子，里面有 4KB 个小抽屉，我们对这这些小抽屉进行地址分配，为 0000H～0FFFH，刚好 4KB 个不同的地址代码，一一对应，可以通过地址总线来进行寻址。同理，片外有 64KB 程序存储空间，每一个字节也对应一个地址代码，从 0000H 开始编址，到 FFFFH 为止。在地址 0000H～0FFFH 内，片内、片外地址有重叠，由 $\overline{EA}$ 引脚信号来控制内、外程序存储器的选择。

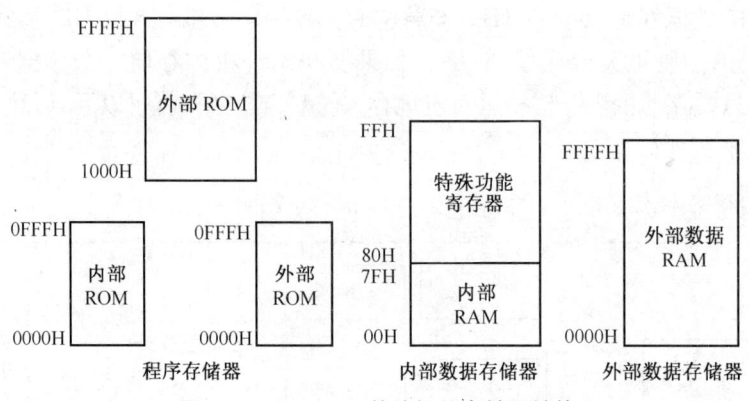

图 0-3　AT89C51 单片机的存储器结构

系统复位后，CPU 自动从 0000H 处开始一条一条地执行指令。因此 0000H 处必须放置程序的第一条指令。

② 数据存储器。

数据存储器也称随机存取存储器（RAM），用户既可以从里面读数据，也可以往里面写数据，因此通常用于存放运算的中间结果、数据缓冲以及设置特征标志等。AT89C51 单片机的数据存储器在物理上和逻辑上都分为两个地址空间，一个是内部数据存储器，另一个是外部数据存储器。

内部数据存储器共有 256B 存储空间，但只有低 128B（地址为 00H～7FH）是真正的数据存储空间，可供用户进行读或写操作，高 128B（地址为 80H～FFH）是作为单片机的特殊功能寄存器区。

注意：AT89C52 有 256B 的内部 RAM，80H～FFH 高 128B 与特殊功能寄存器（SFR）地址是重叠的，也就是高 128B 的 RAM 和特殊功能寄存器的地址是相同的，但物理上是分开的。当访问 7FH 以上的内部地址单元时，指令不同访问的位置也不同，这一点在后面的指令中介绍。

• 内部数据存储区：内部 RAM 的 128B 地址空间分成不同的区域：工作寄存器区（00H～1FH）、位寻址区（20H～2FH）、堆栈和缓冲区（30H～7FH），如图 0-4 所示。

• 特殊功能寄存器区：AT89C51 单片机共有 21 个特殊功能寄存器，简称 SFR（Special Function Registers）。它们离散地分布在 80H～FFH 的地址空间内。这些特殊功能寄存器包括累加器 A、寄存器 B、程序状态字寄存器 PSW、定时器/计数器、I/O 口锁存器以及各种控制寄存器等，其地址分配如表 0-4 所示。

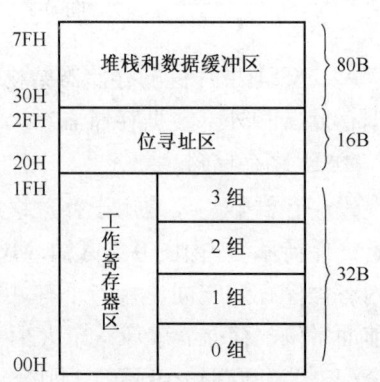

图 0-4　内部数据存储区

表 0-4　　　　　　　　　　特殊功能寄存器地址分配表

| 寄存器符号 | 寄存器名称 | 字节地址 | 说明 |
|---|---|---|---|
| B | B 寄存器 | F0H | 可位寻址（F7H～F0H） |
| ACC | 累加器 | E0H | 可位寻址（E7H～E0H） |
| PSW | 程序状态字寄存器 | D0H | 可位寻址（D7H～D0H） |
| IP | 中断优先级控制寄存器 | B8H | 可位寻址（BFH～B8H） |
| P3 | P3 口 | B0H | 可位寻址（B7H～B0H） |
| IE | 中断允许控制寄存器 | A8H | 可位寻址（AFH～A8H） |
| P2 | P2 口 | A0H | 可位寻址（A7H～A0H） |
| SBUF | 串行口数据缓冲器 | 99H | 仅字节寻址 |
| SCON | 串行口控制寄存器 | 98H | 可位寻址（9FH～98H） |
| P1 | P1 口 | 90H | 可位寻址（97H～90H） |
| TH1 | 定时器/计数器 1（高字节） | 8DH | 仅字节寻址 |
| TH0 | 定时器/计数器 0（高字节） | 8CH | 仅字节寻址 |
| TL1 | 定时器/计数器 1（低字节） | 8BH | 仅字节寻址 |
| TL0 | 定时器/计数器 0（低字节） | 8AH | 仅字节寻址 |
| TMOD | 定时器/计数器方式控制寄存器 | 89H | 仅字节寻址 |
| TCON | 定时器/计数器控制寄存器 | 88H | 可位寻址（8FH～88H） |
| PCON | 电源控制寄存器 | 87H | 仅字节寻址 |
| DPH | 数据地址指针（高字节） | 83 | 仅字节寻址 |
| DPL | 数据地址指针（低字节） | 82H | 仅字节寻址 |
| SP | 堆栈指针 | 81H | 仅字节寻址 |
| P0 | P0 口 | 80H | 可位寻址（87H～80H） |

　　从表 0-4 可知，有些特殊功能寄存器不仅可以按字节寻址，还可按位寻址（其字节地址均可以被 8 整除），位地址是 80H～F7H。这些位可用多种形式表示，例如，程序状态字寄存器中的进位标志位可以用下列几种不同的形式表示。

　　一般采用"位助记符"和"寄存器.位"这两种形式表示。

CY　　　　　　　　　（位助记符）
D7H　　　　　　　　（直接位地址）
PSW.7　　　　　　　（寄存器.位）
D0H.7　　　　　　　（字节地址.位）

　　尽管表达方式不同，但它们都表示同一个单元。

　　注意：位寻址的具体内容在后面的 AT89C51 单片机的指令系统部分有详细介绍。

　　程序状态字寄存器 PSW（Program Status Word）共 8 位，主要用于存放程序运行过程中的有关状态信息。寄存器的各位定义如下，其中 PSW.1 是保留位，未使用。

| D7 | D6 | D5 | D4 | D3 | D2 | D1 | D0 |
|---|---|---|---|---|---|---|---|
| CY | AC | F0 | RS1 | RS0 | OV | — | P |

CY（PSW.7）——进位标志（助记符为 C）。此位有两个功能，一是当累加器 A 的最高位有进位或借位时，硬件自动将该位置位（CY＝1），否则该位自动清零；二是在位操作中作为"位累加器"使用。

AC（PSW.6）——辅助进位标志。进行加、减运算时，当累加器 A 的低 4 位数向高 4 位数有进位或借位时，AC 自动置位，否则自动清零。

F0（PSW.5）——用户自定义标志。供用户自行定义，用做标记，可用软件使其置位或清零。

RS1、RS0（PSW.4、PSW.3）——寄存器组选择控制位。MCS-51 单片机片内 RAM 的 00H～1FH 共 32B 被均匀地分为 4 组，每组 8 个 8 位寄存器，均以 R0～R7 来命名。CPU 只要根据用户定义的 RS1 和 RS0，即可选中其中一组寄存器，对应的编码关系如表 0-5 所示。

表 0-5　　　　　　　　　程序状态字与工作寄存器组对应关系

| RS1 | RS0 | 寄存器组 | 地　址 | | | | | | | |
|---|---|---|---|---|---|---|---|---|---|---|
| | | | R0 | R1 | R2 | R3 | R4 | R5 | R6 | R7 |
| 0 | 0 | 0 组 | 00H | 01H | 02H | 03H | 04H | 05H | 06H | 07H |
| 0 | 1 | 1 组 | 08H | 09H | 0AH | 0BH | 0CH | 0DH | 0EH | 0FH |
| 1 | 0 | 2 组 | 10H | 11H | 12H | 13H | 14H | 15H | 16H | 17H |
| 1 | 1 | 3 组 | 18H | 19H | 1AH | 1BH | 1CH | 1DH | 1EH | 1FH |

OV（PSW.2）——溢出标志。带符号数进行加减运算时，若结果超出了累加器 A 所能表示的符号数有效范围（-128～+127），则产生溢出，OV 自动置 1，表明运算结果错误。如果 OV 自动清零，表明没有产生溢出，运算结果正确。

进行乘法运算时，若乘积超过 255，则 OV 自动置 1，表明乘积存放在 A 和 B 两个寄存器中。若 OV 为 0，则说明乘积没有超过 255，乘积只存放在累加器 A 中。

进行除法运算时，若除数为 0，则 OV 自动置 1，运算不被执行，否则 OV 清零。

P（PSW.0）——奇偶校验位。每个指令周期都由硬件来置位或清零，以表示累加器 A 中"1"的位数的奇偶性。若"1"的位数为奇数，则 P 自动置位，否则清零。该标志位常用于检验数据传输的正确性。

- 外部数据存储器：AT89C51 单片机具有扩展 64KB 外部数据存储器的能力。外部数据存储器编址为 0000H～FFFFH，有一部分地址与内部数据存储器重叠（0000H～0FFFH），由指令形式的不同来区分。

（4）AT89C51 单片机定时/计数器

AT89C51 单片机内部设置了两个 16 位可编程的定时器/计数器 T0 和 T1，顾名思义，它们可以用来设计处理有关定时和计数方面的问题，精度非常高。它们具有定时和计数两种工作模式以及 0～3 四种工作方式，用户可通过软件对相应的控制寄存器 TCON 和 TMOD

编程，来选择合适的工作模式和工作方式。定时器/计数器 T0 由 TL0、TH0 构成，定时器/计数器 T1 由 TL1、TH1 构成。TCON 和 TMOD 都是特殊功能寄存器，系统复位时，寄存器的所有位都被清零。

AT89C51 单片机定时器/计数器的结构框图如图 0-5 所示。

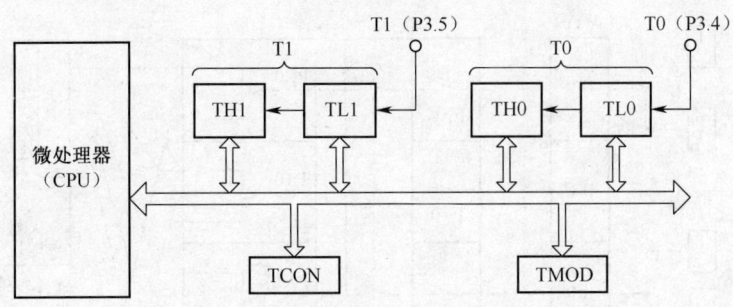

图 0-5　定时器/计数器结构框图

(5) AT89C51 单片机串行接口

AT89C51 单片机有一个全双工的串行数据接口，可以将单字节的 8 位数据，逐位地串行发送或接收。该接口由两个物理上独立的串行数据发送/接收缓冲器 SBUF（占用同一地址，99H）、发送控制器、接收控制器、输入移位寄存器、输出控制门和波特率发生器 T1 组成，如图 0-6 所示。

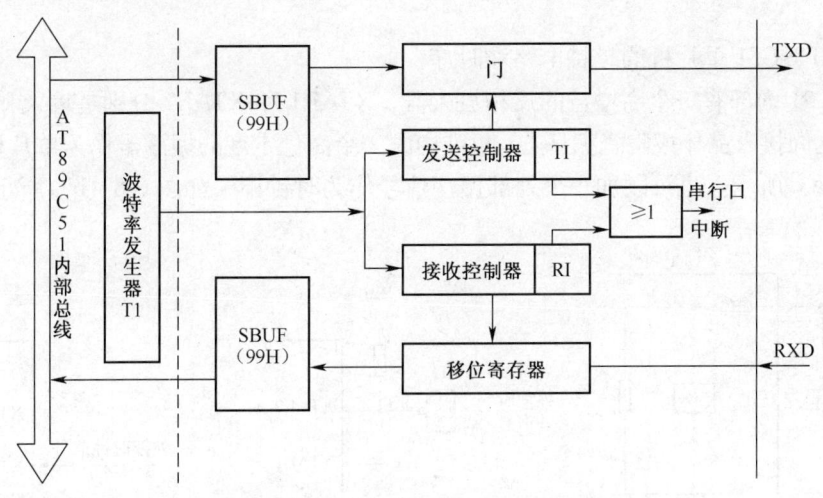

图 0-6　串行接口内部结构示意简图

(6) AT89C51 单片机中断系统

中断即由于某个事件的发生，CPU 暂停当前正在执行的程序，转而执行处理突发事件的一个程序。该程序执行完成后，CPU 接着执行被暂停的程序。例如读者正在看书时突然电话铃声响了，他把书扣在桌上，然后去接电话，接完电话后回来继续看书。

AT89C51 的中断系统中一共有 5 个中断源，两个外部中断源（IE0 和 IE1），两个定时器/计数器中断源（TF0 和 TF1）和一个串行口中断源（RI 和 TI 合为一个中断源），其结构图如图 0-7 所示。前 4 个中断源的中断标志位在 TCON 的相应位中，串行口的中断标志位在 SCON 中。各中断源均可通过中断允许寄存器 IE 单独允许或禁止，各中断源可以通过 IP 地址确定不同的优先级别。

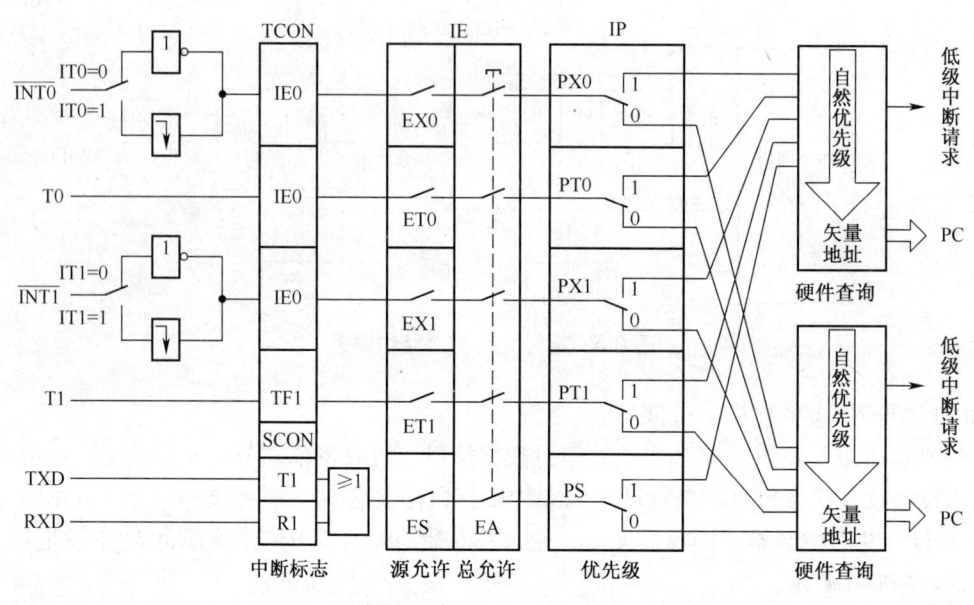

图 0-7　中断系统结构图

（7）AT89C51 单片机的时钟电路和时序

AT89C51 内部有一个高增益的反相放大器，XTAL1 和 XTAL2 分别是输入和输出端，在这两端之间接入晶体或陶瓷振荡器，即可构成一个高稳定度的振荡器作为单片机的时钟，如图 0-8（a）所示。也可以加一个外部振荡信号作为时钟源，如图 0-8（b）所示。

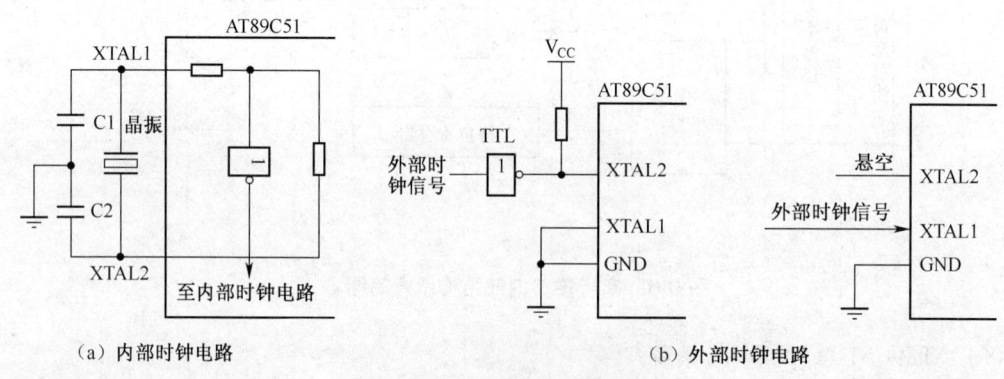

图 0-8　AT89C51 单片机时钟电路

单片机的时序就是 CPU 在执行指令时所需控制信号的时间顺序，为了保证各部件间的同步工作，单片机内部电路应在唯一的时钟信号下严格地按时序进行工作。时钟电路就是用来给单片机提供所需时间的同步信号。时序是用定时单位来说明的。AT89C51 的时序定时单位共有 4 个，从小到大依次是晶振周期、时钟周期、机器周期和指令周期。

① 晶振周期：晶振周期是由振荡电路产生的振荡脉冲的周期，又称节拍（如 P1、P2）。

② 时钟周期：时钟周期是晶振周期的 2 倍，即一个时钟周期包含两个相互错开的节拍，也称 S 状态周期。

③ 机器周期：CPU 完成一种基本操作所需要的时间称为机器周期。它是由晶振频率经过 12 分频后形成的，也就是说一个机器周期包含 12 个晶振周期，分为 6 个状态，分别用 S1～S6 表示。每个状态又分为两拍，分别用 P1 和 P2 表示。因此，一个机器周期中的 12 个晶振周期表示为 S1P1、S1P2、S2P1、…、S6P2，如图 0-9 所示。如果系统时钟的晶振频率为 12MHz，则机器周期为 1μs。

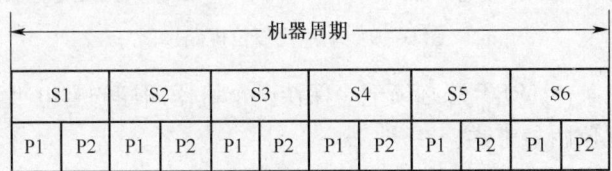

图 0-9 机器周期时序

④ 指令周期：指令周期是执行一条指令所需要的时间，一般由若干个机器周期组成。指令不同，所需的机器周期数也不同。AT89C51 单片机的指令可以分为单周期指令、双周期指令和四周期指令三种，它们的执行时间依次为 1 个、2 个和 4 个机器周期。单字节指令一般是单周期的，也有些是双周期的。双字节指令既有单周期也有双周期的，而三字节指令都是双周期，只有乘除法指令是单字节四周期。

(8) AT89C51 单片机的复位电路和工作方式

复位是单片机的初始化操作，AT89C51 在上电后，通过复位电路（见图 0-10）的作用进入复位状态，复位后，片内各寄存器的状态如表 0-6 所示。复位不影响内部 RAM 中储存的数据。复位后，PC＝0000H，即指向程序存储器 0000H 地址单元，使 CPU 从 0000H 地址单元开始进入"程序运行"方式。因此，当单片机系统运行出错或操作错误使系统处于死锁状态时，可按复位键重新启动。

表 0-6  寄存器初始状态表

| 寄 存 器 | 初始状态值 | 寄 存 器 | 初始状态值 |
|---|---|---|---|
| PC | 0000H | TMOD | 00H |
| ACC | 00H | TCON | 00H |
| B | 00H | TH0 | 00H |
| PSW | 00H | TL0 | 00H |
| SP | 07H | TH1 | 00H |
| DPTR | 0000H | TL1 | 00H |
| P0、P1、P2、P3 | 0FFH | SCON | 00H |
| IP | XXX00000B | PCON | 0XX00000B |
| IE | 0XX00000B | SBUF | 不确定 |

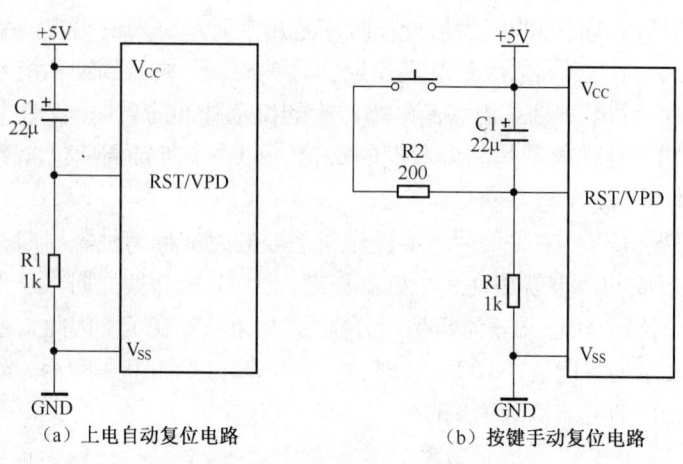

图 0-10　单片机复位电路

根据单片机复位条件（RST 端必须至少保持两个机器周期的高电平），通常采用上电自动复位和按键手动复位两种方式。

上电自动复位电路利用 RC 充电来实现复位条件，如图 0-10（a）所示。应根据石英晶体振荡频率来合理选取参数。

图 0-10（b）所示的电路为兼具了上电自动复位和按键手动复位的复合电路。程序运行时，通过复位按键可强制 CPU 进入复位状态。

此外，单片机还有两种软件可编程的节电模式，它是由电源控制寄存器 PCON 中的 IDL 和 PD 来控制的。

① 空闲节电模式：当 IDL=1 时，进入该模式，单片机进入睡眠状态，片上 RAM 和特殊功能寄存器中的内容保持不变，单片机外设仍处于激活状态。有两种情况可以使单片机终止空闲节电模式。

• 任何被允许的中断：当中断产生时，IDL 被硬件清零，空闲节电模式被终止，单片机进入中断服务程序，中断服务处理完成后，单片机执行使其进入空闲节电模式的那条指令后面的指令。

• 硬件复位也可使单片机终止空闲节电模式：空闲节电模式被终止后，同样也是执行使其进入空闲节电模式的那条指令后面的指令。

② 掉电模式：当 PD=1 时，单片机进入掉电模式，振荡器停止工作，RAM 和 SFR 的内容保持不变。只有硬件复位可以使单片机终止掉电模式，这时 SFR 的内容被重新定义，RAM 不变。

通常 CPU 耗电量占芯片耗电量的 80%～90%，所以 CPU 停止工作就会大大降低功耗。在空闲节电模式下，AT89C51 消耗的电流可由正常的 24mA 降为 3mA，甚至更低。在掉电模式下，$V_{CC}$ 可降至 2V，使片内 RAM 处于 50μA 左右的"饿电流"供电状态，以最小的耗电保存信息。在进入掉电模式之前，$V_{CC}$ 不能降低。而在退出掉电模式之前，$V_{CC}$ 必须恢复正常的电压值。$V_{CC}$ 恢复正常之前，不可进行复位。

（9）AT89C51 单片机的指令系统。

指令是指挥单片机工作的命令，是单片机软件设计的基本单元。指令有两种表达式。

- 机器码指令：用二进制代码（或十六进制数）表示的指令称为机器码指令或目标代码指令。
- 汇编语言指令：为了方便记忆、便于程序的编写和阅读，用助记符来表示每一条指令的功能。用助记符表示的指令不能被计算机硬件直接识别和执行，必须通过汇编程序把它变成机器码指令才能被机器执行。

指令系统是单片机的所有指令的集合。AT89C51 的指令系统与 MCS-51 系列单片机的指令系统兼容，使用 42 种助记符，有 51 种基本操作。通过助记符及指令的源操作数和目的操作数的不同组合构成了 111 条指令，其中单字节指令 49 条、双字节指令 45 条、3 字节指令 17 条。从指令的执行时间来看，单机器周期（12 个时钟振荡周期）指令 64 条，双机器周期（24 个时钟振荡周期）指令 45 条，4 个机器周期（48 个时钟振荡周期）指令 2 条。指令分为 5 大类，即数据传送类指令、算术运算类指令、逻辑运算类指令、控制转移类指令和布尔操作指令。

① AT89C51 汇编语言指令格式。

指令格式是指令的书面表达形式。AT89C51 汇编语言指令格式与其他汇编语言格式类似，通常由标号、操作码、操作数和注释等项组成，其一般表示格式为

[<标号>] <操作码助记符>　　[<目的操作数>],[<源操作数>]　　[;<注释>]

要点：操作码与操作数之间必须用空格分隔，操作数与操作数之间必须用逗号","分开，带方括号的项可有可无，有时可以省略；指令中所用的符号必须在英文输入状态下输入，而不能在中文输入状态下输入；<>中的内容需修改为用户需要的内容，[]中的内容为可选内容，可有可无。

例如：　　　LO OP:MOV　P1,#55H　　　　　;(P1)←#55H　　　　　　　　　　(1)

指令中各项的意义如下。

标号（1式中的 LOOP:）：指令的符号地址，其格式为<符号名>:，即，符号名+冒号。AT89C51 汇编语言中，符号名由 1~8 个字符组成，符号名中使用的字符可以是英文字符、阿拉伯数字和下划线，但第一个字符必须是字母。一条语句之前是否要冠以标号，要根据程序设计的需要而定。当某条指令可能被调用或作为转移的目的地址时，通常会给该条指令赋予标号。一旦给某条指令赋予了标号，在汇编过程中将给出该标号的实际地址，并且该标号可作为其他指令的操作数使用。

要点：标号必须在符号名后面必须加上冒号"："，符号名与冒号之间不能有空格，标号与操作码之间可以有空格；标号是用户自己编制的，其中的符号名不能与汇编语言中已定义的符号名冲突，例如，指令助记符、寄存器名、伪指令；标号只在本程序中有效，并且在同一个程序中不能在不同的指令前使用同一个标号。这就好像我们每个人都有一个名字，如果和别人重名的话就很麻烦了，所以要记住，在同一程序设计中，不同指令前的标号是一定不能重名的。

操作码（1式中的 MOV）：表示指令执行的功能，用指令助记符或伪指令形式给出，一般为英语单词的缩写。例如 SJMP（短跳转）、CLR（清零）、ADD（加）等。

操作数（1式中的 P1 和#55H）：指令操作的对象，即参与操作的数据或地址。目的操作数和源操作数的书写顺序不能颠倒。操作数可以是数字（地址、数据），也可以是标号或

寄存器名等。

要点：指令中的数据可以是十进制、二进制、八进制、十六进制和字符串。十进制数以 D 结尾（可以省略），如 160D 或 160。二进制数以 B 结尾，如 10100000B。八进制数以 O 或 Q 结尾，如 240O 或 240Q。十六进制数以 H 结尾，若数据以字母开头，其前必须加数字"0"，如 0A0H。字符用 ' '（单引号）表示，字符串用 " "（双引号）表示，如 'M' 表示字符 M 的 ASCII 码。

注释（1 式中的"；（P1）←#55H"）：为对指令功能的说明，便于程序的阅读和维护，不参与计算机的操作。

要点：(X) 为直接寻址方式中，表示直接地址 X 中的内容；在间接寻址方式中，表示由间址寄存器 X 指出的地址单元中的内容。因此 (P1) 为端口 P1 口的内容。

② 寻址方式。指令中所规定的寻找操作数的方式就是寻址方式（Addressing Models）。一条指令属于何种寻址方式，通常是依据源操作数的数据形式而定的。AT89C51 单片机中存放数据的存储器空间有 4 种形式，即内部数据存储器（RAM）、特殊功能寄存器（SFR）、外部数据存储器（RAM）和程序存储器（ROM）。逻辑上分为 3 个存储空间，即内部 RAM 和 SFR 统一编址的 256B 的片内数据存储器、片内外统一编址的 64KB 的程序存储器和 64KB 的片外数据存储器地址空间。为了区分指令中的数据所存储的空间，对于不同存储器的数据存取，采用了不完全相同的寻址方式。

AT89C51 指令系统的寻址方式有 7 种：立即寻址（#data）、直接寻址（direct）、寄存器寻址（Rn）、寄存器间接寻址（@Ri、@DPTR）、基址变址寻址（A+）、相对寻址（rel）和位寻址（bit）。寻址方式与存储空间结构是紧密相关的，如表 0-7 所示为 AT89C51 汇编语言指令系统各种寻址方式与存储空间及寄存器的关系。

表 0-7　　操作数寻址方式和相应存储空间及寄存器

| 寻址方式 | 相应的存储器空间及寄存器 |
| --- | --- |
| 立即寻址 | 程序存储器（ROM） |
| 直接寻址 | 内部数据存储器（RAM）、SFR |
| 寄存器寻址 | 工作寄存器区 R0~R7、累加器 A、通用寄存器 B、位寻址（CY）、数据指针寄存器 DPTR |
| 寄存器间接寻址 | 内部 RAM（@Ri、SP）、外部 RAM（@Ri、@DPTR） |
| 基址变址寻址 | ROM（@A+DPTR、@A+PC） |
| 相对寻址 | 有效地址=以 PC 的当前值为基地址+rel。转移范围为以 PC 当前值为零点的 −128~+127 |
| 位寻址 | 内部 RAM20H~2FH 单元或 SFR 中有位定义的单元 |

以上几种寻址方式的具体应用将在后续内容逐步介绍。

③ 伪指令。伪指令是对汇编起某种控制作用的特殊命令，其格式与通常的操作指令一样，并可加在汇编程序的任何地方，但并不产生机器指令。伪指令可用于规定程序地址、建立数据表格等操作，常用的伪指令如下。

- 设置起始地址 ORG（Origin）

- 源程序结束 END
- 位地址符号定义 BIT
- 等值命令 EQU
- 数据地址 DATA
- 字节定义 DB
- 字定义 DW

④ 汇编语言程序设计的基本步骤。

如果想要你的朋友能完全按照你的意图行动，就必须通过有效的方式和他沟通。同样的道理，如想要单片机完成某一具体的任务，就必须有序地给其应执行的指令序列。根据工作任务要求编排指令序列的过程称为程序设计。使用汇编语言进行程序设计时大致可分为以下几个步骤。

- 熟悉、分析工作任务，明确设计要求及技术指标等，确定完成任务的算法和思路；
- 根据算法和思路确定出设计步骤和顺序，将设计过程画成流程图；
- 确定数据、工作单元的数量，分配寄存器和存储单元；
- 根据流程图编写程序代码；
- 程序调试，找出错误并更正；再调试，直至完成设计要求；
- 编写相关说明。

对于程序设计中流程图所用的图形符号，在高级语言程序设计的课程中已阐述得非常详细，在此就不再赘述。由于流程图是二维的平面图形，在表达逻辑关系时，二维图形比较直观明了，有利于查错和修改。画流程图应先粗后细，可只考虑逻辑结构和算法，少考虑具体指令，这样才能集中精力考虑程序的结构，从根本上保证设计的程序合理性、可靠性。然后再进行指令代换。这样就很容易编出源程序，而且很少有大返工。

要点：在进行程序设计时，需具体问题具体分析，根据实际问题和所选单片机的特性来确定算法，然后综合考虑程序的长度和执行时间两方面来编写程序。编程技巧是在不断地实践过程中慢慢积累的。

⑤ 汇编语言程序设计示例。

```
;************************************
;文件名：example.asm，功能：单个发光二极管闪烁
;说明：发光二极管接在 P1.3 端
;************************************
        ORG     0000H           ;程序头
        LJMP    MAIN
        ORG     0030H
MAIN:   CPL     P1.3            ;对 P1.3 取反，以形成闪烁效果
        LCALL   DEL             ;调用延时 0.5s 子程序
        SJMP    MAIN            ;无条件跳转至标号 MAIN 位置继续执行
;************************************
;名称：DEL    功能：延时 0.5s 子程序
;工作寄存器 0 组 R0~R2
;************************************
DEL:    MOV     R2,#5           ;指令循环次数
DL2:    MOV     R0,#200         ;指令循环次数
```

```
DL1:    MOV     R1,#249     ;指令循环次数
        NOP                 ;空操作
        DJNZ    R1,$        ;循环次数减1，不为0则转移
        DJNZ    R0,DL1      ;循环次数减1，不为0则转移至DL1
        DJNZ    R2,DL2      ;循环次数减1，不为0则转移至DL2
        RET                 ;子程序返回
        END
```

**2. ATMEL 公司的 AT89C2051 单片机**

AT89C2051 是美国 ATMEL 公司生产的低电压、高性能 CMOS 8 位单片机，是 AT89C51 的简化版。其引脚只有 20 个，如图 0-11 所示，内部 Flash 容量为 2KB，RAM 为 128B，只有 P1 和 P3 两个 I/O 口以及一个精确的模拟比较器与 AT89C51 不一样，其他 AT89C51 有的功能它都有，但不支持外部存储器。AT89C2051 设计有 2 个程序保密位，保密位 1 被编程后，程序存储器不能再被编程除非做一次擦除，保密位 2 被编程之后，程序不能从端口被读出，但可正常执行。

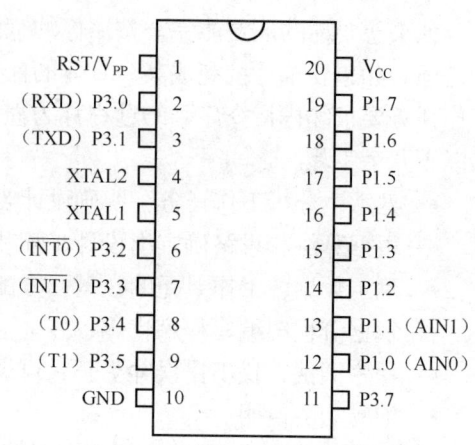

图 0-11  AT89C2051 引脚图

P1 口是一个 8 位双向 I/O 口。口引脚 P1.2～P1.7 提供内部上拉电阻。P1.0 和 P1.1 要求外部上拉电阻。P1.0 和 P1.1 还分别作为片内精密模拟比较器的同相输入（AIN0）和反相输入（AIN1）。P1 口输出缓冲器可吸收 20mA 电流并能直接驱动 LED 显示。P1 口还在闪速编程和程序校验期间接收代码数据。

P3 口的 P3.0～P3.5、P3.7 是带有内部上拉电阻的 7 个双向 I/O 引脚。除了与 AT89C51 类似的第二功能外，也可当作普通 I/O 口使用。P3.6 用于固定输入片内比较器的输出信号并且它作为通用 I/O 引脚而不可访问。P3 口还接收一些用于闪速存储器编程和程序校验的控制信号。

由于 AT89C2051 只有 2KB 闪存，因此在编程使用跳转指令时应注意不要超出 2KB 地址范围。同时，由于 AT89C2051 不可外扩数据和程序存储器，因此在编程时也不能使用 MOVX 片外数据寄存器访问指令。

AT89C2051 的价格低廉、体积小、功能强，因此在很多地方得到了广泛应用。

**3. ATMEL 公司的 AT89S51 单片机**

近来 AT89C51 在市场化方面受到了 PIC 等系列单片机阵营的挑战，AT89C51 最致命的缺陷在于不支持 ISP（在线更新程序）功能，必须加上 ISP 等新功能后才能更好延续 MCS-51 的传奇。AT89S51 就是在这样的背景下取代 AT89C51 的。现在，AT89S51 目前已经成为了实际应用市场上的新宠儿，ATMEL 公司目前已经停产 AT89C51，用 AT89S51 代替。AT89S51 在工艺上进行了改进，采用 0.35 新工艺，成本大大降低，而且功能得以提升，增强了竞争力。89SXX 可以向下兼容 89CXX 等 51 系列芯片。

AT89S51 相对于 AT89C51 增加的新功能如下。

① 程序存储器写入方式。

二者写入程序的方式不同,AT89C51 只支持并行写入,同时需要 $V_{PP}$ 烧写高压。AT89S51 则支持 ISP 在线可编程写入技术,串行写入,速度更快,稳定性更好,烧写电压也仅仅需要 4~5V 即可。在 AT89S51 中 P1.5、P1.6、P1.7 具有第二功能,即这 3 个引脚的第二功能组成了串行 ISP 编程的接口。ISP 技术的优势是不需要编程器就可以进行单片机的实验和开发,单片机芯片可以直接焊接到电路板上,调试结束即成成品,免去了调试时由于频繁地插入取出芯片而对芯片和电路板带来不便。

② 电源范围。AT89S51 的电源范围宽达 4~5.5V,而 AT89C51 系列在低于 4.8V 和高于 5.3V 时则无法正常工作。

③ 工作频率。目前 AT89S51 的性能远高于 AT89C51,AT89S51 系列支持最高可达 33MHz 的工作频率,而 AT89C51 工作频率范围最高只支持到 24MHz。

④ 兼容型。AT89S51 向下兼容 AT89C51,就是说用 AT89S51 可以替代 AT89C51 使用,同样的程序,运行结果相同。就是说 AT89S51 也同样兼容目前所有的教科书范例程序。

⑤ 加密功能。AT89S51 系列全新的加密算法,提供了三层的加密算法(LB1、LB2、LB3 三个可编程的加密位),这使得对于 AT89S51 的解密变为不可能,程序的保密性大大加强,这样就可以有效地保护知识产权不被侵犯。

⑥ 抗干扰性更强。

AT89S51 内部集成看门狗定时器(Watchdog Timer),而 AT89C51 需外接看门狗定时器计时器电路,或者用单片机内部定时器构成软件看门狗定时器来实现软件抗干扰。

⑦ 烧写寿命更长。

AT89S51 标称的烧写次数是 1000 次,实际最少是 1 000~10 000 次,这样更有利初学者反复烧写,减低学习成本。

⑧ AT89S51 内新增 SFR、双数据指针。

4. 宏晶科技的 STC51 单片机

STC51 系列单片机是由美国设计、深圳宏晶科技在国内推广的新型 51 内核单片机。由于该单片机采用了增强型的 8051 内核,因此其性能得到了很大提升,同时又保留了 51 单片机编程简单易学的特点。

(1) STC51 单片机的特点

STC51 单片机与其它老芯片相比,具有许多新的特点。

- 速度快。一个机器周期只要一个时钟,工作频率可达 35MHz,速度比普通的 8051 快 8~12 倍。
- 可在线编程和在系统编程,无需专用的编程器和仿真器。
- 加密性强,很难破解。
- 抗干扰能力强。
- 宽电压工作范围,低功耗。
- 增加了硬件看门狗定时器、高速 SPI 通信端口、PWM、A/D 转换等外设电路。
- 较高的性价比。

(2) 典型代表型号性能简介

STC51 单片机有很多型号可供选用,目前应用较多、性价比较高的型号有 3 种。

① STC89C51

STC89C51 单片机是宏晶科技推出的新一代超强抗干扰/高速/低功耗的单片机,是 MCS-51 系列单片机的派生产品。其指令系统、硬件系统和片内资源与标准的 8051 单片机完全兼容,封装形式有 DIP-40、PLCC-44 和 PQFP-44,DIP-40 封装与 8051 是 pin-to-pin 兼容(其引脚图见图 0-1)。STC89C51 单片机具有增强型 12 时钟/机器周期、6 时钟机器/周期任意选择,工作电压为 5.5~3.4V(5V 单片机)/3.8~2.0V(5V 单片机);工作频率为 0~40MHz,相当于普通 8051 的 0~80MHz,实际频率可达 48MHz。

超低功耗,掉电模式的典型功耗为 0.5μA,可由外部中断唤醒,中断返回后,继续执行原程序,使用于水表、气表等电池供电系统及便携设备;空闲模式的典型功耗为 2mA;正常工作模式的典型功耗为 4~7mA。

超强抗干扰,电源、时钟、复位电路、看门狗定时器和 I/O 口都是经过特殊处理的。例如每个 I/O 口均有对 VCC/对 GND 二极管箝位保护;宽电压,不怕电源抖动;高抗静电(高 ESD 保护),轻松超过 2 000V 快速脉冲干扰(严格的日本及欧洲 EFT 标准)等。

降低单片机对外部的电磁辐射(EMI),禁止 ALE 时钟信号输出;外部时钟频率降一半,6T 模式;单片机内部时钟振荡器增益降低一半。

无需专用的编程器/仿真器,可通过串行口(P3.0/P3.1)直接下载用户程序,8K 程序 3s 就可以完成一片,STC89C51 的编程在后面会详细介绍。

② STC12C5410AD。STC12C5410AD 采用 28 引脚窄体 DIP 封装,具有 4KB 片内 Flash 程序存储器,512B 片内 RAM 数据存储器,1KB EEPROM,8 通道 10 位 ADC,4 通道捕获、比较单元,两个 16 位定时/计数器,硬件看门狗定时器(WDT),高速 SPI 通信端口,全双工异步串行口(UART),时钟为外部晶体和内部 RC 振荡器可选,ISP/IAP 在系统可编程和在应用可编程。其引脚图如图 0-12 如图所示。

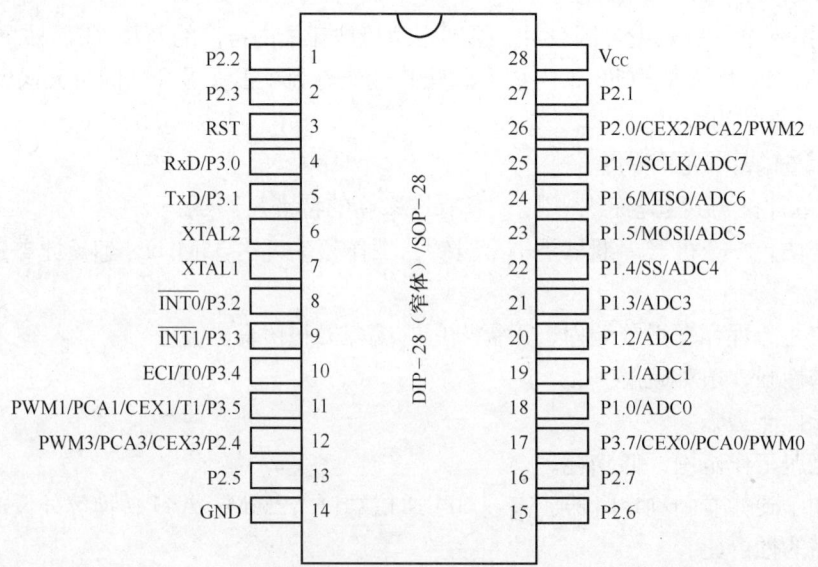

图 0-12 STC12C5410AD 引脚图

③ STC12C2052AD。STC12C2052AD 的引脚与 AT89C2051 兼容，图 0-13 为其引脚图。因此可以像使用 AT89C2051 一样使用它。但是 STC12C2052AD 增加了很多新的功能。

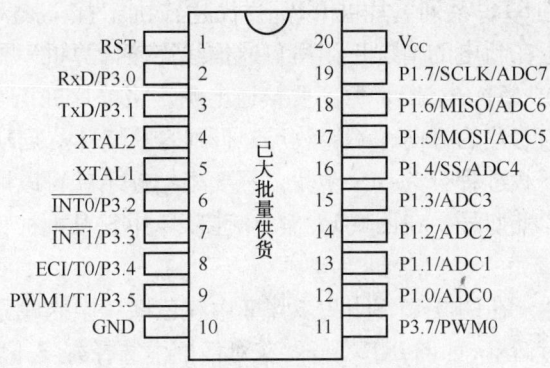

图 0-13　STC12C2052AD 的引脚图

- 8 通道 8 位 ADC
- 两路 PWM/PCA（可编程计数器阵列）
- 看门狗定时器（WDT）
- SPI 同步通信端口
- ISP/IAP 在系统可编程、在应用可编程

(3) STC51 单片机的编程

① 串口下载。STC51 单片机的编程很简单，可以通过上位机的串口直接把用户程序编程下载到单片机内的 Flash 程序存储器中，而无需专用的编程器。上位机与单片机之间的连接只要通过一个 232 接口电路（例如 MAX232）即可。连接电路如图 0-14 所示。在上位

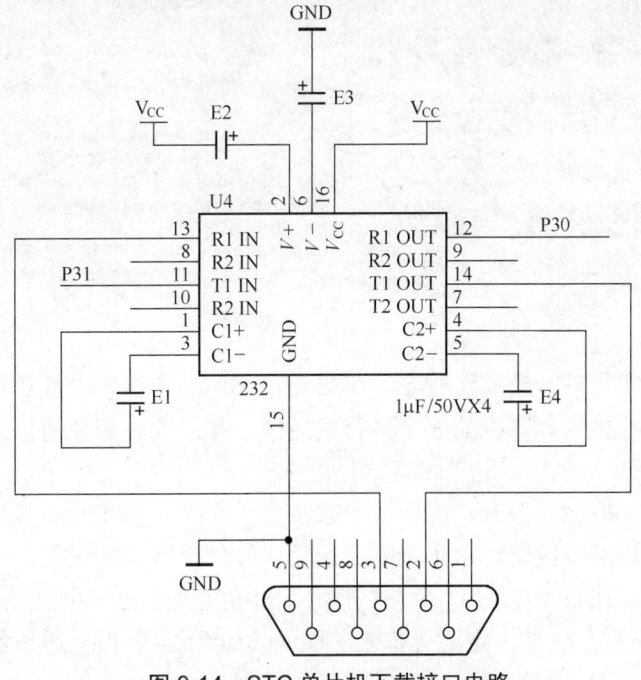

图 0-14　STC 单片机下载接口电路

机上用厂家提供的 STC-ISP 软件就可以把用户程序下载到 STC 单片机内,该软件可以从宏晶科技的网站下载。

在计算机上安装好 STC 系列单片机 ISP 下载编程软件,接下来对 STC 单片机进行 ISP 编程的操作步骤如下。在断电的情况下用串口通信线连接计算机串口和实验板的串口,然后连接实验板的电源线(5V 电源),暂不要接通电源。将单片机正确地放在锁紧座上,并锁住。放置芯片时注意芯片的方向,不能放反,否则容易烧坏。启动 STC 系列单片机 ISP 下载编程软件,程序下载过程分为 5 个步骤,只要根据提示就可以顺利完成。

第一步,选择单片机型号。在图 0-15 Step1/步骤 1 中红色框标识的地方,单击下拉箭头选择单片机的型号。

第二步,打开文件。在图 0-15 Step2/步骤 2 中红色框标识的地方,单击"Open File"按钮打开"打开文件"对话框,如图 0-16 所示,在对话框中选择好要下载的程序代码为".hex"格式文件。

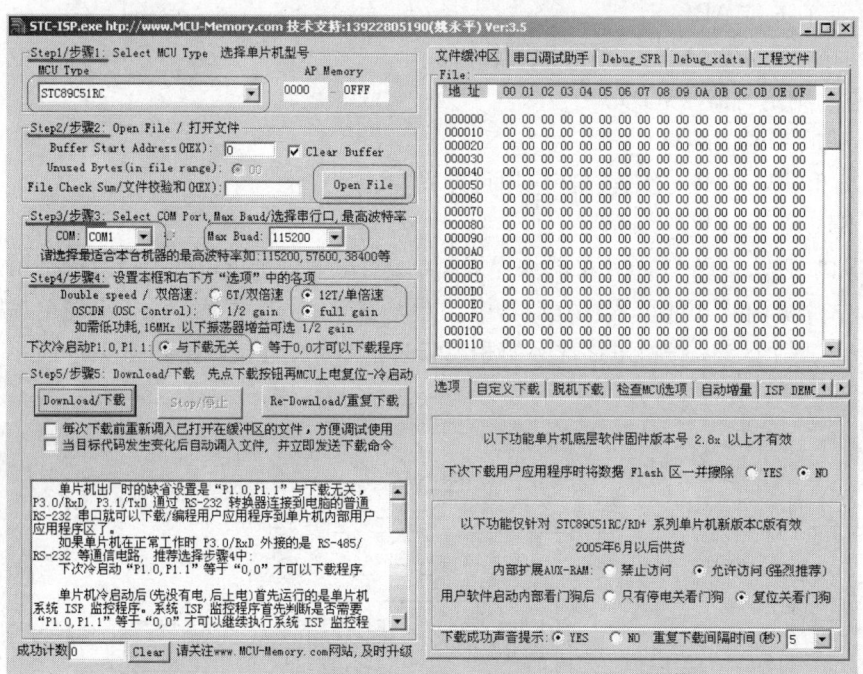

图 0-15　ISP 下载编程

第三步,选择串行口、最高波特率。在图 0-15 Step3/步骤 3 中红色框标识的地方,单击下拉箭头选择单片机与计算机的哪个串行口通信,并设置好最高通信速率,一般设置为 9 600bit/s。

第四步,设置本框和右下方"选项"中的各项。在图 0-15 Step4/步骤 4 中红色框标识的地方,单击复选框进行设置,这个步骤的选项一般采用默认的状态。

第五步,下载。在图 0-17(a)Step5/步骤 5 中红色框标识的地方,单击"Download/下载",程序开始下载,注意一定要先单击"Download/下载"再接通下载板的电源。下载过程显示如图 0-17(b)所示。

开篇导读

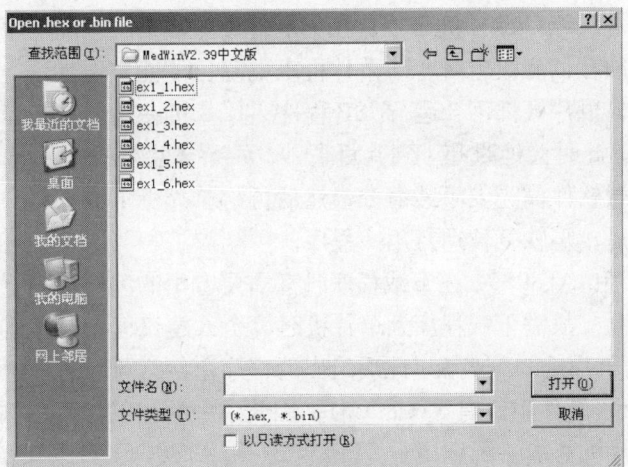

图 0-16　打开文件

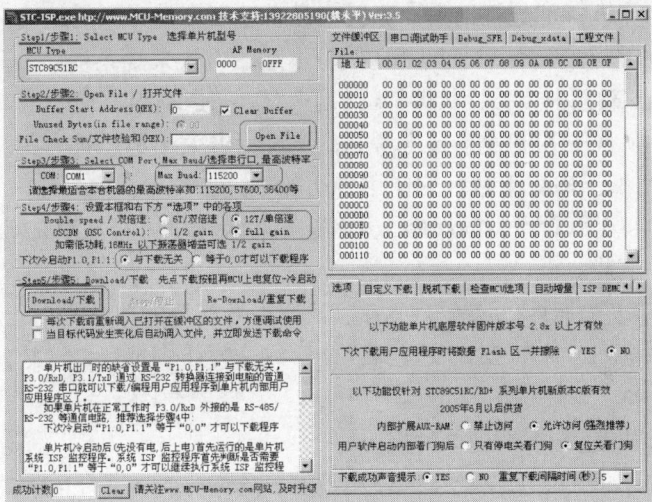

图 0-17（a）　下载过程

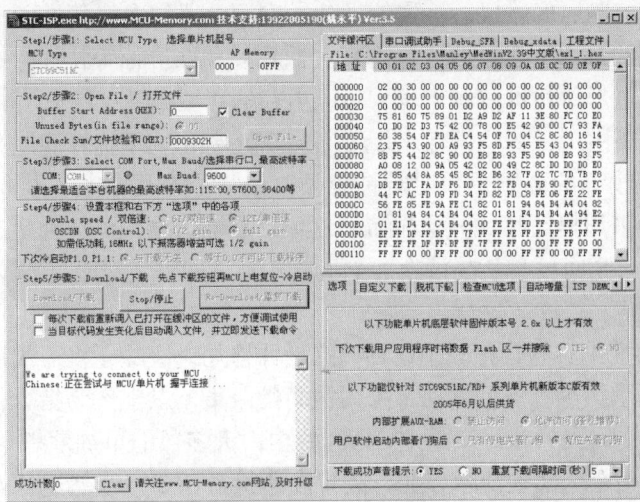

图 0-17（b）　下载过程

要特别注意的是，STC 单片机必须是在上电复位冷启动的情况下才可以运行 ISP 监控程序，即单片机必须在彻底没电时，给单片机上电复位才能实现 ISP。外部手动复位和看门狗定时器复位时，单片机都不会运行 ISP 程序。单片机在运行 ISP 程序后，会检测有无合法的下载命令流，此时会延时几十到几百毫秒，如无合法下载命令流，则进入用户程序。因此计算机端的下载软件需先发下载命令，然后再给单片机上电复位，才能实现在系统编程功能。下载完成后，再软复位运行用户程序。

由于 AT89C51 和 AT89S51 在下载程序时都需要专用的编程器或下载线，对于初学者来说成本可能有些高。故需下载程序到单片机时，个人建议读者参考前面给出的编程电路自己制作 STC 系列单片机的下载板，此后给出的程序范例都可以通过这个下载板烧录到单片机中。由于 Proteus 软件中没有 STC89C51，因此书中给出的仿真图例都是用 AT89C51，而进行 MCS-51 单片机基本资源应用时 STC89C51 和 AT89C51 可以互相替换。

② USB 下载。

由于现在的计算机特别是笔记本计算机已经有逐渐取消串口的趋势，因此串口下载线在将来可能不再适用，读者可以通过 USB 接口下载的方式来烧录程序。USB 接口下载通常有两种方式，一是下载板上直接设计 USB 转换电路，二是利用原来的串口下载板配上 USB 转串口的下载线。从成本和制作难易度考虑，建议读者采用第二种方式。

用 USB 下载线配上串口下载板的使用方法如下：

- 正确安装 USB 下载线驱动程序，大多数下载线在出售时都配有驱动程序安装光盘，读者也可以从网上下载。
- 打开我的"电脑属性/设备管理器/端口"，查看新增的串口号。
- 启动 STC 系列单片机 ISP 下载编程软件烧录程序到单片机，软件使用的串口与新增串口一致。

5．ATMEL 公司的 AVR 系列单片机

AVR 单片机是 1997 年由 ATMEL 公司研发出的增强型内置 Flash 的 RISC (Reduced Instruction Set CPU) 精简指令集高速 8 位单片机。AVR 的单片机可以广泛应用于计算机外部设备、工业实时控制、仪器仪表、通信设备、家用电器等各个领域。

AVR 具有的高可靠性、功能强、高速度、低功耗和低价位等特性，一直是衡量单片机性能的重要指标，也是单片机占领市场、赖以生存的必要条件。

早期单片机主要由于工艺及设计水平不高、功耗高和抗干扰性能差等原因，因此采取稳妥方案，即采用较高的分频系数对时钟分频，使得指令周期长，执行速度慢。以后的 CMOS 单片机虽然采用提高时钟频率和缩小分频系数等措施，但这种状态并未被彻底改观（51 以及 51 兼容）。此间虽有某些精简指令集单片机（RISC）问世，但依然沿袭对时钟分频的作法。

AVR 单片机的推出，彻底打破了这种旧的设计格局，废除了机器周期，抛弃复杂指令计算机（CISC）追求指令完备的做法；采用精简指令集，以字作为指令长度单位，将内容丰富的操作数与操作码安排在一字之中（指令集中占大多数的单周期指令都是如此），取指周期短，又可预取指令，实现流水作业，故可高速执行指令。当然这种速度上的升跃，是以高可靠性为其后盾的。

## 开篇导读

AVR 单片机硬件结构采取 8 位机与 16 位机的折中策略，即采用局部寄存器存堆（32 个寄存器文件）和单体高速输入/输出的方案（即输入捕获寄存器、输出比较匹配寄存器及相应控制逻辑）。提高了指令执行速度（1Mips/MHz），克服了瓶颈现象，增强了功能；同时又减少了对外设管理的开销，相对简化了硬件结构，降低了成本。故 AVR 单片机在软/硬件开销、速度、性能和成本诸多方面取得了优化平衡，是高性价比的单片机。

AVR 单片机内嵌高质量 Flash 程序存储器，擦写方便，支持 ISP 和 IAP，便于产品的调试、开发、生产、更新。内嵌长使用寿命的 EEPROM 可长期保存关键数据，避免断电丢失。片内大容量的 RAM 不仅能满足一般场合的使用，同时也更有效地支持使用高级语言开发系统程序，并可像 MCS-51 单片机那样扩展外部 RAM。

AVR 单片机的 I/O 线全部带可设置的上拉电阻、可单独设定为输入/输出、可设定（初始）高阻输入、驱动能力强（可省去功率驱动器件）等特性，使的得 I/O 口资源灵活、功能强大，可充分利用。

AVR 单片机片内具备多种独立的时钟分频器，分别供 URAT、$I^2C$、SPI 使用。其中与 8/16 位定时器配合的具有多达 10 位的预分频器，可通过软件设定分频系数提供多种档次的定时时间。AVR 单片机独有的"以定时器/计数器（单）双向计数形成三角波，再与输出比较匹配寄存器配合，生成占空比可变、频率可变、相位可变方波的设计方法（即脉宽调制输出 PWM）"更是令人耳目一新。

增强性的高速同/异步串口具有硬件产生校验码、硬件检测和校验侦错、两级接收缓冲、波特率自动调整定位（接收时）、屏蔽数据帧等功能，提高了通信的可靠性，方便程序编写，更便于组成分布式网络和实现多机通信系统的复杂应用，串口功能大大超过了 MCS-51/96 单片机的串口，加之 AVR 单片机高速、中断服务时间短，故可实现高波特率通信。

对于面向字节的高速硬件串行接口 TWI、SPI，TWI 与 $I^2C$ 接口兼容，具备 ACK 信号硬件发送与识别、地址识别、总线仲裁等功能，能实现主/从机的收/发全部 4 种组合的多机通信。SPI 支持主/从机等 4 种组合的多机通信。

AVR 单片机有自动上电复位电路、独立的看门狗定时器电路、低电压检测电路 BOD、多个复位源（自动上下电复位、外部复位、看门狗定时器复位、BOD 复位）、可设置的启动后延时运行程序，增强了嵌入式系统的可靠性。

AVR 单片机具有多种省电休眠模式，且可宽电压运行（5~2.7V），抗干扰能力强，可降低一般 8 位机中的软件抗干扰设计工作量和硬件的使用量。

AVR 单片机技术体现了单片机集多种器件（包括 FLASH 程序存储器、看门狗定时器、EEPROM、同/异步串行口、TWI、SPI、A/D 转换器以及定时器/计数器等）和多种功能（增强可靠性的复位系统、降低功耗抗干扰的休眠模式、品种多门类全的中断系统、具输入捕获和比较匹配输出等多样化功能的定时器/计数器、具替换功能的 I/O 端口、……）于一身，充分体现了单片机技术的从"片自为战"向"片上系统 SoC"过渡的发展方向。

综上所述，AVR 单片机博采众长，又具独特技术，不愧为 8 位单片机中的佼佼者。

AVR 单片机系列齐全，可满足各种不同场合的要求。AVR 单片机有 3 个档次。

低档 Tiny 系列 AVR 单片机主要有 Tiny11/12/13/15/26/28 等；中档 AT90S 系列 AVR 单

片机主要有 AT90S1200/2313/8515/8535 等（正在淘汰或转型到 Mega 中）；高档 ATmega 系列 AVR 单片机主要有 ATmega8/16/32/64/128（存储容量为 8/16/32/64/128 KB）以及 ATmega8515/8535 等。

AVR 器件引脚数为 8～64，还有各种不同封装形式可供选择。详细的选型信息可以参考网站 http://www.iccavr.com 的 AVR 单片机全系列性能参数表。

6. Microchip 公司的 PIC12CXXX 系列单片机

PIC 系列单片机是美国 Microchip 公司推出的具有精简指令集高性能 8 位单片机，其优点是引脚少、性能优越，可直接带 LED 负载，具有低功耗省电模式，可广泛应用于复杂程度较低的场合。十多年来，PIC 系列单片正以迅猛的速度发展，PIC12C×××系列单片机主要特性如表 0-8 所示。

表 0-8　　　　　PIC12Cxxx 系列单片机主要特性列表

| 型号 | RAM | A/D 转换 | ROM | 串行口 | 工作速度（MHz） | 定时/计数器 | 低压型号 | 封装 |
|---|---|---|---|---|---|---|---|---|
| PIC12C508 | 25 | — | 512 | — | 4 | 1+WDT | — | PDIP8,SOIC8 |
| PIC12C508A | | | | | | | PIC12C508A | |
| PIC12C509 | 41 | | 1024 | | | | — | |
| PIC12C509A | | | | | | | PIC12C509A | |
| PIC12C671 | 128 | 4 | | | 10 | | PIC12LC671 | |
| PIC12C672 | | | 2048 | | 10 | | PIC12C672 | |
| PIC12CE518 | 25 | — | 512 | | 4 | | PIC12LCE518 | PDIP8,SOIC8 |
| PIC12CE519 | 41 | | 1024 | | | | PIC12LCE519 | |
| PIC12CE673 | 128 | 4 | 1024 | | 10 | 1+WDT | PIC12LCE673 | — |
| PIC12CE674 | | | 2048 | | | | PIC12LCE674 | |
| PIC12CR509A | 41 | — | | | 4 | | PIC12LCR509A | PDIP8,SOIC8 |
| PIC12F629 | 64 | | 1024 | | 20 | 2+WDT | — | |
| PIC12CF675 | | 4 | | | | | | |

（1）PIC12C508A

PIC12C508A 为 Microchip 公司的产品，其引脚图如图 0-18 所示，它采用 0.7μm 工艺技术制造，是一个只有 33 条精简指令集低功耗、高性能 CMOS 8 位单片机，所有的指令均为单周期或双周期，片内含 512B 只读程序存储器 EPROM、25 个片内数据存储器（RAM）、8 位定时/计数器、8 位可编程预分频器、定时器复位和上电

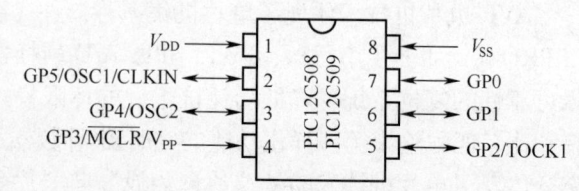

图 0-18　PIC12C508A 引脚图

复位、看门狗定时器（WDT）电路、片内 RC 时钟振荡器、编程序列号侦测，程序存储时间可达 40 年，另外还有省电模式及睡眠唤醒功能、内部微上拉 I/O 口，以及可选择片内、

片外 RC 振荡器或晶体振荡器。

PIC12C508A 还具有如下特点：低功耗高速 CMOS 技术，宽工作电压范围，只有 8 个引脚，同时具有 DIP、JW 和 SOIC 多种封装形式。在工作电压为 5V，时钟频率为 4MHz 时耗电仅为 2mA，当工作电压为 3V，时钟频率为 32kHz 时耗电仅为 15μA，而待机模式只有 1μA，这个特性特别适合于电池供电的掌上型电子产品（表 0-9）。

表 0-9　　　　　　　　　　PIC12C508A 主要功能特性

| 33 条精简指令集 | 512 Byte（12bit）只读程序存储器 EEPROM |
|---|---|
| 5 个双向 I/O 口 | 3.0～5.5V 工作电压范围 |
| 在线路串行编程 | 时钟频率 DC-4.0MHz |
| 1 个 8 位可编程定时/计数器 | 25×8bit 内部 RAM |
| 看门狗定时器（WDT）电路 | 低功耗空闲和省电模式 |
| 引脚电平唤醒模式 | |

与 PIC12C508 功能特性相似的还有 PIC12C508A，PIC12C509，PIC12C509A，PIC12CE518，PIC12CE519 和 PIC12CR509A，这些单片机除了存储器容量和形式不同外，其他都基本相似，请参考其详细的技术手册。

（2）PIC12CE518

PIC12CE518 为 Microchip 公司的产品，其引脚图如图 0-19 所示，它是一个只有 33 条精简指令集低功耗，高性能 CMOS 8 位单片机，所有的指令均为单周期或双周期，片内含 512B（12bit）EPROM 和 16B 的 EEPROM（DATA），25 个片内数据存储器（RAM），8 位定时/计数器及 8 位可编程预分频器，定时器复位和上电复位，看门狗定时器（WDT）电路，片内 RC 时钟振荡器，编程序列号侦测，程序存储时间可达 40 年，省电模式及睡眠唤醒功能，内部微上拉 I/O 口，可选择片内、片外 RC 振荡器或晶体振荡器。

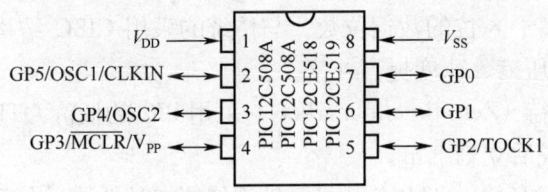

图 0-19　PIC12CE518 引脚图

PIC12CE518 还具有如下特点：低功耗高速 CMOS 技术，宽工作电压范围，只有 8 个引脚，同时具有 DIP、JW 和 SOIC 多种封装形式。在工作电压为 5V、时钟频率为 4MHz 时耗电仅为 2mA，当工作电压为 3V，时钟频率为 32kHz 时耗电仅为 15μA，而待机模式只有 1μA，这个特性特别适合于电池供电的掌上型电子产品，PIC12CE518 的主要功能特性如表 0-10 所示。

表 0-10　　　　　　　　　　PIC12CE518 的主要功能特性

| 33 条精简指令集 | 512 B（12bit）EPROM |
|---|---|
| 5 个双向 I/O 接口 | 16B EEPROM（DATA） |
| 在线路串行编程 | 25×8bit 内部 RAM |
| 1 个 8 位可编程定时/计数器 | 时钟频率 DC-4MHz |
| 看门狗定时器（WDT）电路 | 低功耗空闲和省电模式 |
| 引脚电平唤醒模式 | 3.0～5.5V 工作电压范围 |

PIC 系列单片机的优势如下。

① PIC 最大的特点是不搞单纯的功能堆积，而是从实际出发，重视产品的性能与价格比，靠发展多种型号来满足不同层次的应用要求。就实际而言，不同的应用对单片机功能和资源的需求也是不同的。比如，一个摩托车的点火器需要一个 I/O 较少、RAM 及程序存储空间不大、可靠性较高的小型单片机，若采用 40 脚且功能强大的单片机，投资大，使用起来也不方便。PIC 系列从低到高有几十个型号，可以满足各种需要。其中，PIC12C508 单片机仅有 8 个引脚，是世界上最小的单片机，如图 0-20 所示。

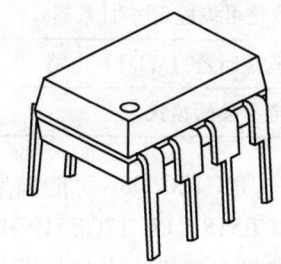

图 0-20　PIC12C508 单片机外形

该型号有 512B ROM、25B RAM、一个 8 位定时器、一根输入线、5 根 I/O 线，市面售价在 3～6 元人民币。这样一款单片机在像摩托车点火器这样的应用中无疑是非常适合的。PIC 的高档型号，如 PIC16C74（尚不是最高档型号）有 40 个引脚，其内部资源为 ROM 共 4K、192 字节 RAM、8 路 A/D、3 个 8 位定时器、2 个 CCP 模块、三个串行口、1 个并行口、11 个中断源、33 个 I/O 脚。这样一个型号可以和其他品牌的高档型号媲美。

② 精简指令使其执行效率大为提高。PIC 系列 8 位 CMOS 单片机具有独特的 RISC 结构，数据总线和指令总线分离的哈佛总线（Harvard）结构，使指令具有单字长的特性，且允许指令码的位数可多于 8 位的数据位数，与传统的采用 CISC 结构的 8 位单片机相比，可以达到 2∶1 的代码压缩，速度提高 4 倍。

③ 产品上市零等待（Zero time to market）。采用 PIC 的低价 OTP 型芯片，可使单片机在其应用程序开发完成后立刻上市。

④ PIC 有优越开发环境。OTP 单片机开发系统的实时性是一个重要的指标，像普通 51 单片机的开发系统大都采用高档型号仿真低档型号，其实时性不尽理想。PIC 在推出一款新型号的同时推出相应的仿真芯片，所有的开发系统由专用的仿真芯片支持，实时性非常好。

⑤ 其引脚具有防瞬态能力，通过限流电阻可以接至 220V 交流电源，可直接与继电器控制电路相连，无须光电耦合器隔离，给应用带来极大方便。

⑥ 彻底的保密性。PIC 以保密熔丝来保护代码，用户在烧入代码后熔断熔丝，别人再也无法读出，除非恢复熔丝。目前，PIC 采用熔丝深埋工艺，恢复熔丝的可能性极小。

⑦ 自带看门狗定时器，可以用来提高程序运行的可靠性。

⑧ 睡眠和低功耗模式。虽然 PIC 在这方面已不能与新型的 TI－MSP430 相比，但在大

多数应用场合还是能满足需要的。

微芯公司的 PIC 单片机系列结合了高性能、低价格和小封装的优点,在业界提供了最好的性能价格比。基于强大的 RISC 内核,PIC 单片机架构为用户提供了极佳的移植特性。从 8 脚到 84 脚,只需进行很少的代码更改,有的甚至不用进行代码更改。

更高级的特性如下。
- 久经考验的定时外设;
- 嵌入式模数转换器(ADCs);
- 扩展的指令/数据存储器;
- 通信外设(I2C™/SPI™/USB/CAN 和 USARTs);
- 在线串行编程™ 技术(ICSP™);
- 存储器技术,包括一次可编程(OTP)、可再编程(FLASH)和只读存储器(ROM);
- 高级的模拟特性(PBOR,PLVD,DAC,VREF,OP Amps and PSMC)。

### 三、微控制器的应用开发过程

由于微控制器自身的特点,它的应用面非常广,因此在进行应用系统设计时,技术要求各有不同,但不管开发什么单片机应用产品,总体的设计方法和开发步骤是基本相同的。

一般来说一个微控制器应用系统的开发大致分为以下几个步骤。

(1)总体设计

主要是要明确应用系统的功能和主要技术指标,在论证系统的可行性,综合考虑系统的可靠性、可维护性和成本之后确立整体的设计方案。方案设计中大致包括机型选择、器件选择和软硬件功能划分等,若系统较大则将其划分为多个功能模块,应明确各模块的功能及相互之间的衔接问题。

(2)硬件设计

在整体设计方案的基础上,依据系统的功能及主要技术指标要求,确定外围电路的具体设计方案,然后设计系统各功能模块电路及接口电路,画出具体的原理图并进行仿真验证,同时还要注意考虑工作环境的因素,解决硬件上的干扰和功耗等问题。最后进行 PCB 的设计、制作、安装和调试。

(3)软件设计

软件设计是单片机应用系统设计过程中的关键部分,它可以与硬件设计同步进行。软件设计是要根据硬件电路设计出相应的功能程序,并在硬件平台上进行调试,根据调试结果再进一步改进设计方案,再重复第(2)、(3)两步,以期达到产品的设计要求。

(4)系统调试

在软、硬件设计完成后,必须进行系统调试,以便验证系统功能是否齐全,操作是否合理,是否受工作环境的影响,最后还要考虑产品化、日常维护、今后的功能扩展、升级完善等问题。

### 四、学习方法及资源

微控制器的应用与开发是一项系统性很强的技术,要求设计者掌握的知识较多,所以在学习的过程中要多分析、多理解、多记忆、多练习、多总结,掌握合理、有效的学习方法,才能真正实现灵活应用。

① 对于单片机指令系统及一些硬件结构等基础知识不能死记硬背，要理解。可以采用练习使用－理解－记忆－练习使用－再理解记忆的方式学习，最后达到熟练使用。

② 要注意学习别人成熟的设计思路，培养自己的设计思想。首先，熟悉单片机基础知识，掌握各知识点的内在联系及简单应用。其次，积极分析别人的设计思想，将其吸收转化为自己的。

③ 一个完整的系统开发通常需要一个团队的配合实现，所以平时就要与其他人互相合作。时刻注意培养自己的学习能力、沟通能力、与他人合作能力、自我发展能力、解决问题的能力。

④ 多动手、勤思考、善总结。从简单的开始，一点一滴积累，举一反三，避免好高骛远。

相关学习网址如下。

http://home.ncust.edu.cn/~jichunbo/  单片机园地

http://www.windway.cn/html/downloadproteus.htm  Proteus软件及资料下载

http://www.qlmcu.com/  强联单片机科技有限公司

http://www.avr.com.cn/gb/lgzhl.asp  单片机学习

http://www.willar.com/article_view.asp?id=344  伟纳电子步进电机

http://www.sunman.com.cn/web/techsupport.asp  长沙太阳人电子有限公司

http://mcuw.com  中国单片机世界

http://www.avrw.com/article/art_105_550.htm  单片机复位电路的可靠性分析

http://netcourse.cug.edu.cn:7310/NCourse/analog/MainIndex.htm  模拟电子技术基础

http://211.86.58.23/ziliao/index.asp  电子技术网

http://www.bbww.net/Search_Soft.asp  电子下载网

http://www.aihuau.com/mdl/md0/mdindex.htm  跟我学模拟电子技术

http://www.165v.com/165v/div/2006-1-28/165-1.htm  电子制作网

http://www.nnssh.com/  尼士单片机

http://20www.21ic.com/news/html/80/list13.htm  21ic

http://www.bopu.net.cn/soft/  波普电子

http://www.unsp.com.cn/app/html/2006829111829.shtml  凌阳大学计划

http://dzjs.zjnu.cn/  浙江省首届大学生竞赛

http://www.gnkj.net/tool/WS2566.asp  中国单片机培训网

http://jpkc1.jhc.cn/aspnet/wkzq/  微控制器应用课程网站

## 五、学习目标

1．技能目标

（1）能掌握51单片机体系结构；

（2）能基本应用Keil C51和Proteus软件；

（3）能掌握与任务设计相关的指令，理解并能运用程序设计的基本框架；

（4）学会根据用户要求进行整体方案设计的方法；

（5）学会针对相应的方案进行电路设计的方法；

（6）学会对整体方案中的工作任务进行功能分解；

(7) 学会根据功能分解找出相应算法，并能绘制程序流程图；

(8) 掌握与任务设计相关的指令，根据流程图编写程序的方法；

(9) 学会使用相应的工具对所编写的程序进行调试的方法。

2．职业素质

(1) 建立整体项目设计与实现的意识；

(2) 养成良好的编程习惯；(流程图的设计、变量定义、注释的添加)

(3) 使用软硬件调试工具进行测试；

(4) 再学习能力（为学习其他系列单片机奠定基础）。

## 附录1　数制与编码

单片机内部采用的数据系统和计算机的一样都是二进制，因此，经由单片机计算与处理的数值、字母、符号等都必须采用二进制代码表示。而我们日常所熟悉的是十进制数，要想和单片机沟通，就必须用它能够理解的"话"，所以我们首先要弄清楚二进制与十进制之间的联系，才能更好地应用数制。

注意：如果读者已经掌握了计算机基础知识，那么可以跳过这一节，直接学习下一节的内容。

1．数制

数制即进位计数制，常用的数制有二进制、十进制和十六进制。在书写中为了以示区分，通常用不同的后缀字母来代表不同的进制，D(Decimal)代表十进制(可省略)、B(Binary)代表二进制、H (Hexadecimal) 代表十六进制。

(1) 十进制

十进制数有两个基本特点。

① 基数为10，每一位数是0~9这十个数码中的一个。

② 逢十进一，借一当十。

任意一个十进制数的按权展开式为

$$N = K_n \times 10^n + K_{n-1} \times 10^{n-1} + \cdots + K_1 \times 10^1 + K_0 \times 10^0 + K_{-1} \times 10^{-1} + \cdots + K_{-m} \times 10^{-m}$$

$$= \sum_{i=-m}^{n} K_i \times 10^i$$

例如，十进制数 326.75 按权展开为

$$326.75 = 3 \times 10^2 + 2 \times 10^1 + 6 \times 10^0 + 7 \times 10^{-1} + 5 \times 10^{-2}$$

(2) 二进制

二进制数有两个基本特点。

① 基数为2，每一位数只能是0和1这两个数码中的一个。

② 逢二进一，借一当二。

任意一个二进制数按权展开式为

$$N = K_n \times 2^n + K_{n-1} \times 2^{n-1} + \cdots + K_1 \times 2^1 + K_0 \times 2^0 + K_{-1} \times 2^{-1} + \cdots + K_{-m} \times 2^{-m} = \sum_{i=-m}^{n} K_i \times 2^i$$

例如,二进制数 1101.01B 按权展开为

$$1101.01B = 1 \times 2^3 + 1 \times 2^2 + 0 \times 2^1 + 1 \times 2^0 + 0 \times 2^{-1} + 1 \times 2^{-2}$$

(3) 十六进制

十六进制数有两个基本特点。

① 基数为 16,每一位数是 0~9、A~F 这十六个数码中的一个。

② 逢十六进一,借一当十六。

其中,A 代表 10,B 代表 11,C 代表 12,D 代表 13,E 代表 14,F 代表 15。

任意一个十六进制数按权展开式为

$$N = K_n \times 16^n + K_{n-1} \times 16^{n-1} + \cdots + K_1 \times 16^1 + K_0 \times 16^0 + K_{-1} \times 16^{-1} + \cdots + K_{-m} \times 16^{-m}$$

$$= \sum_{i=-m}^{n} K_i \times 16^i$$

例如,十六进制数 4B3.2EH 按权展开为

$$4B3.2EH = 4 \times 16^2 + 11 \times 16^1 + 3 \times 16^0 + 2 \times 16^{-1} + 14 \times 16^{-2}$$

注意:如果编写程序需使用十六进制,而数据的第一个字符是字母时,则字母前必须加上 "0",例如,0AFH。

2. 数制间的转换

(1) 二进制数、十六进制数转换为十进制数

二进制数、十六进制数转换为十进制数的方法很简单,只需将待转换的数按权展开,再求出各加权系数的和,即可得到相对应的十进制数。

【例 1】将二进制数 1100.01B 转换成十进制数。

解:$1100.01B = 1 \times 2^3 + 1 \times 2^2 + 0 \times 2^1 + 0 \times 2^0 + 0 \times 2^{-1} + 1 \times 2^{-2} = 12.25$

【例 2】将十六进制数 E2.4CH 转换成十进制数。

解:$E2.4CH = 14 \times 16^1 + 2 \times 16^0 + 4 \times 16^{-1} + 12 \times 16^{-2} = 226.296875$

(2) 十进制数转换为二进制数、十六进制数

十进制数转换为二进制数或十六进制数时,需要将整数部分和小数部分分开进行转换,再将结果组合在一起。其中整数部分的转换方法是 "除基数取余逆序排列",小数部分的转换方法是 "乘基数取整顺序排列"。下面通过具体数据举例说明。

【例 3】将十进制数 14.375 转换成二进制数。

解:① 将整数部分 "14" 用 "除 2 取余逆序排列",即将 "14" 逐次除以 2,依次记下余数,直至商为 0。其中,第一次除得的余数为二进制数整数部分的最低位,最后一次除得的余数为二进制数整数部分的最高位。

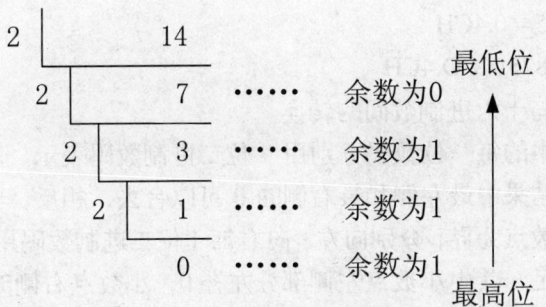

得到，14 = 1110B

② 将小数部分"0.375"用"乘2取整顺序排列"，即将"0.375"逐次乘以2（每次都是小数部分进行乘2），依次记下积的整数部分，直至积的小数部分为0。其中，第一次记下的数为二进制数小数部分的最高位，最后一次记下的数为二进制数小数部分的最低位。

```
         0.375
     ×      2
     ⓪ .750      …… 整数为0        最高位
     ×      2                         ↓
     ① .500      …… 整数为1
     ×      2
     ① .000      …… 整数为1        最低位
```

得到，0.375 = 0.011B

因此，14.375 = 1110.011B

【例4】将十进制数 205.296875 转换成十六进制数。

解：① 整数部分转换

```
  16 |  205
  16 |   12    …… 余数为D          最低位
        0      …… 余数为C             ↑
                                    最高位
```

得到，205 = CDH

② 小数部分的转换

```
         0.296875
     ×       16
     ④ .750         …… 整数为4      最高位
     ×       16                       ↓
     ⑫ .000         …… 整数为C      最低位
```

33

得到，0.296875 = 0.4CH

因此，205.296875 = CD.4CH

(3) 二进制数与十六进制数间的转换

将十六进制数中的每一位数码分别用 4 位二进制数码表示，即可将该十六进制数转换成二进制数，转换结果中最左侧和最右侧的 0 可以舍去；相反，将二进制数转换成十六进制数的方法是以小数点为界，分别向左、向右每 4 位二进制数码用一位十六进制数码表示，不足 4 位的以 0 补足，其中小数点左侧部分左补 0，小数点右侧部分右补 0。

【例5】将十六进制数 4A2.3CH 转换成二进制数。

解：

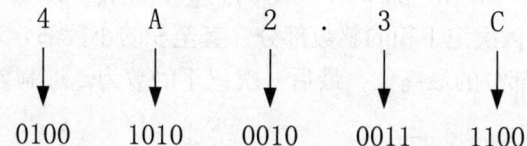

因此，4A2.3CH = 10010100010.001111B

【例6】将二进制数 11001001011.010111B 转换成十六进制数。

解：

```
0110   0100   1011  .  0101   1100
 ↓      ↓      ↓        ↓      ↓
 6      4      B        5      C
```

因此，11001001011.010111B = 64B.5CH

为了方便读者记忆，特将 0~F 这十六个数码与二进制数、十进制数的对应关系制成附表 1-1。

附表 1-1　　　　　　　二进制、十进制和十六进制对照表

| 十 进 制 | 二 进 制 | 十 六 进 制 |
|---|---|---|
| 0 | 0000 | 0 |
| 1 | 0001 | 1 |
| 2 | 0010 | 2 |
| 3 | 0011 | 3 |
| 4 | 0100 | 4 |
| 5 | 0101 | 5 |
| 6 | 0110 | 6 |
| 7 | 0111 | 7 |
| 8 | 1000 | 8 |
| 9 | 1001 | 9 |
| 10 | 1010 | A |

续表

| 十 进 制 | 二 进 制 | 十 六 进 制 |
| --- | --- | --- |
| 11 | 1011 | B |
| 12 | 1100 | C |
| 13 | 1101 | D |
| 14 | 1110 | E |
| 15 | 1111 | F |

3. 编码

$n$ 位二进制数可以组合成 2 的 $n$ 次方个不同的信息，给每个信息规定一个具体码组，这种过程叫编码。下面介绍两种计算机中常用的编码。

(1) 二-十进制编码

二-十进制编码又称 BCD（Binary Coded Decimal）编码，是指每一位十进制数码均用一组二进制数码来表示的编码。

每一位十进制数码（0～9）可用 4 位二进制数码表示，也可用 8 位二进制数码表示（高 4 位全为 0），前者称为压缩 BCD 码，后者称为非压缩 BCD 码。对于压缩 BCD 码，根据编码的选取方法不同，又可分为 8421 码、5421 码和余 3 码等。其中最常用的是 8421BCD 码，附表 1-2 列出了十进制数码与 8421BCD 码之间的对应关系。

附表 1-2　　　　　　十进制码与 8421BCD 码之间的关系

| 十 进 制 数 | 8421BCD 码 | 十 进 制 数 | 8421BCD 码 |
| --- | --- | --- | --- |
| 0 | 0000 | 5 | 0101 |
| 1 | 0001 | 6 | 0110 |
| 2 | 0010 | 7 | 0111 |
| 3 | 0011 | 8 | 1000 |
| 4 | 0100 | 9 | 1001 |

注意：8421BCD 码必须在右下角进行标注，否则易与二进制数混淆。例如，1000 0011 作为 8421BCD 码的值为 83，而作为二进制数时，其值为 131。在以后介绍的实例中，经常会利用 BCD 码格式的数据，所以现在一定要弄明白。

【例 7】将十进制数 47.85 转换成 8421BCD 码；将 8421BCD 码 1001 0111.0010 转换成十进制数。

解：(1) $47.85 = (0100\ 0111.1000\ 0101)_{8421BCD}$

(2) $(1001\ 0111.0010)_{8421BCD} = 97.2$

(2) 字符编码

计算机只能对二进制代码进行处理，因此，在计算机应用中，各类字符（包括字母、数字和符号）也必须用二进制代码来表示。目前采用得最普遍的是美国国家信息交换标准字符码，即 ASCII 码（American Standard Code for Information Interchange），如附表 1-3 所示。

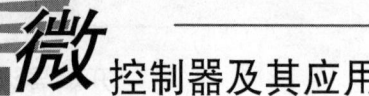

附表 1-3　　　　　　　　ASCII 码表

| 高位<br>低位 | 000 (0H) | 001 (1H) | 010 (2H) | 011 (3H) | 100 (4H) | 101 (5H) | 110 (6H) | 111 (7H) |
|---|---|---|---|---|---|---|---|---|
| 0000 (0H) | NUL | DLE | SP | 0 | @ | P | 、 | p |
| 0001 (1H) | SOH | DC1 | ! | 1 | A | Q | a | q |
| 0010 (2H) | STX | DC2 | " | 2 | B | R | b | r |
| 0011 (3H) | ETX | DC3 | # | 3 | C | S | c | s |
| 0100 (4H) | EOT | DC4 | $ | 4 | D | T | d | t |
| 0101 (5H) | ENQ | NAK | % | 5 | E | U | e | u |
| 0110 (6H) | ACK | SYN | & | 6 | F | V | f | v |
| 0111 (7H) | BEL | ETB | ' | 7 | G | W | g | w |
| 1000 (8H) | BS | CAN | ( | 8 | H | X | h | x |
| 1001 (9H) | HT | EM | ) | 9 | I | Y | i | y |
| 1010 (AH) | LF | SUB | * | : | J | Z | j | z |
| 1011 (BH) | VT | ESC | + | ; | K | [ | k | { |
| 1100 (CH) | FF | FS | , | < | L | \ | l | \| |
| 1101 (DH) | CR | GS | - | = | M | ] | m | } |
| 1110 (EH) | SO | RS | . | > | N | ↑ | n | ~ |
| 1111 (FH) | SI | US | / | ? | O | ← | o | DEL |

　　ASCII 码采用 7 位二进制代码对字符进行编码，共有 128 种不同的组合状态，可以对应表示 128 个字符，包括 52 个大、小写英文字母，10 个阿拉伯数字，32 个通用控制符和 34 个专用符号。例如，阿拉伯数字 8 用 ASCII 码表示为 0111000B (38H)，大写英文字母 Z 用 ASCII 码表示为 1011010B (5AH)。

　　虽然标准 ASCII 码是 7 位编码，但由于计算机的基本处理单位为字节（1 字节＝8 位），所以一般仍以一个字节来存放一个 ASCII 码。每个字节中多余出来的一位（最高位）在计算机内部通常保持为 0（在数据传输时可用作奇偶校验位）。

　　注意：单片机中最小的数据单位是位，8 位二进制的数据为一个字节，16 位二进制的数据为一个字（2 字节）。

**4．带符号数的表示**

　　计算机中的所有信息都是用二进制代码表示的，有符号数也不例外，通常把数（1 个字节）的最高位作为符号位，如附图 1-1 所示。

　　在计算机中，带符号数有 3 种表示方法：原码、反码和补码。

**(1) 原码**

　　正数的符号位用"0"表示，负数的符号位用"1"表

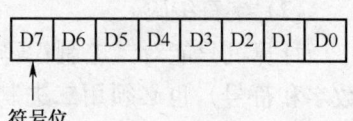

附图 1-1　符号位指示图

示,这种表示法称为原码。

例如,

$$X_1 = +18 = +0010010,则[X_1]_原 = 00010010$$

$$X_2 = -18 = -0010010,在[X_2]_原 = 10010010$$

0的原码是不唯一的,$[+0]_原 = 00000000$,$[-0]_原 = 10000000$。

8位二进制原码所能表示的数值范围为 11111111~01111111,即-127~+127。

(2) 反码

如果是正数,则其反码与原码相同;如果是负数,则其反码除符号位为1外,其他各数位均将1转换为0,0转换为1。

例如,

$$[+18]_原 = 00010010,则[+18]_反 = 00010010$$

$$[-18]_原 = 10010010,则[-18]_反 = 11101101$$

$$[+0]_原 = 00000000,则[+0]_反 = 00000000$$

$$[-0]_原 = 10000000,则[-0]_反 = 11111111$$

8位二进制反码所能表示的数值为 10000000~01111111,即-127~+127。

(3) 补码

如果是正数,则其补码与原码、反码相同;如果是负数,则其补码为反码加1。

例如,

$$[+18]_反 = 00010010,则[+18]_补 = 00010010$$

$$[-18]_反 = 11101101,则[-18]_补 = 11101110$$

$$[+0]_补 = [-0]_补 = 00000000$$

$$[-127]_反 = 10000000,则[-127]_补 = 10000001$$

8位二进制补码所能表示的数值为 10000000~01111111,即-128~+127。

## 导读二 单片机开发工具

### 一、单片机开发的相关硬件工具

工欲善其事必先利其器,一套好的软硬件开发工具可以为用户节省很多时间和体力,提高系统开发的效率。从事单片机开发设计所需的硬件工具有以下几种。

1. 编程器

编程器就是将程序或数据写入只读存储器 ROM 中的设备,编程器在我国台湾地区称为烧录器,因为台湾地区的半导体产业发展得早,到中国内地后,之所以称其为"编程器"是因为其英文名为 Programmer,这个英文名与一般编写软件的程序设计师是同名,所以就称为"编程器",编程器实际上是一个把可编程的集成电路写上数据的工具,主要用于单片机(含嵌入式)/存储器(含 BIOS)之类的芯片的编程(或称刷写)。

编程器在功能上可分通用编程器和专用编程器,专用编程器的价格最低,适用芯片种类较少,适合以某一种或者某一类专用芯片编程的需要,例如仅仅需要对51系列单片机编程。通用编程器一般能够涵盖几乎（不是全部）所有当前需要编程的芯片，由于设计麻烦，成本较高，限制了销量，最终售价较高，适合需要对很多种芯片进行编程的情况。对一些常用的单片机，读者可以参照相应的参考资料自制编程器，例如前面介绍的自制STC系列单片机的编程器。

2．在线仿真器或CPU仿真器（In Circuit Emulator，ICE）

ICE是微型计算机系统开发上效率最高的工具。一般它是通过RS-232串行传输接口来与计算机联机，通过40个引脚的连线，连至目标电路板的CPU插座上。由于它直接模拟CPU的动作，所以功能相当强大，对于系统板上硬件的调试、软件的测试皆可，是单片机系统设计者最佳的工作伙伴，然而因其功能强大，市场的价格也不菲。但是开发较大型的单片机应用系统，仿真器是必不可少的。

3．实验板

"实践出真知"，要掌握好单片机应用设计，一定要多动手实践。现在网络资源非常丰富，初学者随便利用搜索引擎搜索51单片机的相关资料，都能找到一大堆，其中也有很多是适合初学者使用的实验板及相关资料。有条件的读者可以自己买，不过个人认为还是DIY比较好。本书介绍一套可自行制作的简单实验板，读者也可以在这套实验板的基础上自行设计。首先需要能够烧写程序的工具，对于一般的初学者，花几百圆钱买个编程器或是仿真器，感觉成本有些高，这里介绍一款读者可自行设计的简易下载板。简易，是指舍弃了一些诸如外观、保护等方面，只实现了下载程序的基本功能。同时为以后扩展方便，该实验板还安置了一些小插件。

这套实验板给每块板子编了号，先来看看LJ_1下载板，这块实验板的电路图如图0-21所示。

图0-21中J16为下载接口，通过串口线将计算机串口与下载板相连，由于计算机串行接口输出的电信号是负逻辑，与51单片机的信号不匹配，因此计算机输出信号经过MAX232芯片转换后再送给单片机。为了以后开发方便，读者也可以考虑单独制作电平转换这部分电路，将MAX232的11、12引脚的信号用接插件引出，送到51单片机的RXD和TXD引脚。为了方便应用，将51单片机的4个8位并行口全部引出。

LJ_2实验板的设计原理图如图0-22所示。实验板包括电源、单片机最小系统、彩灯（8个）、两联数码管（3个）、按钮（3个）、开关（6个）、发声部分（蜂鸣器）、继电器、霍尔传感器、串行A/D和D/A、时钟芯片、片外串行存储器和串行通信等模块。可进行音乐门铃、十字路口交通灯控制系统、智能闹钟、电子密码锁、智能温度计和简易数字电压表等项目的设计。

读者也可以根据自己的需要，选取一部分电路制作，或者添加一些自己的设计模块。例如，可选择彩灯、数码管和按键模块单独制作一个实验板，其电路图如图0-23所示。

4．个人计算机（PC）

近来单片机程序开发都是在个人计算机上完成的，用户也可以很方便地利用免费的网络资源找到适用的开发软件及编译器，大大减少开发成本。

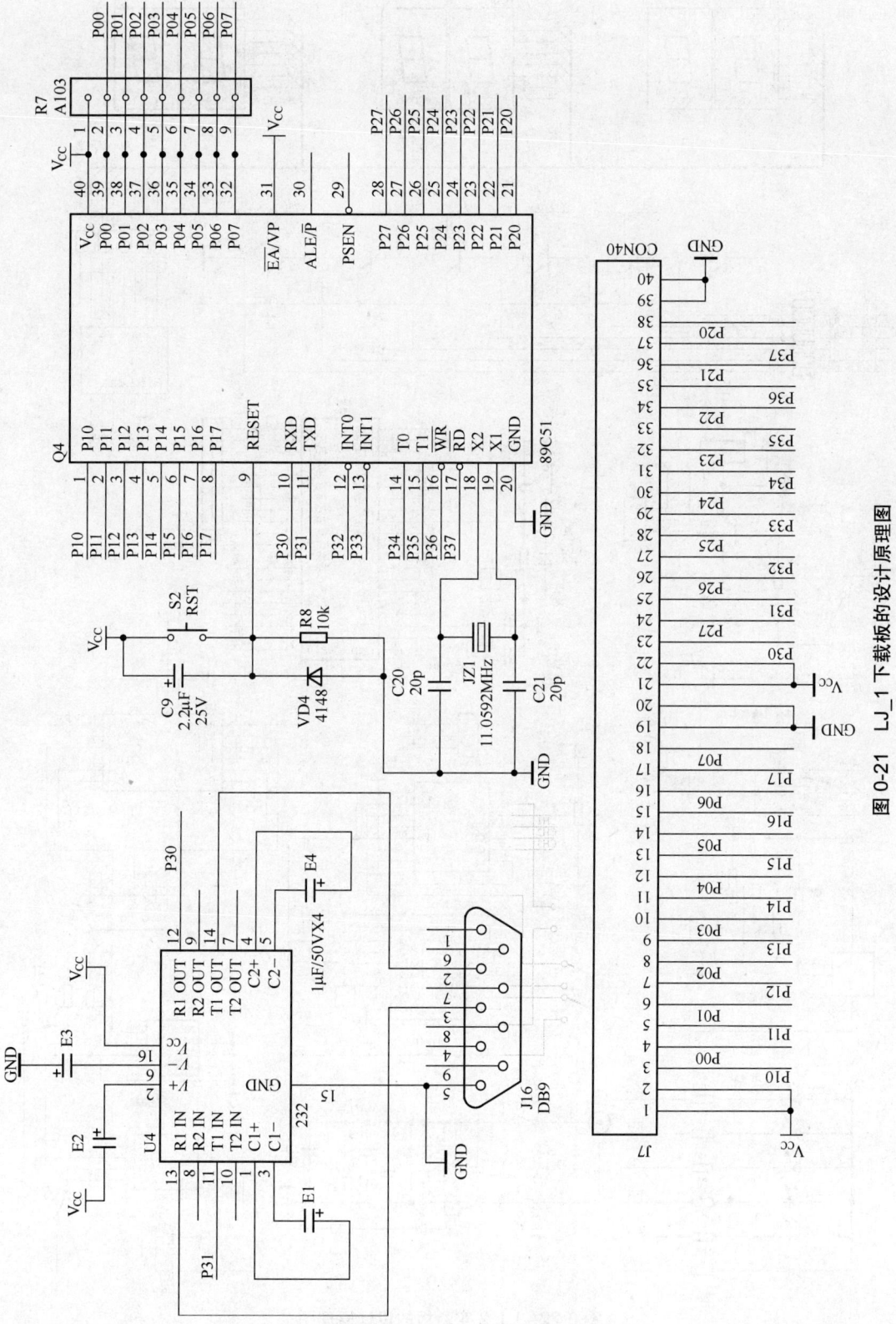

图0-21 LJ_1下载板的设计原理图

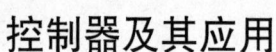

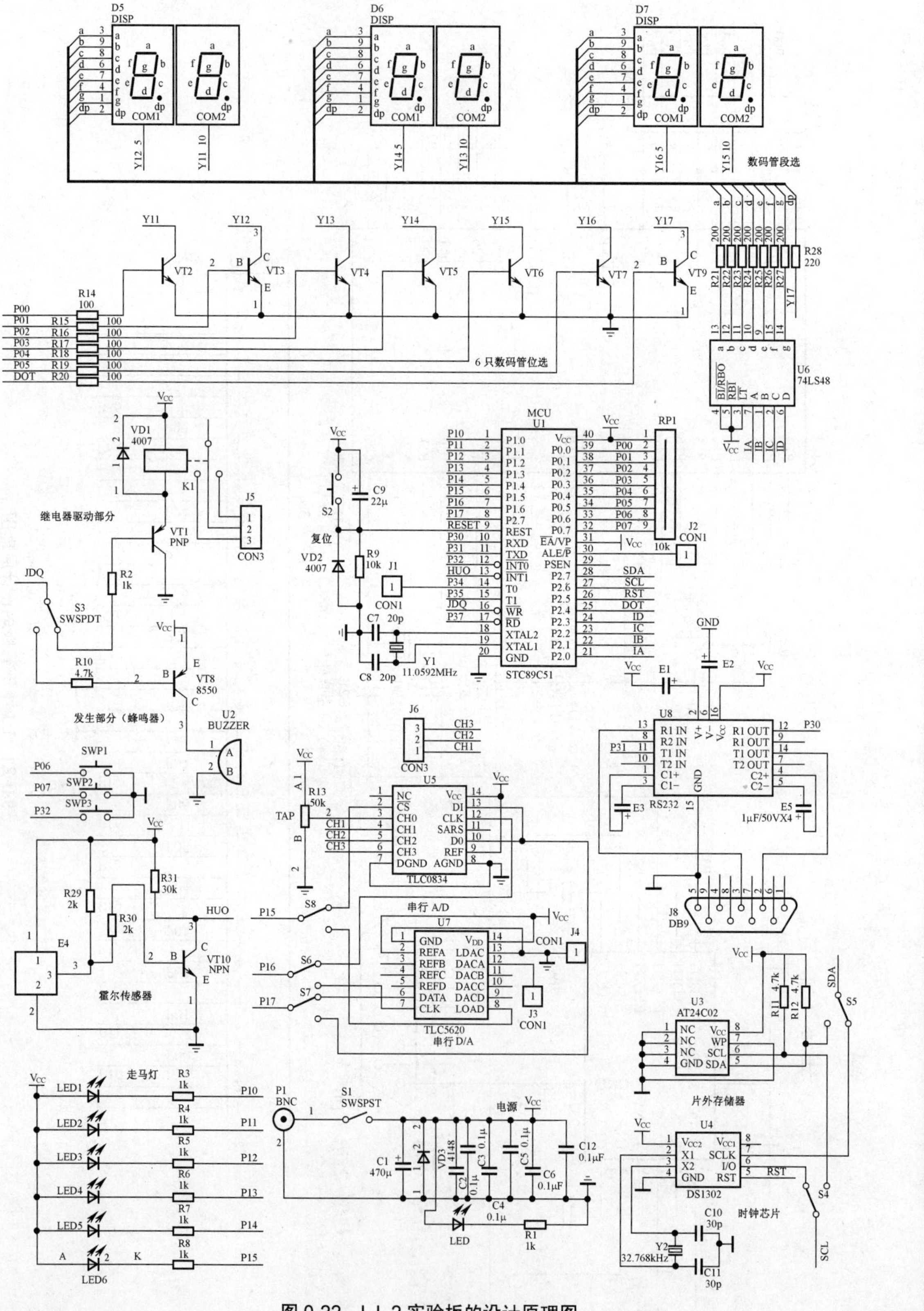

图 0-22 LJ_2 实验板的设计原理图

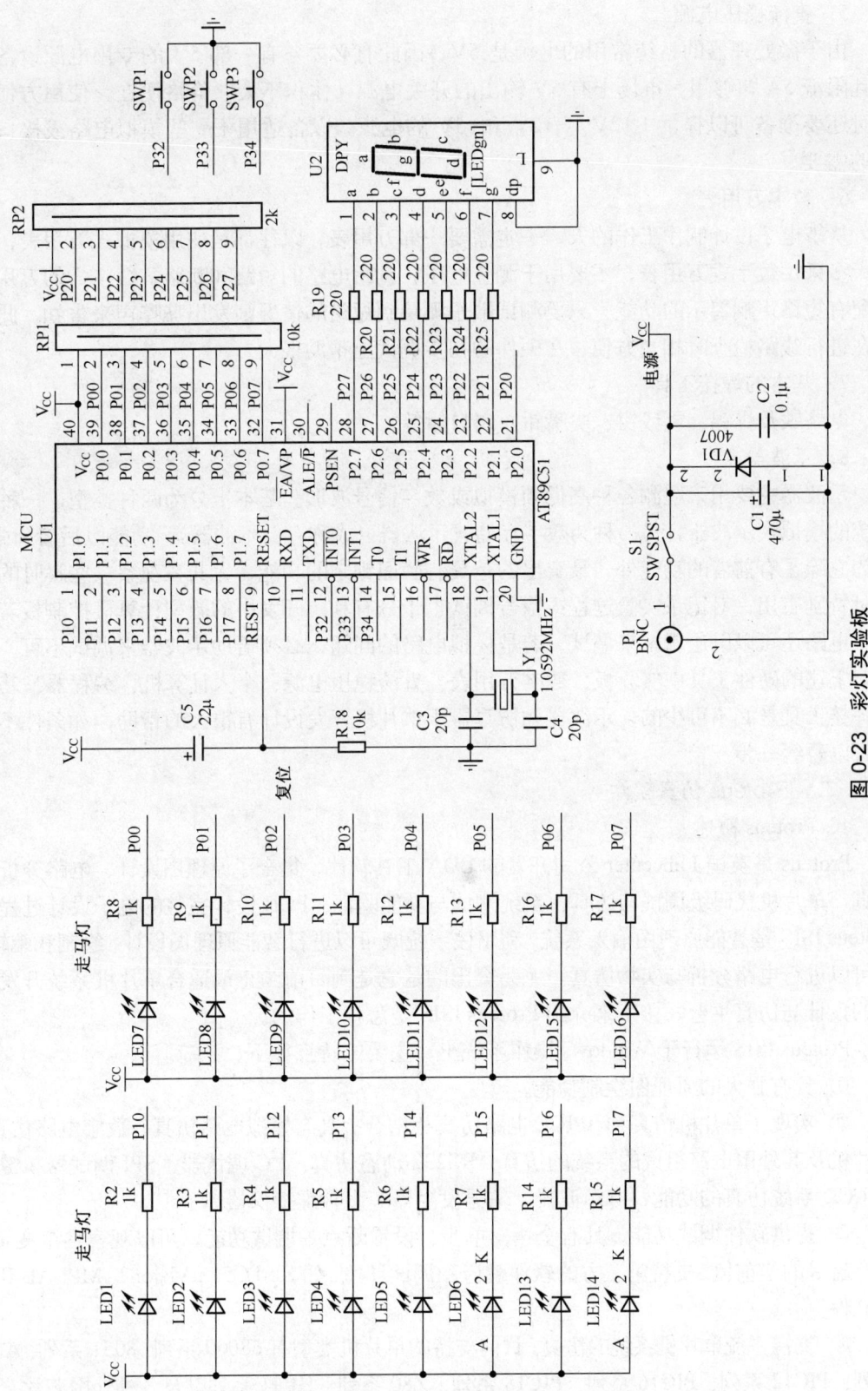

图 0-23 彩灯实验板

5．直流稳压电源

由于微处理器的系统常用的电源是 5V，因此有必要备有一部 5V 的专用电源设备，而且限流 5A 即够用，市场上有 5V 输出的开关电源，体积不大，价格便宜，使用方便。有时还要准备可以提供 +12V、-12V 和-5V 的电源，以备适用于一些模拟电路或接口电路的需要。

6．数字万用表

从事电子设计制作工作的人，一定需要一部万用表，以往都是使用模拟式万用表，现在大多采用数字式万用表，主要用于测量电压，判断电路的短路和断路。数字式的万用表均配有短路声响警示的功能，只要测试端子测量到短路的情况则发出哔哔声来告知，此功能在进行线路检查时相当方便，在硬件的初步调试上帮助很大。

7．基本的焊接工具

电烙铁及焊锡、剥线钳、尖嘴钳、斜口钳等。

8．示波器

示波器主要用来观测各种高低频模拟或数字信号波形。基本上分为两种类型，一种为传统的模拟式示波器，另一种为数字存储式示波器（或称存储示波器），功能以后者为强，因为它除了有前者的功能外，最突出的是具有画面锁定的功能，尤其在观察一些瞬时的现象时特别有用，对记录实验过程或信号调试也十分有利。开发中的微型计算机控制板若是数字电路还可以以逻辑笔来调试，若是模拟电路的问题，必须借助示波器来调试不可。

上述的硬件工具中实验板、数字万用表、直流稳压电源、个人计算机、编程器、基本的焊接工具是必不可少的，示波器和仿真器于单片机开发设计有很大的帮助，如条件不允许可以暂缓一步。

### 二、Proteus 仿真软件

1．Proteus 概述

Proteus 是英国 Labcenter 公司开发的 EDA 工具软件，集合了原理图设计、电路分析与仿真、单片机代码级调试与仿真、系统测试与功能验证、PCB 设计完整的电子设计过程。Proteus ISIS 是智能原理图输入系统，利用该系统既可以进行智能原理图设计、绘制和编辑，又可以进行电路分析与实物仿真。尤为突出的是它是到目前为止最适合单片机系统开发使用的设计与仿真平台。接下来介绍 Proteus ISIS 是怎样工作的。

Proteus ISIS 运行于 Windows 操作系统上，主要的特点如下。

① 具有强大的原理图绘制功能。

② 实现了单片机仿真和 SPICE 电路仿真相结合。具有模拟电路仿真、数字电路仿真、单片机及其外围电路组成的系统的仿真、RS232 动态仿真、$I^2C$ 调试器、SPI 调试器、键盘和 LCD 系统仿真的功能；有示波器、信号发生器等多种虚拟仪器。

③ 提供软件调试功能。具有全速、单步、设置断点等调试功能，可以观察各个变量、寄存器等的当前值。支持第三方的软件编译和调试环境，如 Keil C51 μVision3、MPLAB IDE 等软件。

④ 支持主流单片机系统的仿真。目前支持的单片机类型有 68000 系列、8051 系列、AVR 系列、PIC12 系列、PIC16 系列、PIC18 系列、Z80 系列、HC11 系列以及各种外围芯片。

总之，该软件是一款集单片机和 SPICE 分析于一身的仿真软件，功能极其强大。

（1）Proteus ISIS 的工作界面

启动 Proteus ISIS 后出现如图 0-24 所示的工作界面，这是一种标准的 Windows 界面，包括标题栏、主菜单、标准工具栏、预览窗口、对象选择按钮、对象选择器窗口、图形编辑窗口、预览对象方位控制按钮、仿真进程控制按钮、绘图工具栏和状态栏。

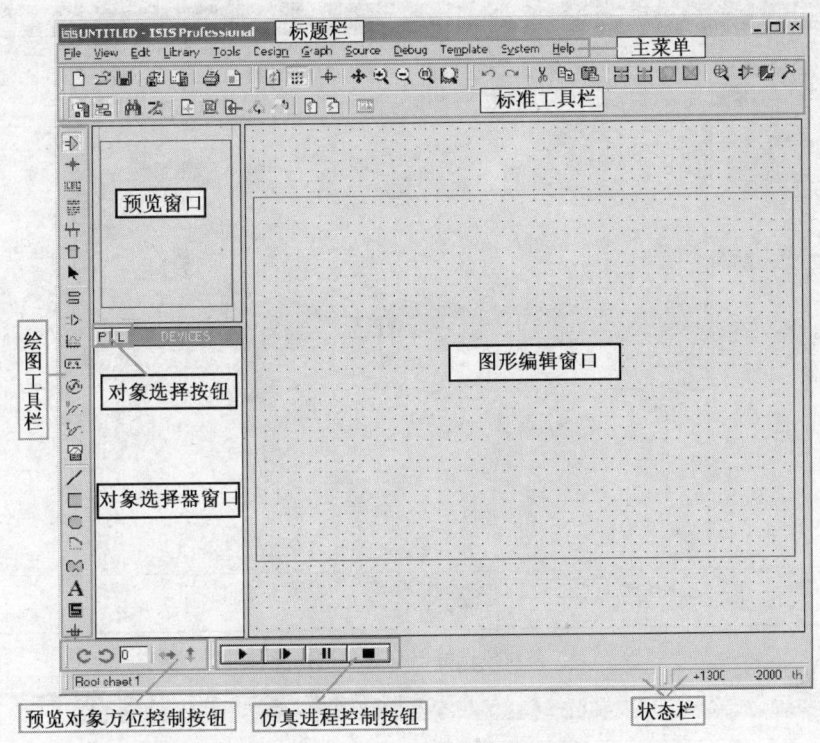

图 0-24　Proteus ISIS 的工作界面

下面先简单介绍各部分的作用。

① 图形编辑窗口。

在图形编辑窗口中可编辑原理图、设计各种电路、设计各种符号和设计器件模型等。同时，图形编辑窗口也是各种电路的仿真平台。

注意：这个窗口是没有滚动条的，可用预览窗口来改变原理图的可视范围。

② 预览窗口。

预览窗口可显示两个内容，一个是在元件列表中选择一个元件时，会显示该元件的预览图；另一个是，当单击空白编辑区或在编辑区中放置元件时，会显示整张原理图的缩略图，并会显示一个绿色的框，绿色的框里面的内容就是当前原理图窗口中显示的内容，因此，可在对象预览窗口中单击来改变绿色的方框的位置，从而改变原理图的可视范围，如图 0-25（a）～图 0-25（c）所示。

③ 模式选择工具栏。

- 主要模式按钮。

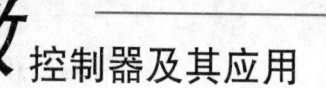

图 0-26 所示的主要模式按钮图标中从左至右各图标的含义分别为选择元件(Components)（默认选择的）、放置连接点（交叉点）(Junction Dot)、放置标签(Wire Label)、放置文本(Text Script)、绘制总线(Bus)、放置子电路(Sub-Circuit)以及即时编辑元件(Instant Edit Mode)（用法：先单击该图标再单击要修改的元件）。

- 小工具箱按钮。

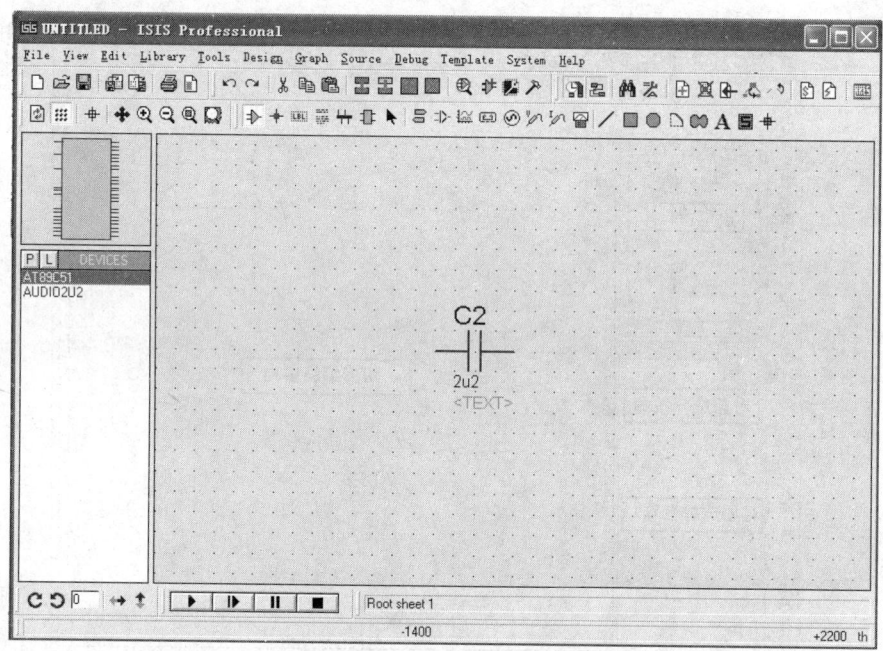

(a) 在对象选择器列表中选择元件

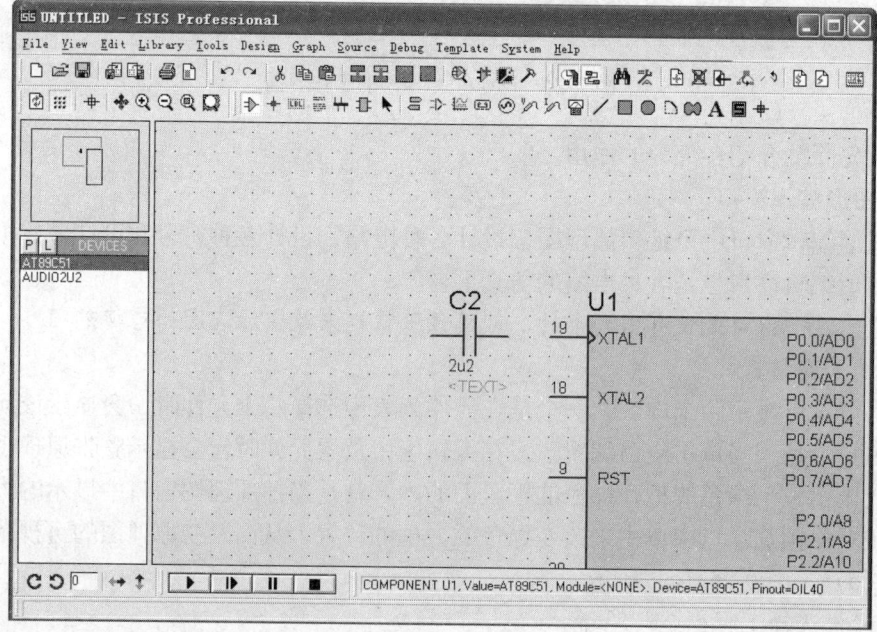

(b) 在编辑区中放置元件

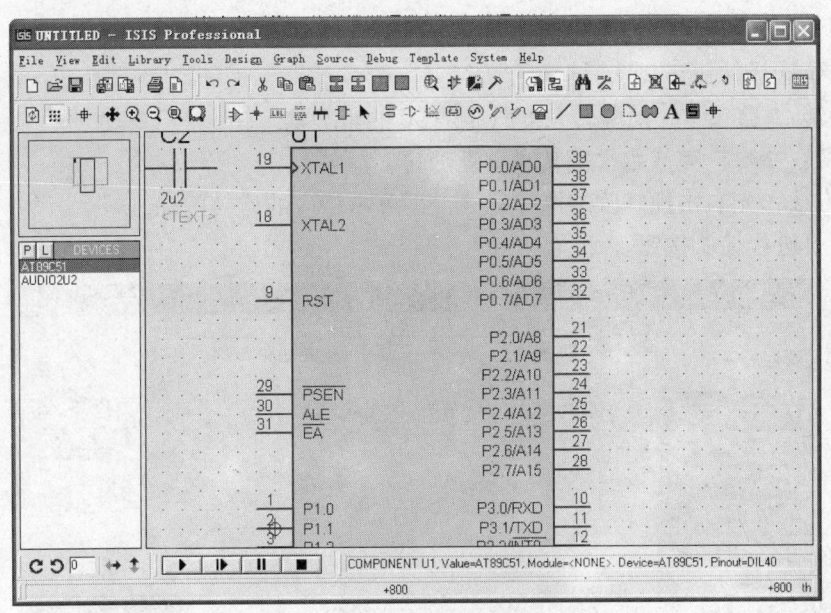

(c)在对象预览窗口移动绿框

图 0-25 预览窗口

图 0-27 所示小工具箱按钮图标中从左至右各图标的含义分别为终端（Terminals），有 $V_{CC}$、地、输出、输入等终端；器件引脚（Device Pin），用于绘制引脚；仿真图表（Simulation Graph），用于各种分析，如噪声分析（Noise Analysis）；录音机（Tape Recorder）；信号发生器（Generator）；电压探针（Voltage Probe）；电流探针（Current Probe）；虚拟仪表（Virtual Instruments），有示波器等。

图 0-26 主要模式按钮图标 　　　　图 0-27 小工具箱按钮图标

- 2D 绘图按钮。

图 0-28 所示 2D 绘图按钮图标中从左至右各图标的含义分别为画各种直线（Line）、画各种方框（Box）、画各种圆（Circle）、画各种圆弧（Arc）、画各种多边形（2D Path）、画各种文本（Text）、画符号（Symbol）以及画原点（Marker）。

图 0-28 2D 绘图按钮图标

④ 元件列表（The Object Selector）。

用于挑选元件（Components）、终端接口（Terminals）、信号发生器（Generators）、仿真图表（Graph）等。例如，选择"元件（Components）"，单击"P"按钮会打开挑选元件对话框，选择了一个元件后（单击"OK"按钮），该元件会在元件列表中显示，以后要用到该元件时，只需在元件列表中选择即可，如图 0-29（a）~图 0-29（c）所示。

⑤ 方位选择按钮。
- 旋转： 旋转角度只能是 90 的整数倍。
- 翻转： 完成水平翻转和垂直翻转。

使用方法：先右击预修改的选择元件，再单击相应的旋转图标。

⑥ 仿真进程控制按钮。

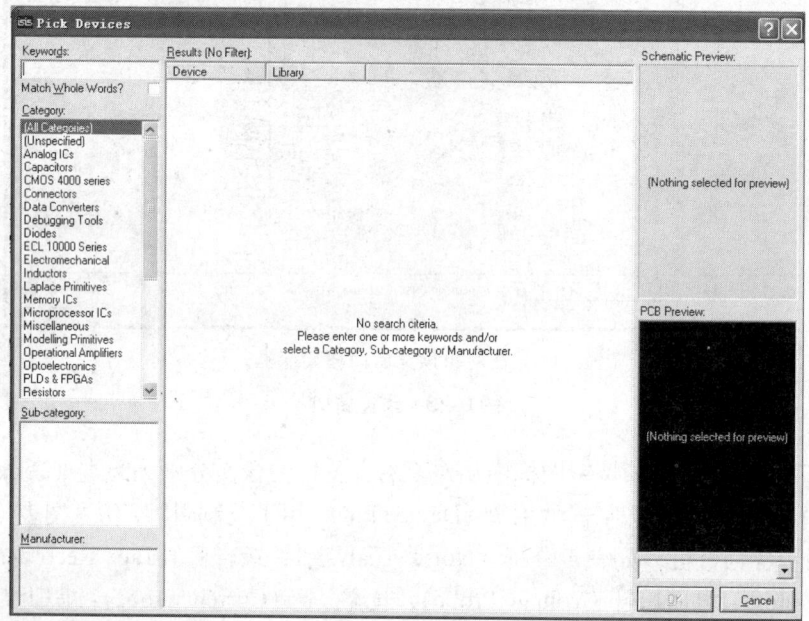

（a）选择元件

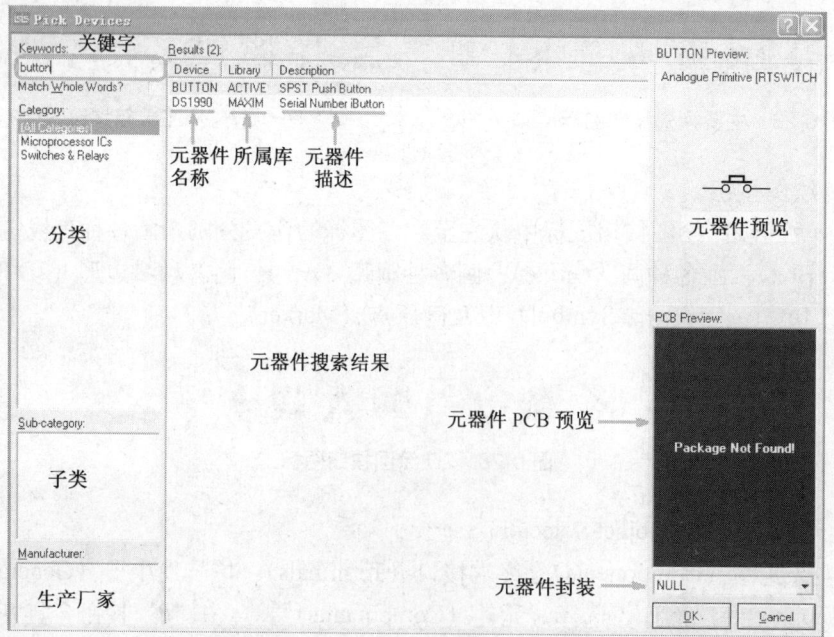

（b）输入元件名称

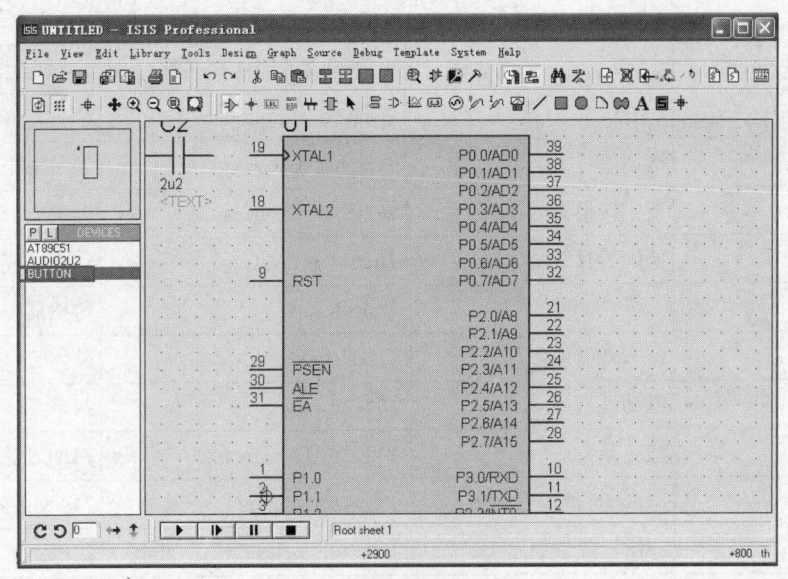

(c) 列表中显示元件

图 0-29 元件列表

图 0-30 所示仿真控制按钮图标中从左至右各图标的含义分别为运行（Execute）、单步运行（Step Over）、暂停（Pause）以及停止（Stop）。

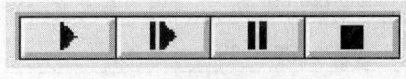

图 0-30 仿真控制按钮图标

（2）鼠标的操作方法

Proteus 的鼠标操作与传统的方式不同，具体如下。

右击——打开快捷菜单；

右键拖曳——框选一个块的对象；

右键双击——删除对象；

单击——选择（tag）对象，此时对象变红色；预放置对象或对选中的对象编辑对象属性；

左键拖曳——对象选中状态下，移动对象；

双击左键——放置对象。

2．Proteus 应用举例

（1）元器件库介绍

Proteus 系统中有丰富的符号库和元器件库。元器件库如表 0-11 所示，每个库里面又包含许多模型，总共约 8 000 个。有关系统支持的库信息，读者可以查看 Proteus 安装路径下最新的 LIBRARY.PDF 文件。在单片机系统仿真中常用元器件的库信息如表 0-12 所示。

表 0-11　　　　　　　　　　　元器件库分类

| 原文元器件库名称 | 直译元器件库名称 | 原文元器件库名称 | 直译元器件库名称 |
| --- | --- | --- | --- |
| (Unspecified) | 未指定 | PLDs & FPGAs | PLD、FPGA |
| Analog ICs | 模拟集成电路 | Resistors | 电阻 |
| Capacitors | 电容 | Simulator Primitives | 仿真模型 |

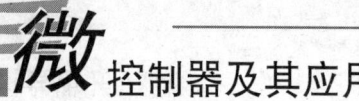
控制器及其应用

续表

| 原文元器件库名称 | 直译元器件库名称 | 原文元器件库名称 | 直译元器件库名称 |
| --- | --- | --- | --- |
| CMOS 400 series | CMOS 4000 系列 | Speakers & Sounders | 喇叭、音响 |
| Connectors | 接插件 | Switches & Relays | 开关继电器 |
| Data Converters | 数字转换器 | Switching Devices | 开关 |
| Debugging Tools | 调试工具 | Thermionic Valves | 热离子真空管 |
| Diodes | 二极管 | Transducers | 传感器 |
| ECL 10000 series | ECL 10000 系列 | Transistors | 晶体管 |
| Electromechanical | 电动机系列 | TTL 74 series | 74 系列 |
| Inductors | 感应器 | TTL 74ALS series | 74ALS 系列 |
| Laplace Primitives | Laplace 原型 | TTL 74AS series | 74AS 系列 |
| Memory ICs | 存储器集成电路 | TTL 74F series | 74F 系列 |
| Microprocessor ICs | 微处理器集成电路 | TTL 74HC series | 74HC 系列 |
| Miscellaneous | 其他 | TTL 74HCT series | 74HCT 系列 |
| Modeling Primitives | 模型原型 | TTL 74LS series | 74LS 系列 |
| Operational Amplifiers | 运放 | TTL 74S series | 74S 系列 |
| Optoelectronics | 光电器件 | | |

表 0-12　　单片机系统仿真中常用元器件的库信息

| 常用元器件 | 关键字 | 所属库分类 | 子类 | 所属库 |
| --- | --- | --- | --- | --- |
| 51 单片机 | 8051 | Microprocessor ICs | 8051 Family | MICRO |
| MAX232 | 232 | Microprocessor ICs | peripherals | MAXIM |
| 晶振 | CRYSTAL | Miscellaneous | — | DEVICE |
| 电阻 | RESISTORS | Resistors | 各子类 | RESISTORS 等 |
| 排阻 | RESPACK- | Resistors | Resistor Packs | DEVICE |
| 可调电阻 | POT | Resistors | Variable | ACTIVE |
| 上拉电阻 | PULLUP | Modeling Primitives | Digital（Miscellaneous） | DSIMMDLS |
| 瓷片电容 | CAP | Capacitors | Ceramic Disc | CAPACITORS |
| 电解电容 | 电容值 如 22u | Capacitors | Miniature electrolytic Radial electrolytic 等 | CAPACITORS |
| 按钮 | BUTTON | Switches & Relays | Switches | ACTIVE |
| 开关 | SW- | Switches & Relays | Switches | ACTIVE |
| 键盘 | KEY | Switches & Relays | Keypads | ACTIVE |
| 发光二极管 | LED- | Optoelectronics | LEDs | ACTIVE |

续表

| 常用元器件 | 关 键 字 | 所属库分类 | 子 类 | 所 属 库 |
|---|---|---|---|---|
| 数码管 | 7SEG- | Optoelectronics | 7-Segment-Displays | DISPLAY |
| 字符液晶显示器 | LCD | Optoelectronics | Alphanumeric LCDs | DISPLAY |
| 点阵显示器 | MATRIX- | Optoelectronics | Dot Matrix Displays | DISPLAY |

随着 Proteus 软件的不断升级，Proteus 中的元器件库和模型会不断丰富和完善。

(2) 器件的搜索方法

器件的搜索方法采用的是模糊搜索，即用户在图 0-29 中的关键字处输入时，不需要使用完全匹配，只要输入器件名称的一部分系统就可以找到相关器件。常用的器件关键字，可以参考表 0-12。

(3) 自定义器件

有 2D 工具绘制器件、Make Device 生成器件、器件入库等。

(4) 器件的放置

① 放置器件。选择器件，在编辑窗口单击预放置器件，选好位置后再单击放置器件。

② 移动单个器件。选择器件后，左键拖曳——移动。

③ 器件的替换。在旧器件上放置新器件，确认至少有一个引脚重叠，对于个别器件，需要使用 PAT 完成替换：

PAT=>Device=New component name

④ 删除器件。右键双击可删除器件及其连线，撤销操作。

⑤ 块操作方法。有块选取方法和块处理按钮（非粘滞）。

(5) 器件的连线

① 一般连线。

在 Proteus 中，连线利用 real time snap 的作用，用户可通过单击需连接的起点和终点，来实现连线，系统会自动完成 90°转角线路的连接，如图 0-31（a）所示。在画线时同时按 Ctrl 键，连线可向任意角度延伸，如图 0-31（b）所示。

② 连线复制、删除和移动在新的连接点上双击，可复制上一布线线段；右键双击完成线路的删除；左键拖曳选择的连线，可以移动连线。

③ 总线应用总线连线，总线入口。

④ 网络标号单击 LBL 按钮（粘滞），然后单击连线，可以在连线上放置网络标号，代表线路的物理连接（示例）。

对 PCB 布线有特殊要求的连线，可在上面放置一个 strat=sname 的标签，这样在 ARES 中可以设定名为 sname 的线路布线策略。

总线的网络标号采用数组的表示方法，如 X[0..7]表示 8 位总线，可以用 X0，X1，…，X7 表示其中每条连线。

(6) 器件属性编辑

① 单个器件属性双击器件，打开器件编辑窗口（Edit Component），如图 0-32 所示。

② Search & Tag 搜索并选择对象。

按 T 键进入，可以选择指定属性内容的对象，如图 0-33 所示。

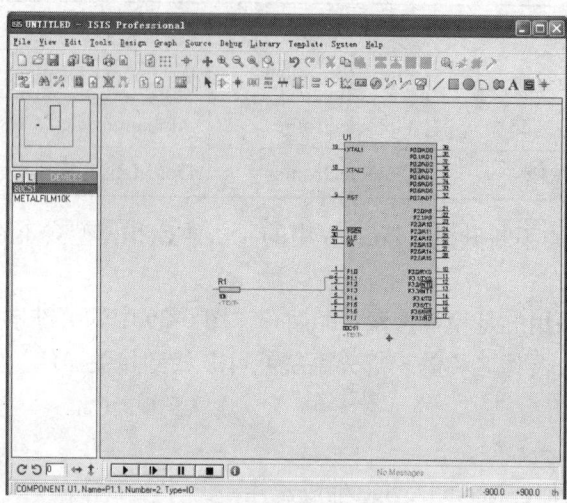

（a）直接单击起点、终点

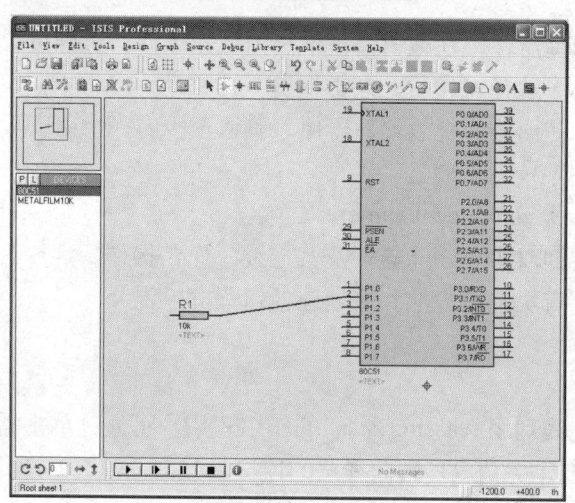

（b）按下 Ctrl 键的同时单击起点、终点

图 0-31　一般连线图

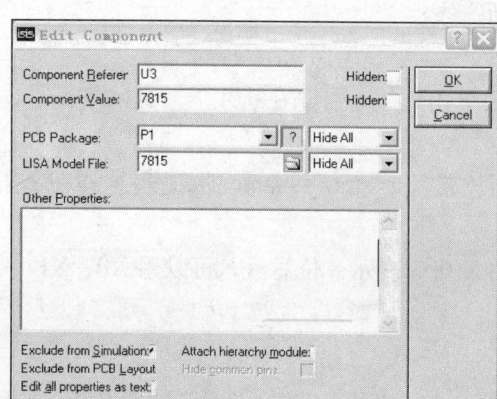

图 0-32　器件属性编辑对话框

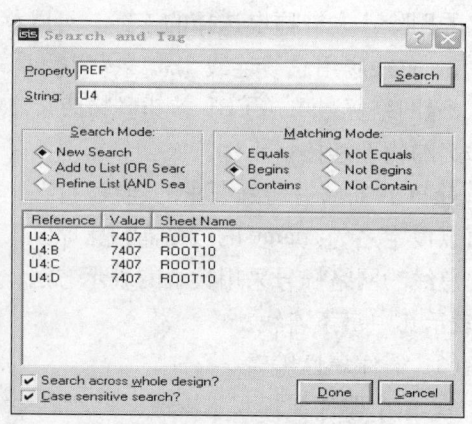

图 0-33　搜索并选中对象对话框

③ 全局属性编辑工具 PAT 的应用。

按 A 键进入，可进行全局属性编辑，如图 0-34 所示。

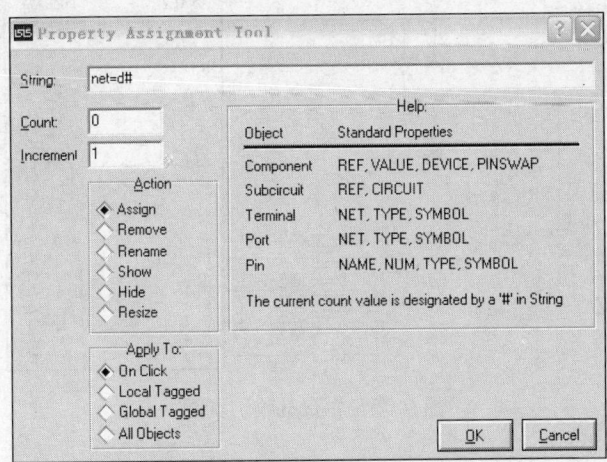

图 0-34　全局属性编辑工具 PAT 的应用

(7) 层次化设计方法

① 多页设计。

对于较为复杂的原理图，可以采用多页设计，线路的电气连接由网络标号决定。

工具：

有添加页、删除页、转到…页等项。

② 子电路。子电路设计是自顶而下的过程。

- 单击子电路按钮，绘制子电路并添加端口；
- 单击 图标按钮，进入子电路内层设计电路原理图；
- 为内电路加上与上层同名的信号端口；
- 单击 图标按钮返回上层。

(8) 原理图的输出

① 文稿输出。通过 File – Export Graphics，可以输出多种形式的文稿，例如输出 bmp 位图用于文档发表。输出时可以一并输出仿真状态。

② 网表输出。通过 Tools – Netlist Compiler，可以输出多种格式的网表，其中包括支持 Protel 的 Tango 格式网表。

如果使用 ARES 排版，单击 图标按钮便可直接进入 PCB 设计页面，并载入网表。

接下来读者即可根据前面介绍的知识在 Proteus 中绘制如图 0-35 所示的电路图。

VD1~VD8 分别连接 P1.0~P1.7，D9~D16 分别连接 P2.0~P2.7，蜂鸣器连接 P3.6。

注意：图 0-35 中线路连接用了另一种方法，在画电路图时若需连接的线路较多时，为避免连接线太多，便于看清电路，通常会采用网络标号来连接。在需连接的两个器件引脚分别引出一小段连接线(鼠标在起始引脚处单击，拉出一小段连接线后双击结束)，单击 LBL 按钮，在连接线上放置标号。注意要连接在一起的线路才使用同样的标号。

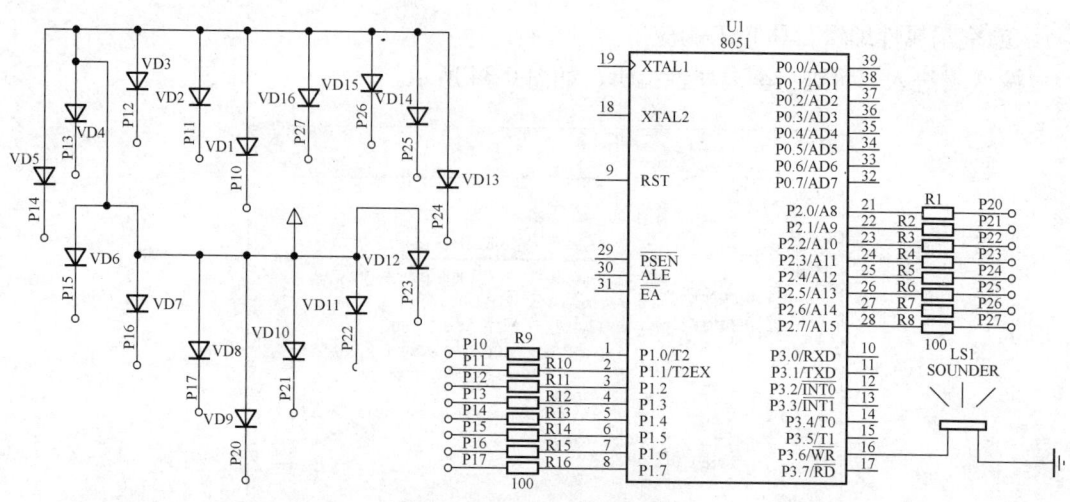

图 0-35　生日礼物仿真图

### 三、Keil C51开发系统

在单片机的开发过程中，一定要软、硬件结合，编写的程序要变为 CPU 可以执行的机器码通常要经过机器汇编（通过汇编软件将源程序翻译成机器码）。早期用于 C51 单片机的汇编软件有 A51，随着单片机开发技术的不断发展，Keil 软件是目前开发 C51 单片机最流行的软件。

Keil C51 标准 C 编译器为 C51 单片机的软件开发提供了 C 语言环境，同时保留了汇编代码高效、快速的特点。C51 编译器的功能不断增强，可以更加贴近 CPU 本身及其他衍生产品。

C51 已被完全集成到μVision3 的集成开发环境中，μVision3 IDE 可为它们提供单一而灵活的开发环境。

1．系统概述

Keil C51 是美国 Keil Software 公司出品的 51 系列兼容单片机 C 语言软件开发系统，与汇编相比，C 语言在功能上、结构性、可读性、可维护性上有明显的优势，因而易学易用。用过汇编语言后再使用 C 语言来开发，体会更加深刻。

Keil C51 软件提供丰富的库函数和功能强大的集成开发调试工具，为全 Windows 界面。另外重要的一点，只要看一下编译后生成的汇编代码，就能体会到 Keil C51 生成的目标代码效率非常之高，多数语句生成的汇编代码很紧凑，容易理解。在开发大型软件时更能体现高级语言的优势。

在使用 Keil 的开发工具时，其项目开发周期和任何软件开发项目都大致一样。

① 创建 C 或汇编语言的源程序；

② 编译或汇编源文件；

③ 纠正源文件中的错误；

④ 从编译器和汇编器连接目标文件；

⑤ 测试连接的应用程序。

Keil C51 工具包的整体结构如图 0-36 所示，其中 μVision 与 Ishell 分别是 Keil C51 for

Windows 和 for Dos 的集成开发环境（IDE），可以完成编辑、编译、连接、调试、仿真等整个开发流程。开发人员可用 IDE 本身或其他编辑器编辑 C 语言或汇编源文件。然后分别由 C51 及 A51 编译器编译生成目标文件（.OBJ）。目标文件可由 LIB51 创建生成库文件，也可以与库文件一起经 L51 连接定位生成绝对目标文件（.ABS）。ABS 文件由 OH51 转换成标准的 Hex 文件，以供调试器 dScope51 或 tScope51 使用进行源代码级调试，也可由仿真器使用直接对目标板进行调试，也可以直接写入程序存储器如 EPROM 中。

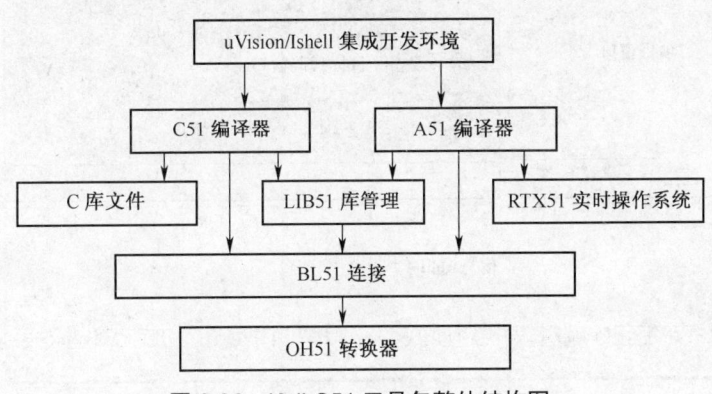

图 0-36 Keil C51 工具包整体结构图

**2．Keil 开发举例**

μVision3 集成开发环境包括 C 编译器、宏汇编、连接器、库管理和一个功能强大的仿真调试器。集成了文件编辑、项目管理、编译连接和仿真调试等多种功能，既能使用汇编语言，又能使用 C 语言。用户可在集成开发环境中使用文件编辑器编写好自己的程序，并用多种方法调试和修改程序。编译程序还可以帮助用户检查、修改错误，直至程序正确无误。然后经过机器自动编译和链接，产生单片机可识别的 HEX 代码文件，通过编程器烧录程序到单片机的程序存储器中，系统即可工作了。

有关 μVision3 集成开发环境的详细使用方法，读者可以参阅 μVision3 集成开发环境的操作说明，这里仅介绍常用的功能模块。

（1）μVision3 的窗口界面

μVision3 运行后出现如图 0-37 所示的窗口界面，这是一个典型的 Windows 窗口，使用十分方便，窗口中的各部分已在图上标注。在使用过程中可以打开多个有用的输入/输出窗口，可以提供大量编程代码信息和各种内部调试信息，极大地方便了用户的工作。

文件编辑器可供用户编写应用程序，进行文字块的复制、粘贴、移动、修改、查找、替换和删除等操作。可同时打开多个不同的文件进行编辑，这样便于进行多模块的结构化程序设计；可将这些模块文件放在同一个工程项目组内分别进行编辑；文件编辑完成后，可直接进行编译链接。在编译过程中如果出现错误，μVision3 会在信息窗口中显示错误的内容，双击该条错误，文件编辑器会自动跳到该错误所在的文本行，并用醒目的箭头指示，以便用户修改。μVision3 还提供了一种可选的彩色语句显示功能，对程序中的变量和关键字等采用不同的颜色显示，方便用户识别和查找，提高程序的可读性。

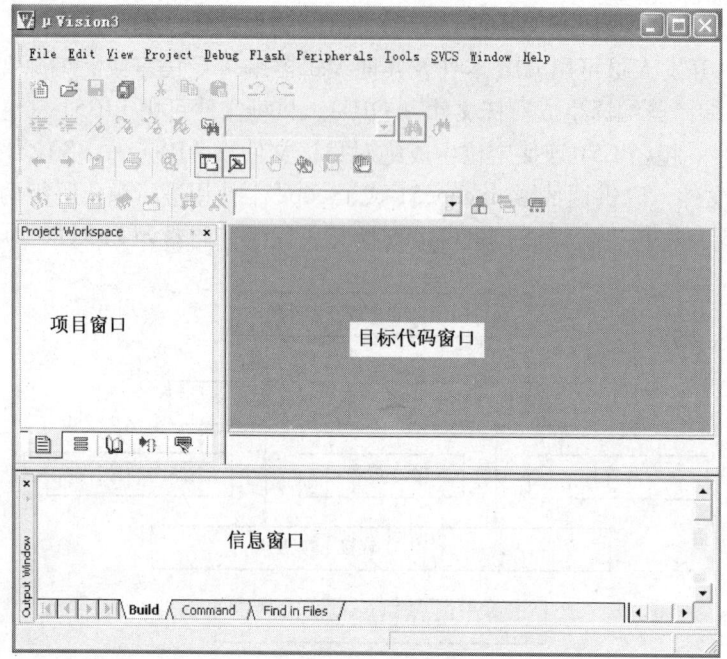

图 0-37　μVision3 的窗口界面

μVision3 在调试状态时有许多输入/输出窗口，用户可以通过这些窗口更顺利地调试程序。除了使用工具栏中的快捷按钮外，还可以通过 View 菜单中的命令来开/关这些窗口。操作这些调试窗口的方法如下。

① 命令输入/输出窗口（Command Output window）在进入调试状态后，原来的输出窗口自动切换到了 Command 选项卡，如图 0-38 所示。可在此处输入各种调试命令并观察输出的调试信息。

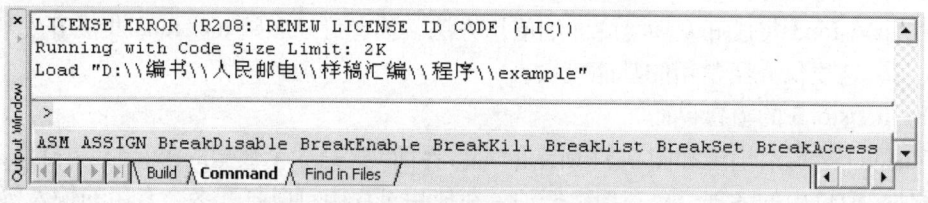

图 0-38　命令输入和调试信息输出窗口

② 寄存器（Register）窗口进入调试状态后，项目工作区也切换到了寄存器选项卡，如图 0-39 所示。该窗口显示了当前工作寄存器 r0～r7 以及特殊功能寄存器 a、b、sp、dptr、psw 等在程序运行中的变化，可根据这些值的变化来判断程序运行的情况。当单击某个寄存器，然后按 F2 键，可修改该寄存器的值。

③ 在存储器窗口（Memory Window）中可以显示系统各存储器的值，如图 0-40 所示。在 Address 文本框中输入"字母：数字"，其中的字母为 C、D、I 和 X，分别代表代码存储器、直接寻址的片内 RAM、间接寻址的片内 RAM、扩展的片外 RAM；数字为地址。例如输入"D:30"即可显示从地址 30 开始的片内 RAM 单元值。右击列表框中的某个单元，在

弹出的快键菜单中可以选择十进制、十六进制和 ASCII 码等不同的显示形式来显示单元值。用 Modify Memory at 0xXX 还可在出现的对话框中修改该单元的值，如图 0-41 所示。

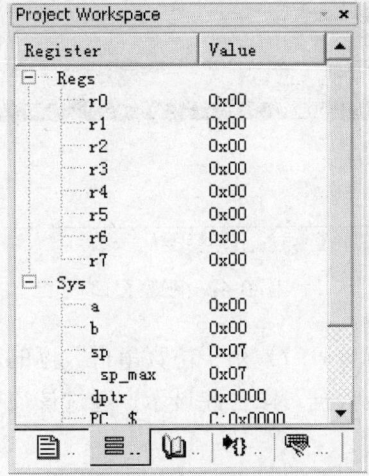

图 0-39 寄存器窗口

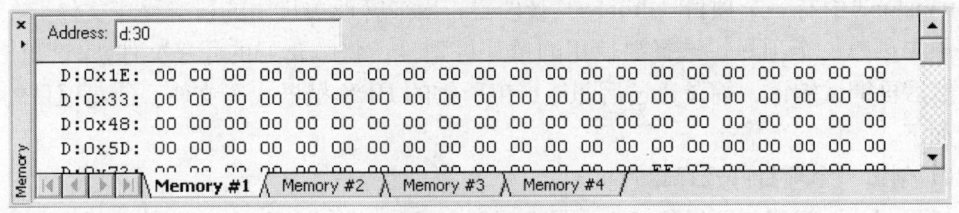

图 0-40 存储器窗口

④ 在反汇编窗口（Disassembly Window）中显示反汇编后的源代码，用户在这里可进行在线修改，跟踪已执行的代码。

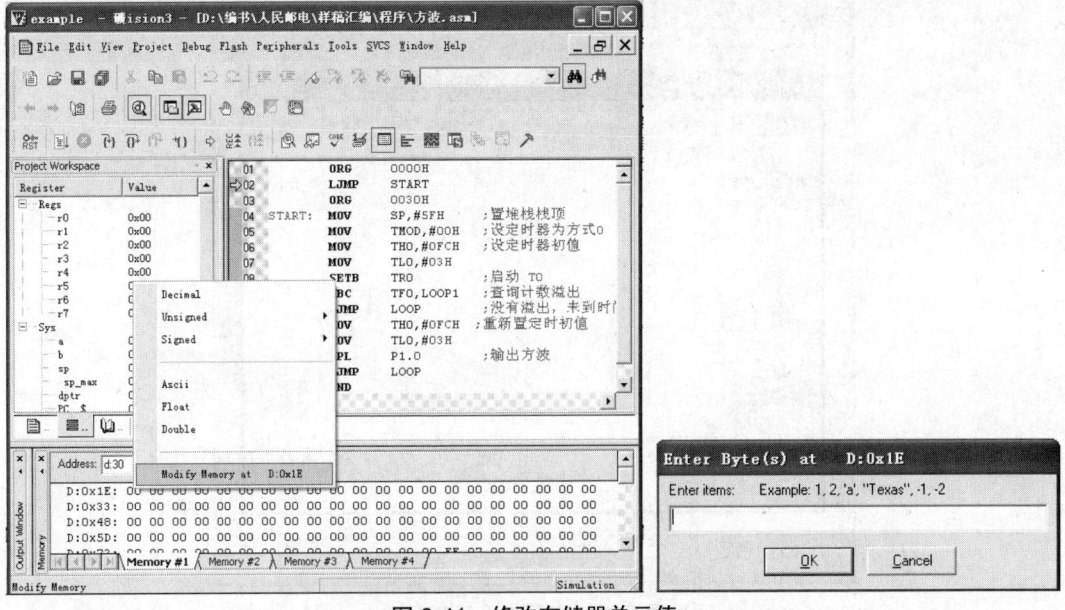

图 0-41 修改存储器单元值

⑤ 在观察窗口（Watch and Call Stack Window）口中可以查看和更改程序中的变量，如图 0-42 所示。Locals 选项卡中是当前运行的函数中的所有变量及其值。在另外两个选项卡中可以加入自定义的观察变量。

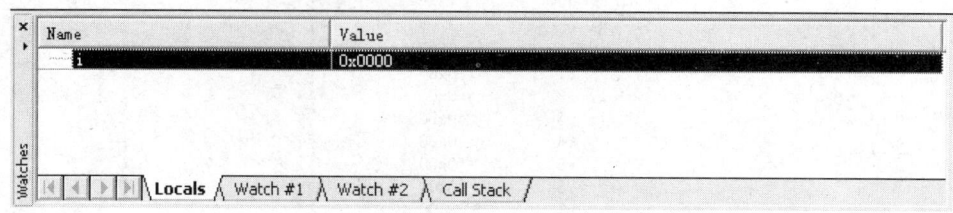

图 0-42　观察窗口

⑥ 串行窗口（Serial Window #1）用于仿真串口数据的输入和输出。在这里输入的数据可被传入 CPU，串口输出的数据可以在此显示。通过该窗口可以在没有硬件的情况下通过键盘来模拟串口通信。

(2) 创建项目

μVision3 中有一个项目（Project）管理器，用来管理项目中的所有程序文件。在使用时必须先创建一个项目，选择要使用的单片机型号，将编辑好的程序文件加入到该项目中，然后再调试编译，编译通过后即能产生所需的 HEX 机器代码文件。创建项目的具体步骤如下。

① 创建一个项目并选择单片机。

打开 μVision3 集成开发环境，选择 Project→New μVision Project 菜单项创建一个新项目，命名该项目并将其保存到一个自定的文件夹中，如图 0-43 所示。接着出现单片机型号选择窗口，在左边列表中选定所用的单片机型号，如图 0-44 所示。

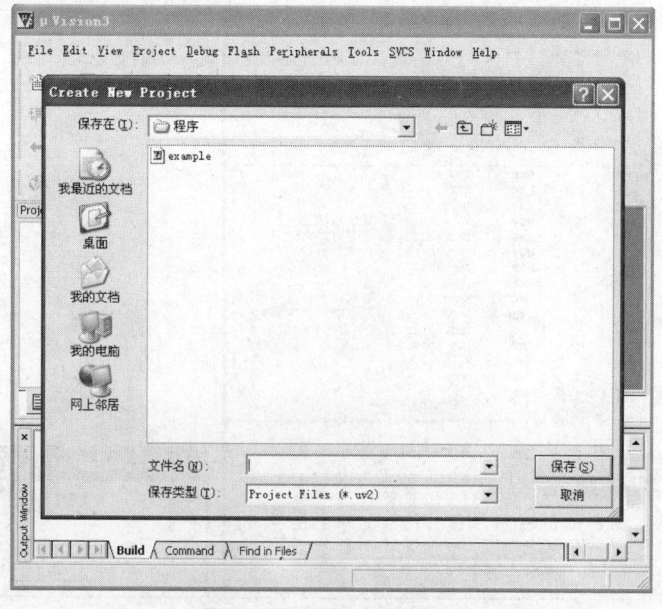

图 0-43　创建一个新项目

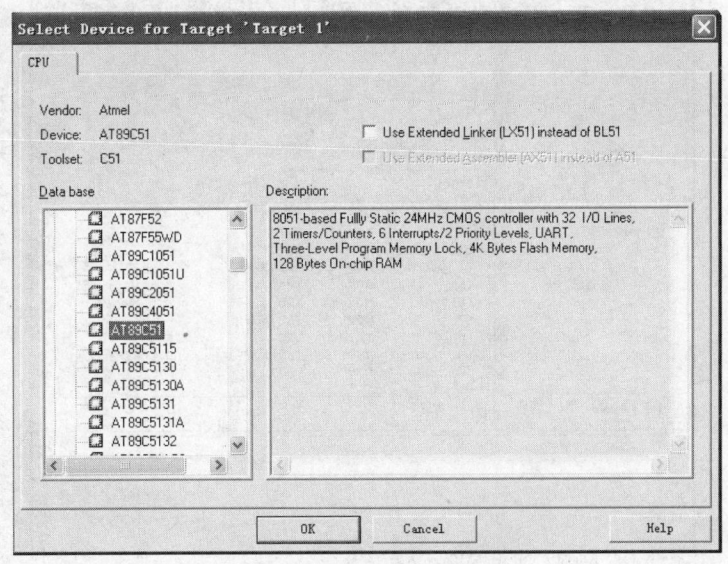

图 0-44　单片机型号选择窗口

② 添加标准启动文件。

选择单片机型号后出现添加启动文件窗口，单击"是"按钮添入标准的启动文件，如图 0-45 所示。

图 0-45　添入标准的启动文件

注意：如果采用汇编语言编写控制代码，不需要添加标准的启动文件，单击"否"按钮即可。

③ 选择 File→New 菜单项创建一个新文件。

在文件中输入汇编程序，输完后将文件保存成以.asm 为扩展名的汇编程序源文件。右击左边项目工作区中 Source Group1 文件夹，在弹出的快捷菜单中选择 Add File to Group "Source Group1" 菜单项，在弹出的对话框中将刚才编好的汇编程序源文件添加到 Source Group1 文件夹中，这时在左边项目工作区中的 Source Group1 文件夹下面会出现该文件的名字，如图 0-46 所示。

④ 为目标设置工具选项。

选择 Project→Options for Target "Target1" 菜单项，打开如图 0-47 所示的对话框。其中 Target 选项卡中包含有关目标单片机的一些设定，在该选项卡的 Xtal 文本框中输入单片机所用的晶振频率，其他选项使用默认值或空白。在 Output 选项卡中选择 Create HEX File 以便在编译通过后生成 HEX 文件，并在 Name of Executable 文本框中输入所要的 HEX 文件名，如图 0-48 所示，然后单击"确定"按钮关闭对话框。

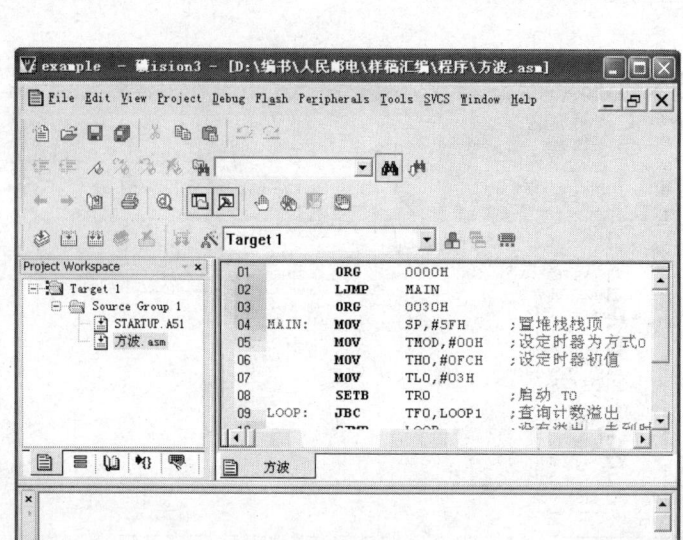

图 0-46 添加汇编源文件到 Source Group1 文件夹

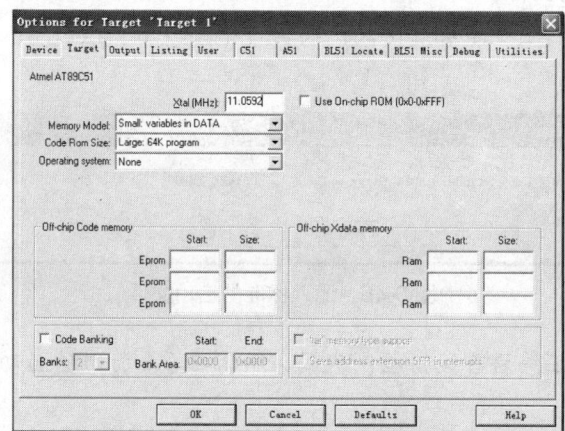

图 0-47 目标 Target 选项设置

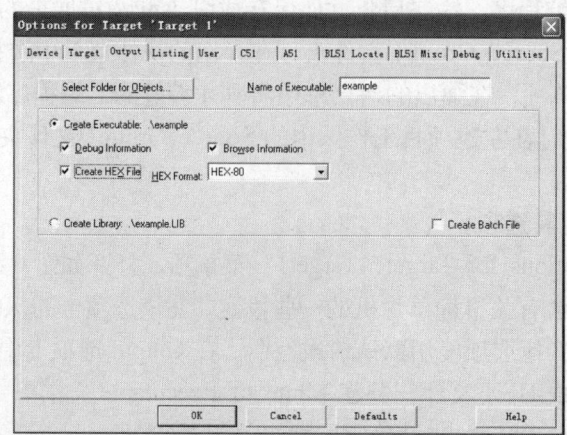

图 0-48 目标 Output 选项设置

⑤ 编译并创建 HEX 文件。

用户在编辑好控制程序后,即可按 F7 键或单击 Build 标签开始编译源程序。如果程序有误,就会在窗口下面 Output Window 区中出现错误提示,如图 0-49 所示,用户可根据提示修改程序,直到编译通过为止。编译通过后就会生成命名的 HEX 文件,如图 0-50 所示。

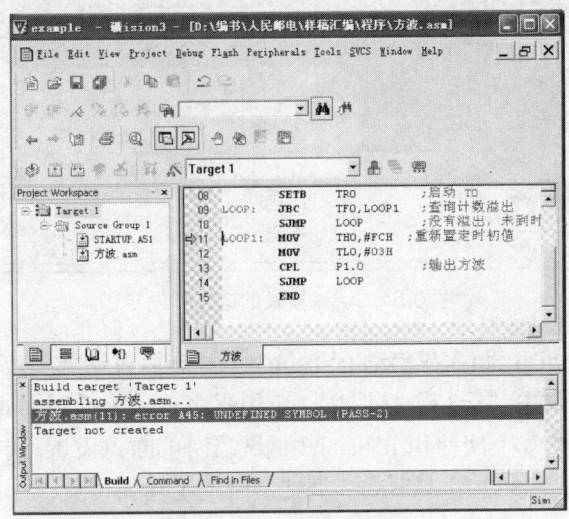

图 0-49　编译错误提示

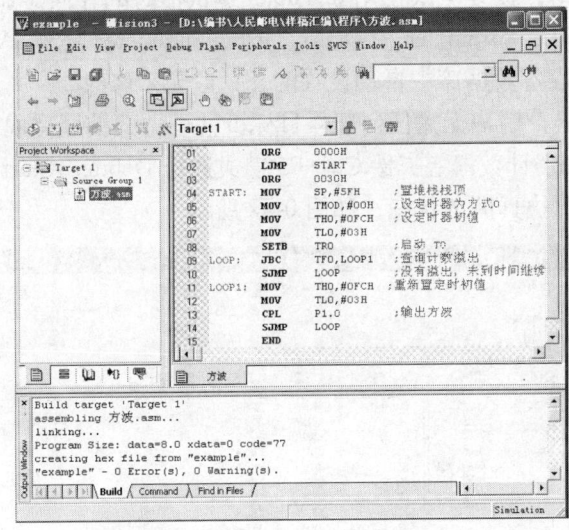

图 0-50　编译通过后产生 HEX 文件

(3) 调试

在应用程序编译完成后,即可使用 μVision3 的调试功能进行调试。μVision3 内部提供了两种调试模式,在 Options for Target "Target1"对话框中有一个 Debug 选项卡,用来选择和设定这两种调试方式,如图 0-51 所示,左半边是模拟仿真器(Simulator),右半边是高级 GDI 驱动模式,一般选用左边的模拟仿真调试方式。其中应选中的项目意义如下。

59

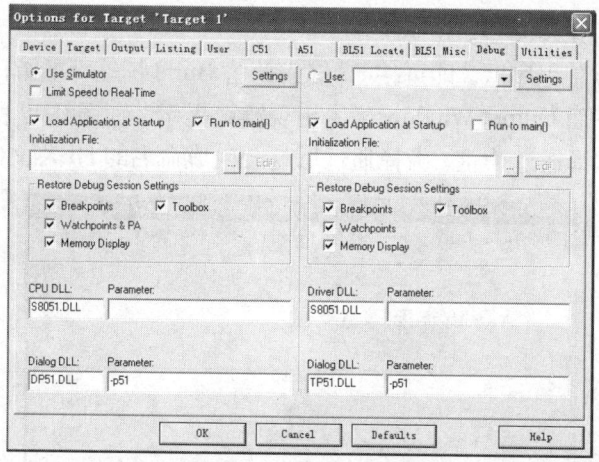

图 0-51 调试模式的选择和设定

- Load Application at Sta：在启动 μVision3 调试器后自动载入应用程序。
- Run to main：单击"运行"按钮后，应用程序自动执行到 main 处停止。
- Breakpoints：恢复上次使用 μVision3 调试器时的断点设置。
- Toolbox：恢复上次使用 μVision3 调试器时的工具箱设置。
- Watchpoints & PA：恢复上次使用 μVision3 调试器时的观察断点和性能分析设置。
- Memory Display：恢复上次使用 μVision3 调试器时的存储器显示设置。

最下面的 CPU DLL、Parameter 和 Dialog DLL、Parameter 是为 μVision3 调试器配置内部的 DLL，它们是在设备数据库中自动设置的，一般无须修改。

利用该模拟仿真器，用户无需任何硬件目标板就可调试编译完成的应用程序。它可仿真串口、I/O 端口和定时/计数器等。按 Ctrl+F5 键或选择 Debug→Start→Stop Debug Session 菜单项，即可进入模拟仿真调试状态，如图 0-52 所示。

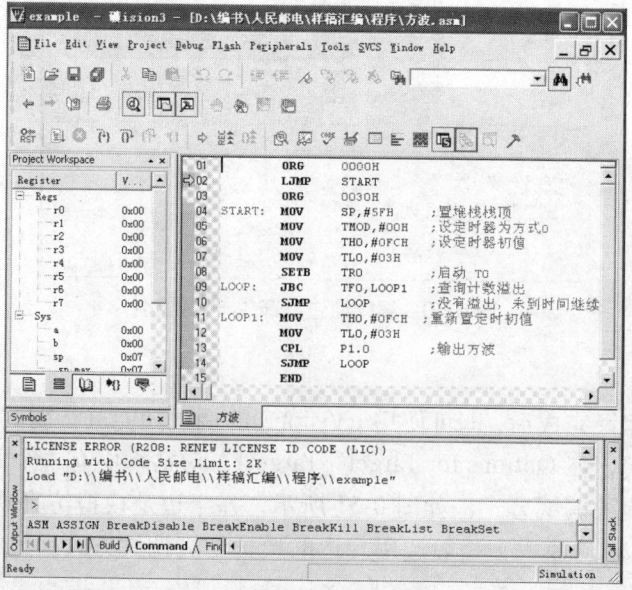

图 0-52 调试窗口

这时在工具栏区出现一排调试用的快捷命令工具按钮和输出窗口工具按钮，如图 0-53 所示。左边的项目工作区也换了一个页面，变为 Register 窗口，显示单片机内部某些重要寄存器的当前值。

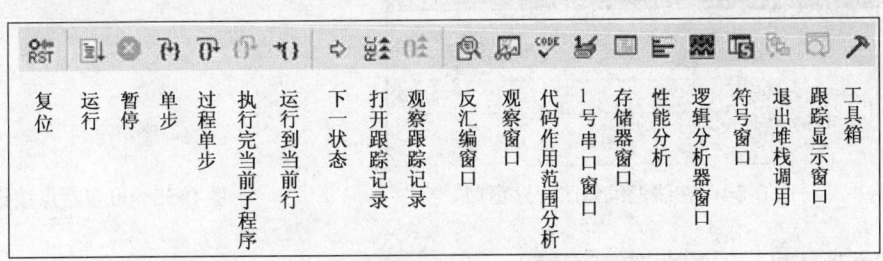

图 0-53　调试用的命令工具按钮和输出窗口工具按钮

在该排快捷按钮中，除了第一个是复位按钮外，后面的按钮被竖线分为 3 部分。下面详细介绍这些按钮的用法和窗口功能。

① 程序运行按钮。

对于编译通过的程序，如果没逻辑错误就可以顺利完成运行了，无需调试。但实际上，能一次顺利通过的程序设计是很少的，就算是经验丰富的程序设计人员，也很难做到一帆风顺，总会出现这样或那样的小错误。程序必须经过反复的调试、修改，才能正常运行。调试程序最简单的方法就是单步运行，即让程序一步一步地执行。当单击"运行"按钮后，根据图 0-51 中 Debug 选项卡中的设置，应用程序会自动执行到 main 处停止。这时，单击"单步"按钮（或按 F11 键），程序就执行一条指令。再单击一次又执行一条，这样一步一步地运行下去。此时通过观察 Register 窗口中单片机内部寄存器值的变化，并结合其他方法来判断程序运行是否正常，如果出现异常，可从中找出错误，通过不断调试直到程序完全正常为止。

有时对某个已多次使用过的子程序，不想进入到子程序里调试，这时可利用过程单步 (step over) 来调试，按 F10 键执行过程单步，程序就会在全速执行完延时子程序之后才停止。

当单步进入一个子程序后，也可单击"执行完当前子程序"按钮（按 Ctrl+F11 键）单步执行到该子程序外，执行完该子程序后再停止。

另外，还可单击程序的某一行，然后单击"运行到当前行"按钮（按 Ctrl+F10 键）使程序执行到光标所在行停止。

综合运用上述不同的单步调试方法，可大大加快程序调试的速度，迅速找到程序中隐藏的错误。一般的集成开发环境中，编辑和调试是两个完全不同的状态，在调试时被修改的源程序必须先退出调试状态，重新编译链接后才能继续调试；但是 μVision3 具有在线汇编功能，首先将光标定位于要修改的程序行，然后选择 Debug/Inline Assembly 菜单项会出现如图 0-54 所示的窗口。用户可在 Enter New 文本框中输入修改的程序语句，按 Enter 键完成本行修改，进入下一行可继续修改。全部修改完后，单击右上角的关闭窗口图标。

② 设置断点。

设置断点是调试程序的另一个有力工具，设置断点最简单的方法是双击某一程序行，然后程序在运行到该行时就会停下。这时通过观察程序在断点位置的有关变量和寄存器的值,即可发现问题。

μVision3 有 4 个设置断点快捷按钮,如图 0-55 所示。

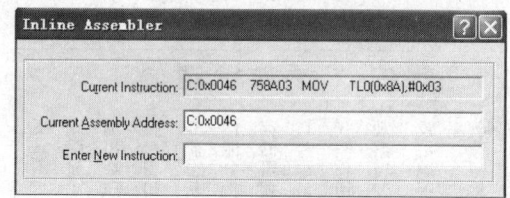

图 0-54 在线汇编修改程序窗口

图 0-55 设置断点按钮

按如下方法可设置断点按钮的功能。

- Insert/Remove Breakpoint:插入/取消断点;
- Kill All Breakpoints:取消所有断点;
- Enable/Disable Breakpoint:开启/暂停该断点;
- Disable All Breakpoint:暂停所有断点。

另外,在 Debug 菜单中还有一个 Breakpoint(Ctrl+B)选项,选择后会出现一个如图 0-56 所示的对话框,可用来设置若干不同的、更复杂的断点。

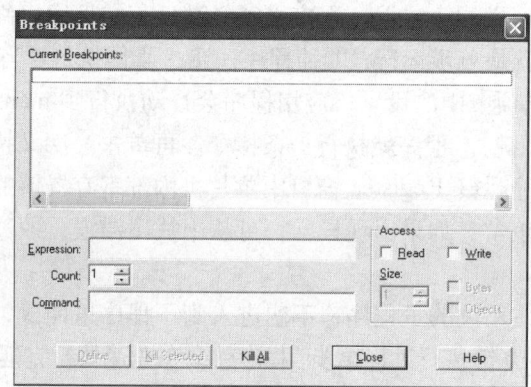

图 0-56 断点设置对话框

在图 0-56 中 Expression 文本框用来输入一个表达式,由它来确定程序停止运行的条件。这种设置方法的使用比较复杂,下面举例说明。

【例 1】在 Expression 文本框中输入 a==3H 后单击"Define"按钮,此时所设置的这个断点就会出现在上面的 Current Breakpoints 列表框中,该设置表示当累加器 A 的值等于 3H 时程序停止。接着可以继续设置其他断点。

【例 2】在 Expression 文本框中输入 DELAY 后单击"Define"按钮,表示当程序运行到 DELAY 标号所在行时停止。

【例 3】在 Expression 文本框中输入 DELAY,将 Count 的值调为 5 然后单击"Define"按钮,表示当程序第 5 次运行到 DELAY 标号所在行时停止。

【例 4】在 Expression 文本框中输入"DELAY",在 Command 文本框中输入"printf ("Delay has been called\n")",表示当子程序 DELAY 被调用时,在输出窗口的 Command

选项卡中显示字符"Delay has been called"。

【例5】在 Expression 文本框中输入 temp==25，Access 选项组中选择 Write，表示当变量 temp 被写入 25 时程序停止。

设置完成后，所设置的所有断点都会显示在 Current Breakpoints 列表框中，且每个断点前面都有复选框，可选任意一项并单击下面的 Kill Selected 按钮取消那些不用的断点。参考上面例子举一反三，可灵活运用这种方法。

3．Keil C51 和 Proteus 联调

Keil C51 和 Proteus 联调有两种常用的方法。

（1）Keil C 与 Proteus 的离线联合使用

① 先通过 Keil C51 编辑、修改、编译源程序并生成 HEX 等单片机能识别的文件，运行 Proteus 将 HEX 文件与原理图中的 MCU 进行绑定即可。

② 无论是离线还是在线方式的联合使用 HEX 文件是必不可少的，如果找不到 HEX 文件这不是软件出错，而是没有进行正确的设置。

（2）Keil C51 与 Proteus 7.2 的联合仿真调试

① 把 Proteus 安装目录下的 VDM51.dll 文件复制到 Keil 安装目录的\C51\BIN 目录中，若安装的 Proteus 里没有 VDM51.dll 这个文件，可以从网上下载一个。

② 修改 Keil 安装目录下 Tools.ini 文件，在 C51 字段加入 TDRV5=BIN\VDM51.DLL ("Proteus VSM Monitor-51 Driver")，并保存。

注意：不一定要用 TDRV5，根据原来字段选用一个不重复的数值就可以了，引号内的名字随意。

③ 打开 Proteus，画出相应电路。在 Proteus 的 Debug 菜单中选中 use remote debug monitor，如图 0-57 所示。

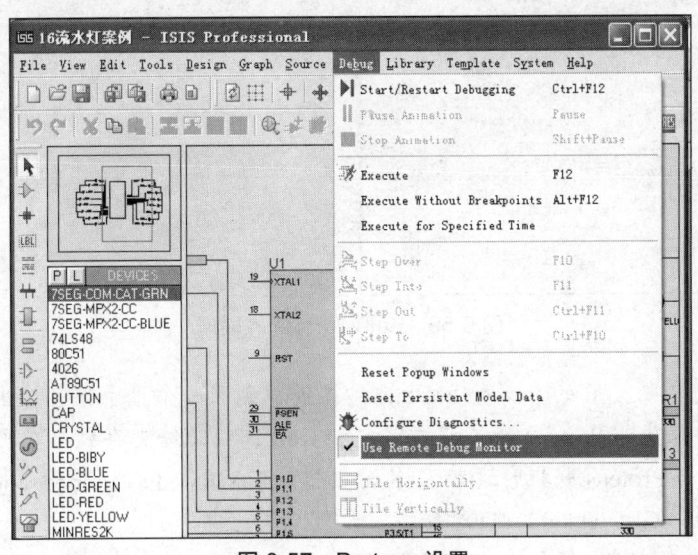

图 0-57　Proteus 设置

④ 在 Keil 中选择 project→Option for Target "Target1" 菜单项。在 Debug 选项卡右上部的下拉菜单中选择 Proteus VSM Monitor-51 Driver。进入 seting，如果是同一台机 IP 地址

为 127.0.0.1，如不是同一台机则填另一台的 IP 地址。端口号一定为 8 000，如图 0-58 所示。

注意：可以在一台机器上运行 Keil，另一台中运行 Proteus 进行远程仿真。

⑤ 在 Keil 中进行 Debug，同时在 Proteus 中查看直观的结果（如 LCD 显示…）。Keil 和 Proteus 联调如图 0-59 所示。

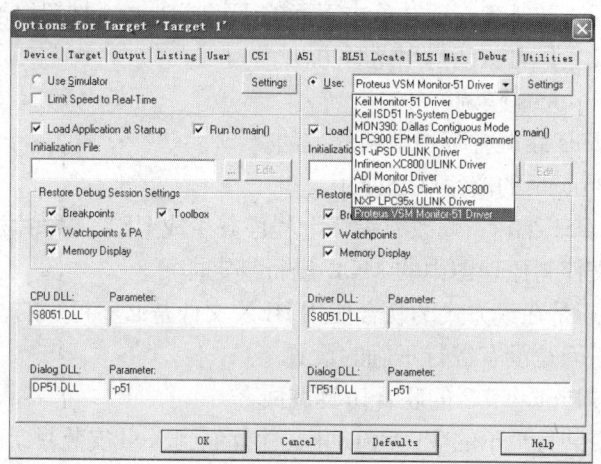

图 0-58　Keil 设置

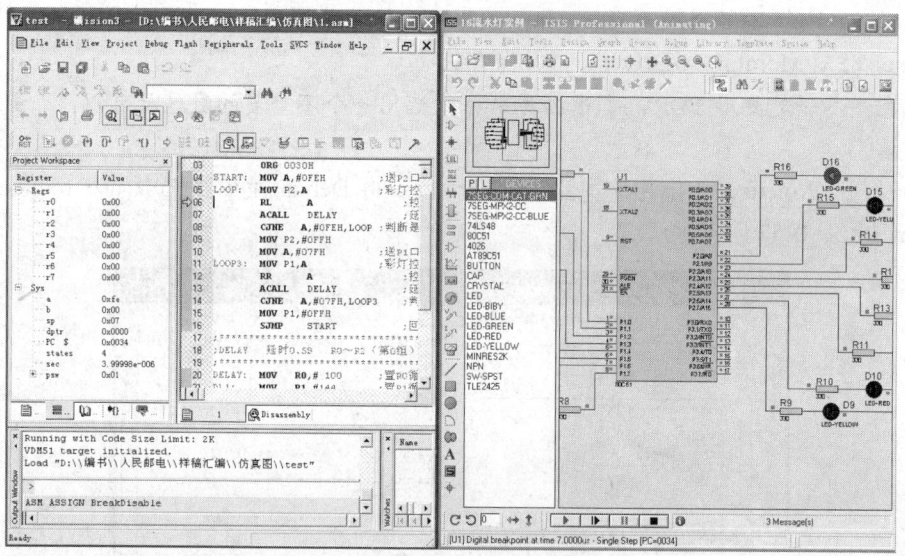

图 0-59　Keil 和 Proteus 联调

注意：一定要把 Keil 的工程和 Proteus 的文件放到同一个目录下（这里所说的 Keil 的工程指工程的目录，即 Proteus 的工程文件要和 Keil 工程文件夹存放在在同一层目录下）。

注意：Keil 与 Proteus 联机时运行 Keil 时出错。弹出 failed to connect command socket to port 127.0.0.1:8000.GLE=0000274D 对话框。

运行 Proteus 的 ISIS，选择 DEBUG→use romote debuger monitor 菜单项。然后选择 File →Load Design 菜单项，导入 "8051 LCD Driver" 文件夹中的 LCDDEMO.dsn 文件。再重新打开要调试的文件即可。

微控制器及其应用

# 项目一 指示灯控制系统的设计与调试

日常生活中，很多场合都需要指示灯，例如充电器的电源指示灯、电视机的开机指示灯、紧急出口的指示牌、电冰箱的开门指示灯、车辆的制动和转向指示灯等。指示灯往往可起到提醒、警示或装饰的作用，与人类生活形影不离。本项目中，将通过3个实现指示灯控制典型的工作任务，来学习单片机的基础知识。

1. 项目内容

设计完成一个指示灯控制系统，参考设计的仿真图如图1-1所示。

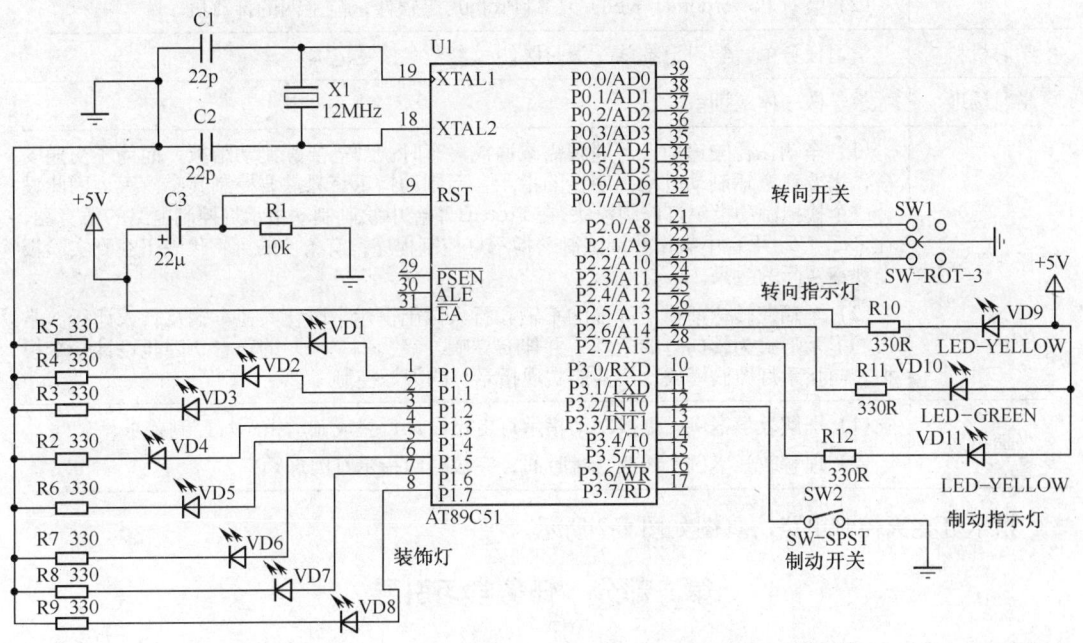

图1-1 指示灯控制系统仿真图

项目设计的电路主要由AT89C51单片机最小系统、制动指示灯、转向指示灯和装饰灯等部分组成。通过完成仿真图和程序设计并调试的全过程，初学者可掌握51单片机最小系统的设计方法、51单片机的I/O口作为普通输入/输出口的应用方法、开关控制的应用方法，Keil C51和Proteus软件的基本应用方法。可理解并能应用与任务设计相关的指令，能根据设计要求选择元器件。

2. 项目任务

任务一 指示灯亮灭控制模块

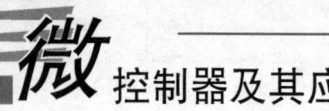

任务二 指示灯开关控制模块
任务三 装饰灯控制模块

## 任务一 指示灯亮灭控制模块

| 项 目 | 说 明 |
|---|---|
| 主要内容 | （1）单片机小系统、I/O 口资源。<br>（2）程序框架、伪指令、数据传送类指令、位状态控制指令、DJNZ 等控制指令。<br>（3）发光二极管接口设计。<br>（4）Keil C51 和 Proteus 软件的基本应用 |
| 学习条件 | （1）单片机系统演示样机。<br>（2）装有 Powerpoint、Keil C51 和 Proteus 等软件，能上网的计算机 |
| 学习材料 | 学习任务单、学习记录单、学习课件、参考书、笔记本 |
| 学习场地 | 教学做一体实训室 |
| 任务要求 | （1）车辆在行驶途中，若遇到需减速或停车时，都需要踩制动踏板，而为了交通安全，需要在车辆制动时给出明显的指示，而制动指示灯只需要控制其亮、灭，因此设计一个模拟制动指示灯控制模块，在 Proteus 平台中绘制制动指示灯控制电路的仿真图，在 Keil C51 平台中编辑并调试制动指示灯控制程序，有条件的可将代码下载到实验板上观察实际的效果。<br>（2）车辆在转弯前需给周围的车辆和行人做出提示，以便其他车辆及行人让行。常用的提示形式为转向灯的闪烁，并伴有"嘀、嘀、嘀、…"的声音。因此设计一个模拟转向指示灯控制模块，使其能实现指示灯的闪烁控制 |
| 兴趣拓展 | （1）理解教学案例，更换制动指示灯电路设计，完成制动指示灯控制要求。<br>（2）理解教学案例，修改延时时间，完成转向指示灯闪烁频率 |

指示灯亮灭控制电路仿真图如图 1-2 所示。

### 第一部分 任务学习引导

#### 一、发光二极管的控制方法

1. 发光二极管

用作指示灯的元件通常是发光二极管，发光二极管是半导体二极管的一种，可以把电能转化成光能，常简称为 LED，其图形符号及实物图如图 1-3 所示。发光二极管与普通二极管一样是由一个 PN 结组成，也具有单向导电性。当给发光二极管加上正向电压后，从 P 区注入到 N 区的空穴和由 N 区注入到 P 区的电子，在 PN 结附近数微米内分别与 N 区的电子和 P 区的空穴复合，产生自发辐射的荧光。由镓（Ga）与砷（AS）、磷（P）的化合物制成的二极管，当电子与空穴复合时能辐射出可见光，因而可以用来制成发光二极管，在电路及仪器中作为指示灯，或者组成文字或数字显示。磷砷化镓二极管发红光，磷化镓二极管发绿光，碳化硅二极管发黄光。

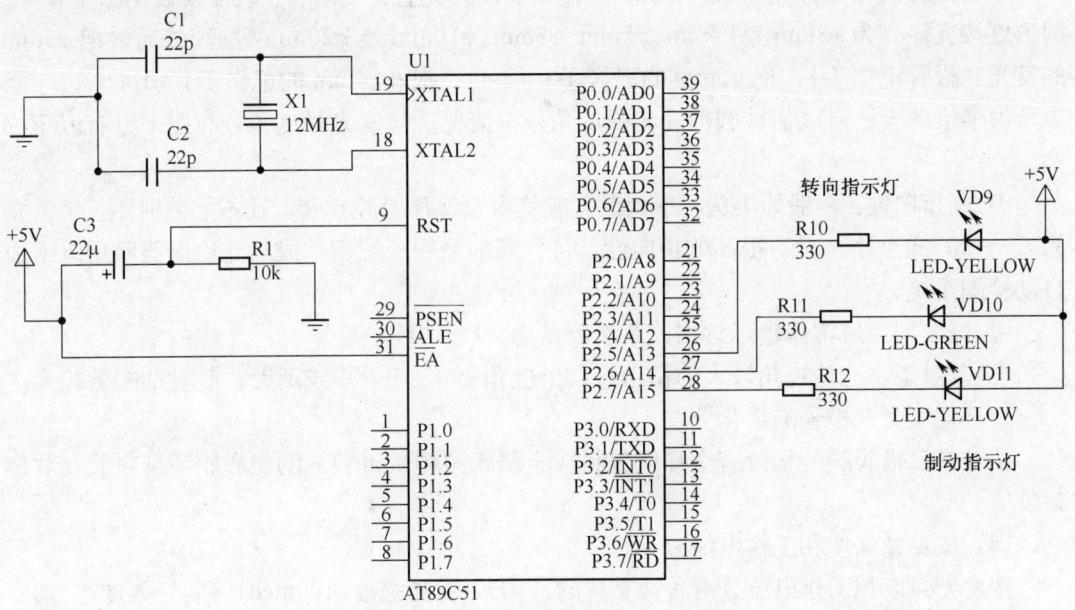

图 1-2 指示灯亮灭控制电路仿真图

发光二极管的反向击穿电压约 5V。它的正向伏安特性曲线很陡，使用时必须串联限流电阻以控制通过管子的电流。限流电阻 $R$ 可用下式计算。

$$R = (E - U_F)/I_F$$

式中 $E$ 为电源电压；$U_F$ 为 LED 的正向压降；$I_F$ 为 LED 的一般工作电流。一般情况下，发光二极管的两根引线中较长的一根为正极，应接电源正极。

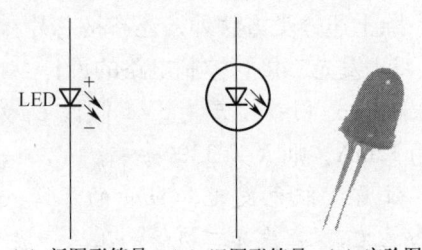

(a) 新图形符号  (b) 旧图形符号  (c) 实验图

图 1-3 发光二极管的电路图形符号及实物图

与小白炽灯泡和氖灯相比，发光二极管的特点是：工作电压很低（有的仅一点几伏）；工作电流很小（有的仅零点几毫安即可发光）；抗冲击和抗振性能好，可靠性高，使用寿命长；通过调制通过的电流强弱可以方便地调制发光的强弱。由于有这些特点，发光二极管在一些光电控制设备中用作光源，在许多电子设备中用作信号显示器。把管芯做成条状，用 7 条条状的发光管组成 7 段式半导体数码管，每个数码管可显示 0~9 十个数字。

2．发光二极管的分类

(1) 按发光管的发光颜色分

按发光管的发光颜色分，发光二极管可分成红色、橙色、绿色（又细分黄绿、标准绿和纯绿）、蓝光等。另外，有的发光二极管中包含 2 种或 3 种颜色的芯片。

根据发光二极管出光处掺或不掺散射剂、有色还是无色，上述各种颜色的发光二极管还可分成有色透明、无色透明、有色散射和无色散射 4 种类型。

### (2) 按发光管出光面特征分

按发光管出光面特征分圆灯、方灯、矩形、面发光管、侧向管、表面安装用微型管等。圆形灯按直径分为 $\varphi 3mm$、$\varphi 4.4mm$、$\varphi 5mm$、$\varphi 8mm$、$\varphi 10mm$ 及 $\varphi 20mm$ 等。国外通常把 $\varphi 3mm$ 的发光二极管记作 T-1；把 $\varphi 5mm$ 的记作 T-1（3/4）；把 $\varphi 4.4mm$ 的记作 T-1（1/4）。

由半值角大小可以估计圆形发光强度角分布情况。从发光强度角分布图来分有以下 3 类。

① 高指向性：一般为尖头环氧封装，或是带金属反射腔封装，且不加散射剂。半值角为 5°~20°或更小，具有很高的指向性，可作局部照明光源用，或与光检出器联用以组成自动检测系统。

② 标准型：通常作指示灯用，其半值角为 20°~45°。

③ 散射型：这是视角较大的指示灯，半值角为 45°~90°或更大，散射剂的量较大。

### (3) 按发光二极管的结构分

按发光二极管的结构分有全环氧包封、金属底座环氧封装、陶瓷底座环氧封装及玻璃封装等。

### (4) 按发光强度和工作电流分

按发光强度和工作电流分有普通亮度的 LED（发光强度 100mcd）；发光强度在 10~100mcd 间的称为高亮度发光二极管。一般 LED 的工作电流在十几 mA 至几十 mA，而低电流 LED 的工作电流在 2mA 以下（亮度与普通发光管相同）。

除上述分类方法外，还有按芯片材料分类及按功能分类的方法。

### 3．发光二极管控制电路的设计

根据式 (1-1)，$E$ 为 5V，假设 $U_F$ 为 1V，$I_F$ 为 12mA，则 $R$ 为 330Ω。

注意：红色发光二极管的压降一般为 1.8V 左右，绿色发光二极管的压降一般为 2~2.2V，蓝色和白色发光二极管的压降一般为 3.6~4V。

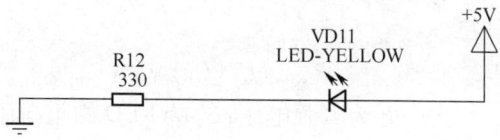

图 1-4　发光二极管控制仿真电路

### 二、单片机最小系统

单片机最小系统，或者称为最小应用系统，是指用最少的元件组成的单片机可以工作的系统。对 51 系列单片机来说，最小系统一般应该包括：单片机、时钟电路和复位电路，电路图如图 1-5 所示。

### 三、ORG、END 和 BIT 伪指令

#### 1．设置起始地址伪指令 ORG（Origin）

伪指令格式：　　标号　　操作码　　操作数
　　　　　　　　　　　ORG　　<表达式（exp）>

ORG 是该伪指令的操作码助记符，指的是为后续源程序经汇编后的目标程序安排存放位置。操作数必须是 16 位的地址，给出了指令存放的起始地址值。ORG 伪指令总是出现在每段源程序或数据块的起始位置，地址应从小到大顺序排列，不允许重叠。

例如：　　ORG　　0000H　　　　；下一指令放置在 0000H 地址处

```
        LJMP    START
        ORG     0030H           ;下一指令放置在0030H地址处
START:  MOV     SP,#5FH
        …
```

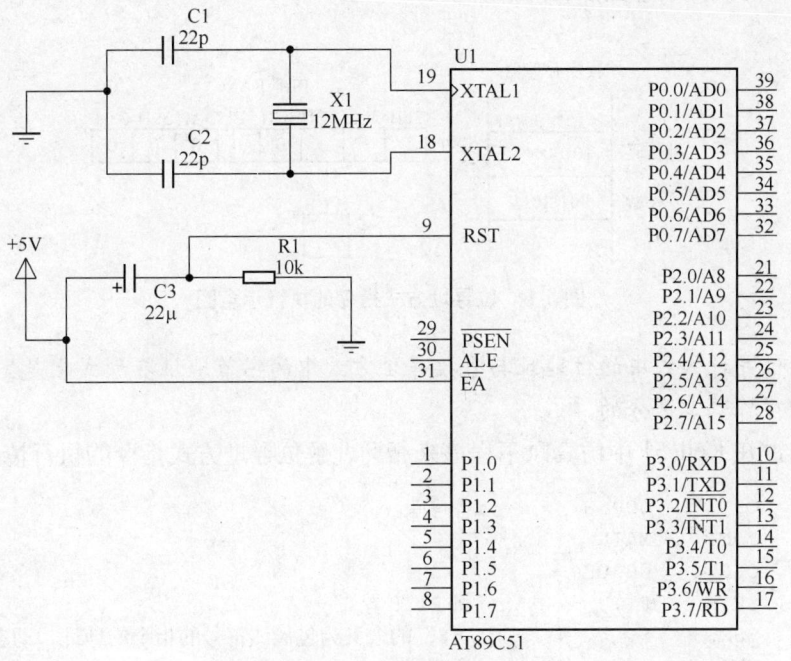

图 1-5 单片机最小系统

2．源程序结束伪指令 END

伪指令格式：END

END 伪指令用在程序的末尾，表示程序已结束。在 END 之后指令不再汇编，如果程序缺少这条，汇编时通常会给出"警告"提示。

3．位地址符号伪指令 BIT

伪指令格式：字符名称　　操作码　　操作数

    <字符名称>　BIT　<位地址>

BIT 伪指令的作用是将位地址赋给字符名称，使得在程序设计中使用字符名称和使用位地址是等价的。

```
例如：   CLK     BIT     P1.3        ;汇编后，位地址P1.3赋给变量CLK
        SETB    CLK                 ;CLK置1
        NOP                         ;空操作
        CLR     CLK                 ;CLK清零，实际在P1.3产生一个下降沿脉冲信号
```

### 四、位寻址和相对寻址方式

1．位寻址

位寻址是指对内部 RAM（20H～2FH）和某些特殊功能寄存器 SFR 中的位地址空间进行位操作。在进行位操作时，借助进位位 C 作为操作累加器。操作数直接给出位地址，然后根据操作码的性质对其进行位操作。

例如：MOV　　C,3DH　　　　;机器码为 A2H, 3DH

3DH 这一位是片内 RAM 中 27H 单元的第 5 位。现假设 27H 中原内容为 20H，进位位 C 为 0。那么执行此指令后，它将把 3DH 这一位的内容传送给进位位 C，结果 C 的内容变为 1。该指令的执行示意图如图 1-6 所示。

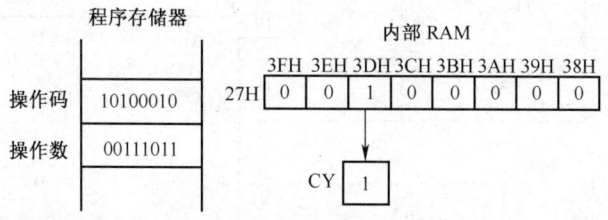

图 1-6　位寻址方式指令的执行示意图

要点：位寻址方式中的位地址与直接寻址方式中的字节地址在形式上是完全一样的，它们是通过操作码来区分的。

可以通过在 Keilc51 中仿真以下程序来帮助理解位寻址方式指令的执行情况。

```
        ORG     0000H       ;程序头
        LJMP    MAIN
        ORG     0030H
MAIN:   SETB    P1.0        ;将 P1.0 置 1
        SJMP    $           ;"$"的含义为包涵该符号的指令的地址，动态暂停
        END                 ;程序尾
```

2．相对寻址（rel）

（1）相对寻址

相对寻址是以程序计数器 PC 的当前值为基址，加上相对寻址指令的字节长度，再加上指令中给定的偏移量 rel 的值，形成相对寻址的地址。相对寻址一般为双字节或三字节。在实际编程应用中，并不是完全按照相对寻址方式规定的指令格式来编写代码，而是采用在需要跳转到的位置放置一个标号，以便编程者识别，这样可以省去很多计算偏移量的工作。

（2）程序计数器 PC（Program Counter）

程序计数器在物理上是独立的，共 16 位，用于存放即将要执行的指令地址，可对 64KB 程序存储器直接寻址。而且，PC 有自动加 1 功能，即完成了一条指令的执行后，其内容会自动加 1，并指向下一条指令。PC 本身并没有地址，因而不可寻址，用户无法对其进行读写，但是可以通过转移、调用、返回等指令改变其内容，以控制程序按用户的要求去执行。

理解：相对寻址方式其实是日常生活中经常遇到的一种情况，例如排队时，张三排在第三位，李四排在第六，也就是张三后面第三位，若要张三排到李四的后面，则张三就要越过 3 个人，即向后以 3 为偏移量转移。所以在实际转移控制时，为省去计算偏移量的麻烦，我们通常采用直接给出转移目的地的地址。

例如：JNZ　　03H　　　　;机器码为 70H, 03H

这条指令的功能是：当 A≠0 时，程序跳到这条指令后面，相差 03 个字节运行下一条指令。该指令执行示意图如图 1-7 所示。

要点：相对寻址指令中，其偏移量 rel 为 8 位符号补码数，值为 -128～+127，使用过程中要注意转移范围的界限问题。

可以通过在 KeilC51 中仿真以下程序来帮助理解相对寻址方式指令的执行情况。

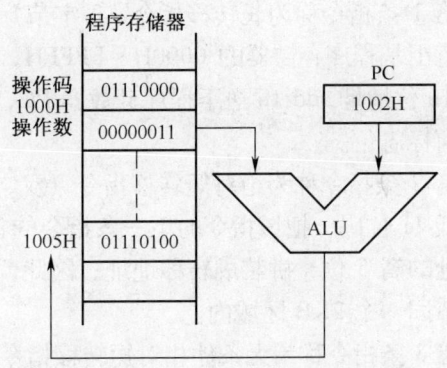

图 1-7 相对寻址方式指令执行示意图

```
            ORG    0000H                ;程序头
            LJMP   MAIN
            ORG    0030H
MAIN:       MOV    A,#0FFH              ;置累加器初值
            MOV    DPTR,#01E0H          ;置表格首地址
LOOP:       INC    A                    ;累加器的值加 1
            MOVC   A,@A+DPTR            ;查表
            MOV    P1,A                 ;将表格数据送 P1 口
            JNZ    LOOP                 ;累加器中的内容不为 0 则转移至 LOOP 标号
            SJMP   $                    ;"$" 的含义为包涵该符号的指令的地址，动态暂停
            ORG    01E0H                ;表格首地址
            DB     28H,33H,27H,00H      ;列表值
            END                         ;程序尾
```

注意：这段程序代码实现了循环查表的功能，当查表数据为 0 时，停止查表。

### 五、位状态控制指令

位状态控制指令属于位操作类指令，位操作类指令也称布尔运算类指令，这类指令操作的对象主要是直接地址位和 I/O 端口位。

```
            CLR    C        ;C=0，将进位标志清零
            CLR    bit      ;bit=0
            CPL    C        ;C 取反
            CPL    bit      ;bit 取反
            SETB   C        ;C=1，将进位标志置 1
            SETB   bit      ;bit=1
```

这类指令的功能分别是清除、取反、置位进位标志 C 或直接寻址位，不影响标志位。

### 六、SJMP、AJMP 和 LJMP 控制转移类指令

控制转移指令的功能主要是控制程序从源顺序执行地址转移到其他指令地址上。SJMP（短相对转移）、AJMP（绝对转移）和 LJMP（长转移）指令属于无条件转移指令。

```
            LJMP   addr16       ;长转移指令
            AJMP   addr11       ;绝对（也称短）转移指令
            SJMP   rel          ;无条件相对转移指令
```

这类指令的功能是指当程序执行到该指令时，将无条件地转到指令所提供的地址上去。

第 1 条指令称为长转移指令（3 字节）。因为指令中包含 16 位地址，所以转移的目标地址范围是程序存储器的 0000H～FFFFH，即 64KB 内的无条件转移指令。指令执行结果是将 16 位地址 addr16 送至程序计数器 PC，使程序无条件转移到指定的地址处执行，不影响任何标志位。

第 2 条指令称为绝对短转移指令（双字节）。把指令中给出的 addr11 作为转移目的地址的低 11 位码，把该指令的下一条指令的首址（即 PC 当前值加 2）的高 5 位作为转移目的地址的高 5 位，拼装成转移地址。因此，这条指令的转移范围只能在与下一条指令第一个字节同一个 2KB 区域内。

第 3 条指令称为无条件相对短转移指令（双字节）。采用相对寻址方式，控制程序转移到由相对偏移量 rel 所决定的目的地址。转移目的地址为当前指令的下一条指令的地址（PC 当前值加 2）与相对偏移量 rel 之和。因此，这条指令转移范围只能在这条指令的前 128 个字节和后 127 个字节之间。在实际编程应用中，一般采用在跳转的目标位置放置一个标号，以便编程者识别，这样可以省去很多计算偏移量的工作。

这 3 条指令的区别主要在于两方面，即转移的范围和指令在 ROM 中占用的空间。转移的范围可以用跳远来比喻，例如一个选手本来可以跳 2m 的距离，若现在只需要让他跳 1m 的距离，显而易见，他可以很轻松的完成。但如果让他完成跳 3m 远的距离，他是无法完成的。同样的道理，LJMP 可以跳 64KB，AJMP 最多可以跳 2KB，而 SJMP 则最多只能跳 256B 这么远，所以，从转移的范围来看，一般情况下都可以用 LJMP 来替代使用 SJMP 和 AJMP，但如果出现指令占用空间的问题时，就要三思而后行了。因为 LJMP 占用 ROM3B，而 SJMP 和 AJMP 都只占用 ROM2B。而 AJMP 和 SJMP 的适用场合也不是完全一样的，具体原因读者可自己思考。

下面通过一些例子加以说明。

执行如下指令：

| ROM 地址 | 操作码 | 转移地址 |
|---|---|---|
| 2000H | LJMP | 3000H |

执行后 PC 值变为 3000H。

执行如下指令：

| ROM 地址 | 操作码 | 转移地址 |
|---|---|---|
| 2000H | AJMP | 600H |

执行后 PC 值变为 2600H。

执行如下指令：

| ROM 地址 | 操作码 | 转移相对量 |
|---|---|---|
| 2000H | SJMP | 7 |

执行后 PC 值变为 2009H。

### 七、延时程序段相关指令

（1）立即数传送类指令

```
MOV Rn,#data
```

## 项目一 指示灯控制系统的设计与调试

```
MOV   direct,#data
MOV   A,#data
MOV   DPTR,#data
```

这类指令是将一个立即数传送给寄存器或直接地址。

(2) 循环转移指令

```
DJNZ  Rn,rel
DJNZ  direct,rel
```

DJNZ 把指定字节的内容减 1，如果结果值为零则顺序执行下一条指令，否则转向由 rel 所形成的转移地址（PC+2+rel）或（PC+3+rel）。

要点：这类指令通常应用在循环次数判断等情况。

(3) 空操作指令

```
NOP
```

这是一条单字节指令，控制 CPU 不进行任何操作（即空操作）而转到下一条指令。这条指令常用于产生一个机器周期的延迟。

(4) 延时主体

例如假设 51 单片机使用的晶振为 12MHz，要求设计一个软件延时程序，延时时间为 500μs。

解：延时时间主要受晶振和程序中执行指令的次数影响，当晶振确定时，控制延时时间就只需考虑指令执行的次数。现晶振为 12MHz，故机器周期 $T_{cy}$ 为 1μs。

```
        指令              执行时间（T_cy）       注释
DL1:    MOV   R1,#249     1 T_cy              ;指令循环次数，R1=249
        NOP               1 T_cy              ;空操作，凑时间
        DJNZ  R1,$        2 T_cy              ;循环次数减 1 (R1-1→R1)，R1 不为 0 则转移
```

"$" 的含义为包涵该符号的指令的地址，因此程序执行指令 DJNZ   R1,$时，将重复运行，直到 R1 的内容减为 0 为止。根据程序段中指令执行的情况计算程序段执行时间，由于 MOV    R1,#249 和 NOP 两条指令执行时都只需 1 机器周期（$T_{cy}$），而且它们都只执行一次；DJNZ   R1,$ 执行时需 $2T_{cy}$，且需执行 249 次，故这段程序段总的执行时间计算为 $(1+1+2\times249) \times T_{cy} = 500\mu s$。

若将来需要延时更长的时间，例如 1ms，稍加分析后就可以发现，上面这段程序是没有办法实现的，那怎么办呢？此时可以考虑是不是可以再用一次 DJNZ，实现多重循环。

```
DL2:    MOV   R1,#2        ;指令循环次数
DL1:    MOV   R0,#249      ;指令循环次数
        NOP                ;空操作，凑时间
        DJNZ  R0,$         ;循环次数减 1，不为 0 则转移
        DJNZ  R1,DL1       ;循环次数减 1，不为 0 则转移至 DL1
```

仔细一看就会发现，这段程序的设计就是在上一段程序的外面再加一层，好像我们冬天穿衣服一样，一层套一层。由此不难发现，若需延时超出两层循环结构的时间，则在其外面再套一层循环即可。

```
DELAY:  MOV   R2,#10       ;指令循环次数
```

```
DL2:    MOV    R1,#2        ;指令循环次数
DL1:    MOV    R0,#249      ;指令循环次数
        NOP                 ;空操作,凑时间
        DJNZ   R0,$         ;循环次数减1,不为0则转移
        DJNZ   R1,DL1       ;循环次数减1,不为0则转移至DL1
        DJNZ   R2,DL2       ;循环次数减1,不为0则转移至DL2
```

## 第二部分　工　作　页

### 步骤一　任务分析

经过前面的学习，可以分析出指示灯的亮、灭可以通过控制发光二极管的导通条件来控制，因此，可以考虑用单片机的 I/O 接口来控制。AT89C51 单片机内部有 4 个并行双向 I/O 接口电路 P0、P1、P2、P3，每一个接口电路各有 8 位，分别用 Px.0、Px.1、……、Px.7 表示，都有独立的引脚。如果将其中的一位接口 P2.7（28 脚）与发光二极管相连，参照图 1-2 所示，当 28 脚是高电平时，发光二极管不亮，当 28 脚为低电平时，发光二极管点亮。如何让 P2.7 变高或变低？可以通过指令来向单片机发布命令。让一个引脚输出高电平的指令是 SETB bit，让一个引脚输出低电平的指令是 CLR bit。因此，要让 P2.7 输出高电平，只需写 SETB P2.7，要 P2.7 输出低电平，只需写 CLR P2.7 就可以了。此外，指令 CPL bit 可以改变引脚原来的输出状态，假如 P2.7 原来输出高电平，则经过 CPL P2.7 之后，P2.7 输出低电平，反之亦然。

指示灯亮、灭控制模块的系统框图如图 1-8 所示。

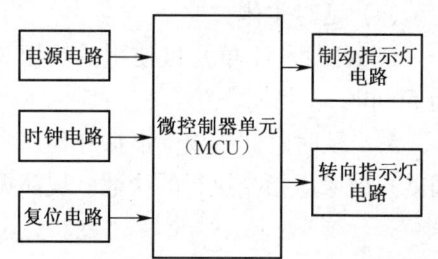

图 1-8　指示灯亮、灭控制模块系统框图

### 步骤二　电路设计参数计算

单片机的信号输出引脚为 P0～P3，制动指示灯的控制信号就由单片机从 P0～P3 的某个端口送出，高电平输出时，一般是对负载提供电流，其提供电流的数值称为"拉电流"；低电平输出时，一般是要吸收负载的电流，其吸收电流的数值称为"灌电流"。制动指示灯控制电路如图 1-2 所示，采用灌电流方式。对于发光二极管控制电路中的限流电阻阻值的计算可以套用式 (1-1)。假设 $U_F$ 为 1V，$I_F$ 为 12mA，发光二极管的阳极接+5V，如果单片机的 I/O 接口送出 0（低电平）时，$R = (E-U_F)/I_F = 330\Omega$。

### 步骤三　绘制电路图

指示灯亮、灭控制电路仿真图前面已给出，如图 1-2 所示。

### 步骤四　设计流程图

制动指示灯的点亮流程图如图 1-9 所示，根据电路图设计，使用 CLR P2.5 指令即可点亮刹车指示灯。

转向指示灯的闪烁流程图如图 1-10 所示，要求实现一个灯的闪烁，即实现控制发光二极管亮一段时间再灭一段时间。根据电路设计来分析，可以通过指令控制从接口 P2.5 交替的送出高电平和低电平来实现，交替的时间可以通过执行延时指令（无意义的指令）来实现。51 单片机的指令系统中，能控制直接地址位电平状态的指令有"SETB bit"和"CLR bit",考虑这次需要使接口 P2.5 的状态周期性高、低变化,而高、低两种状态刚好是相反的,51 指令系统中可以使用"CPL  bit"来实现。

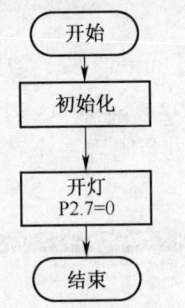

图 1-9  制动指示灯点亮流程图

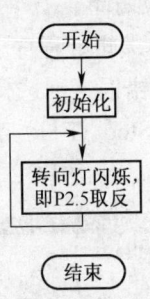

图 1-10  转向指示灯闪烁流程图

**步骤五  编写控制程序**

**1. 制动指示灯控制**

```
;****************************
;文件名:EX1_1.asm,功能:制动指示灯控制
;作者:XXX
;说明:发光二极管接在 P2.7 接口
;****************************
        LIGHT   BIT P2.7    ;位定义,将 P2.7 接口赋给 LIGHT 字符
        ORG     0000H       ;程序起始地址,下一条指令放在 0000H 地址
        LJMP    START       ;无条件长跳转至 START 标号处
        ORG     0030H       ;主程序起始地址,下一条指令放在 0030H 地址
START:  MOV     SP,#5FH     ;START 标号处,进行堆栈初始化,将堆栈指针初值赋予 5FH
LOOP:   CLR     LIGHT       ;LOOP 标号处,将 LIGHT(P2.7 接口)清零,点亮指示灯
        SJMP    LOOP        ;无条件短跳转至 LOOP 标号处,构成循环
        END                 ;程序结束
```

**2. 转向指示灯闪烁控制**

```
;****************************
;文件名:EX1_2.asm,功能:转向指示灯闪烁控制
;作者:XXX
;说明:发光二极管接在 P2.5 接口
;****************************
        ORG     0000H       ;程序起始地址,下一条指令放在 0000H 地址
        LJMP    START       ;无条件长跳转至 START 标号处
        ORG     0030H       ;主程序起始地址,下一条指令放在 0030H 地址
START:  MOV     SP,#5FH     ;START 标号处,进行堆栈初始化,将堆栈指针初值赋予 5FH
LOOP:   CPL     P2.5        ; LOOP 标号处,将 P2.5 接口每执行一次,取反一次,以致
                            ;实现转向指示灯闪烁控制
DELAY:  MOV     R1,#20      ;设置外层循环次数
DL1:    MOV     R0,#249     ;设置内层循环次数
        NOP                 ;执行空操作
        DJNZ    R0,$        ;每执行一次该指令,内层循环次数减 1,不为 0 则转移至当
                            ;前指令处
```

```
        DJNZ    R1,DL1          ;每执行一次该指令,外层循环次数减1,不为0则转移至DL1处
        SJMP    LOOP
        END
```

**步骤六　编辑/编译**

在 Keil C51 中编辑好程序，然后选择"Project→Build target (F7)"编译代码，如图 1-11 所示，若没有语法错误，则选择 Debug→Start or stop debug session（Ctrl+F5）菜单项调试，然后选择 Debug→Step (F11) 菜单项此时仿真界面的左边会出现一个黄色箭头，指示下一条将要执行的指令，如图 1-12 所示。

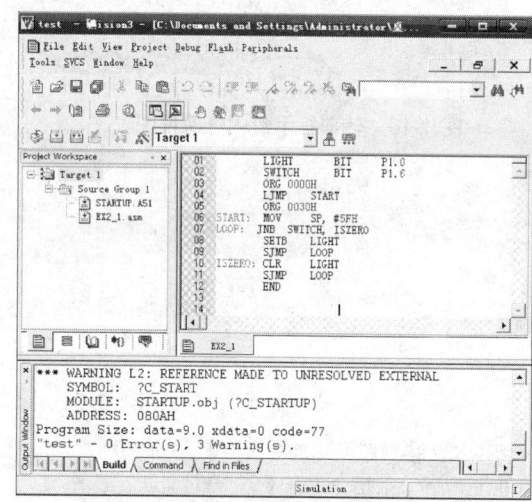
图 1-11　编译/汇编

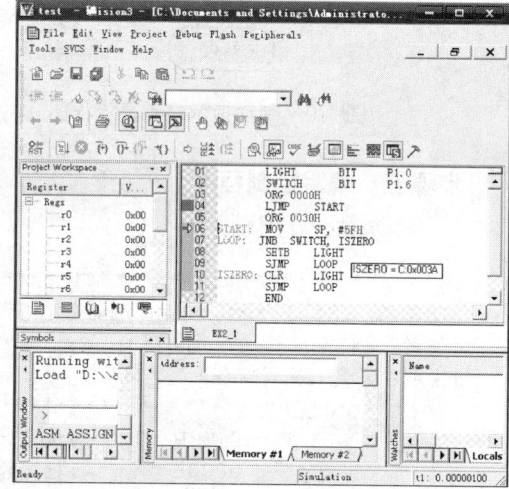
图 1-12　开始调试

**步骤七　系统调试**

（1）为观察数据方便，读者可以选择 Peripherals→I/O Ports→Port1 菜单项，打开 P1 接口的窗口，如图 1-13 所示。端口中的数据表现形式为：P1 接口的数据为"1"则有"√"标识，P1 接口的数据为"0"则为空白。

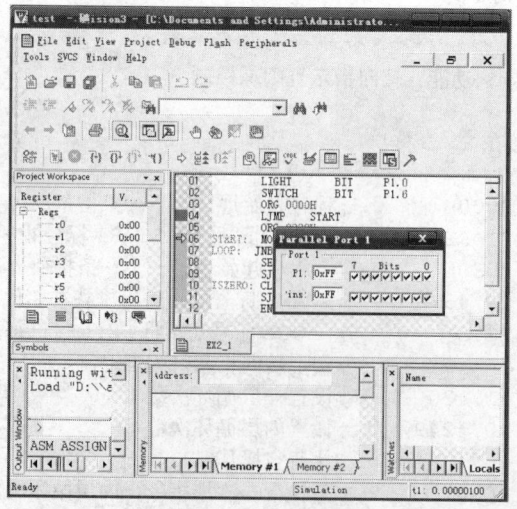
图 1-13　打开端口窗口单步运行调试

项目一 指示灯控制系统的设计与调试

（2）为观察程序运行每一步的结果，读者可以选择 Debug→Step（F11）菜单项，使程序单步运行，如图 1-13 所示。望读者能耐心地利用 Keil C51 中各种调试工具，认真地调试，使自己能更好地理解程序中各指令的含义和程序设计思路。

（3）调试成功后，可产生代码，可将代码装载到仿真图中的单片机里，观察效果。

注意：在调试过程中，注意观察 SP 内容的变化。

## 第三部分　练　习　页

根据前面的学习，请独立完成练习要求。

| 项目名称 | | | 任务名称 | | |
|---|---|---|---|---|---|
| 班　　级 | | 小组编号 | | 完成时间 | |
| 完成人员 | | | 教师评价 | | |
| 练习要求 | （1）P1 接口作输出口，编写程序使 P1.3 接口控制单灯（发光二极管）闪烁，闪烁（亮灭）间隔为 0.5s。<br>（2）P1 接口作输出口，编写程序控制 P1.0 和 P1.1 接口外接的两个发光二极管轮流交替点亮，每次点亮的时间为 0.01s ||||| 
| 设计工作过程 ||||||
| 任务分析 | |||||
| 结构框图 | |||||
| 关键器件选型及参数计算 | |||||
| 硬件设计 | |||||
| 软件设计 | |||||

| | |
|---|---|
| 系统调试 | |
| 存在的困难与问题、 | |
| 注意事项 | |
| 备注： | |

## 附录2  AT89C51 的 I/O 口

### 1. P0 口

P0 口除了作通用 I/O 口之外，还可在外部扩展存储器时分时复用为地址/数据总线。P0 口的位结构图如附图 2-1 所示。P0 口的位电路结构由以下几个部分组成：1 个数据输出锁存器，用于进行输出数据的锁存；2 个三态输入缓冲器，分别用于锁存器和引脚数据的输入缓冲；1 个多路开关 MUX，它的一个输入来自锁存器，另一个输入是地址/数据信号的反相输出，在控制信号的控制下能实现对锁存器输出端和地址/数据线之间的切换；由两只场效应管组成的输出驱动电路。

当控制信号线为低电平时，P0 口用作通用 I/O 口时，需外加上拉电阻。输出（写）时，内部总线上的数据在写信号的控制下，先写入锁存器，经 $\overline{Q}$ 端和 VT2 两次反相后立即以原来的逻辑状态反映到外部引脚。输入（读）时，为保证引脚上的信号能正常读入，应先向锁存器写 1，令 VT1、VT2 截止，外部引脚信号经输入缓冲器送到内部数据总线。

当控制信号线为高电平时，P0 口用作外部扩展存储器时的数据总线和低 8 位地址总线。在内部总线信号作用下，VT1、VT2 交替导通与截止，将数据/地址信息反映到外部引脚。外部数据输入时，经输入缓冲器送到内部数据总线。此时，P0 口就不能再作 I/O 口使用了。

# 项目一 指示灯控制系统的设计与调试

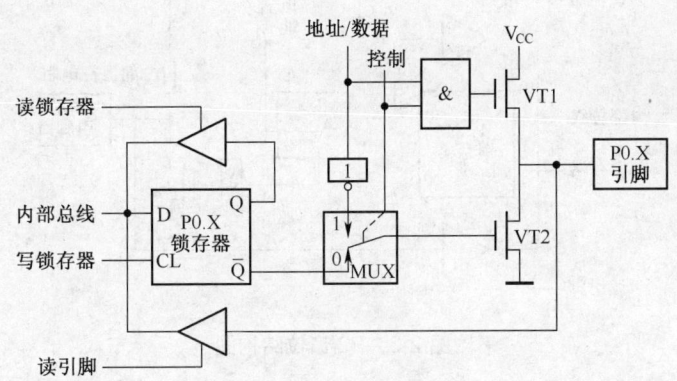

附图 2-1  P0 口位结构图

2．P1 口

P1 口往往只作为通用 I/O 口使用，其位结构图如附图 2-2 所示。P1 口的位电路结构由以下几个部分组成：一个数据输出锁存器，用于输出数据的锁存；2 个三态输入缓冲器，1 个用于读锁存器，1 个用于读引脚；数据输出驱动电路，由场效应管和内部上拉电阻组成。

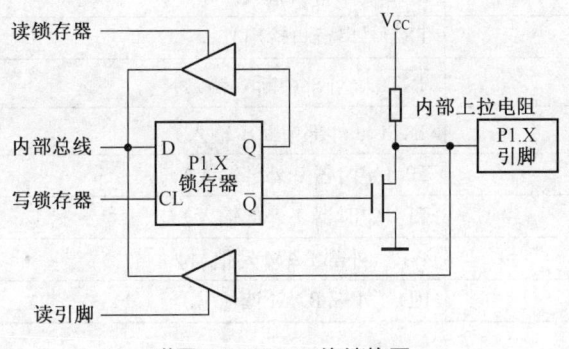

附图 2-2  P1 口位结构图

P1 口作为输出口时，无须外加上拉电阻；作为输入口时，也必须先向锁存器写入 1，原理与 P0 口相同。

3．P2 口

P2 口既可作通用 I/O 口，又常作高 8 位地址总线。P2 口的位电路结构如附图 2-3 所示。P2 口的位电路结构由以下几个部分组成：1 个数据输出锁存器，用于输出数据的锁存；2 个三态输入缓冲器，1 个用于读锁存器，1 个用于读引脚；1 个多路开关 MUX，它的一个输入来自锁存器的 Q 端，另一个输入来自内部地址的高 8 位；数据输出驱动电路由非门、场效应管和内部上拉电阻组成。

作为通用 I/O 口使用时，P2 口功能与 P1 口一样；用作高 8 位地址输出线应用时，P2 口与 P0 口输出的低 8 位地址一起构成 16 位的地址总线，可以寻址 64KB 地址空间；当 P2 口作高 8 位地址输出口时，其输出锁存器原锁存的内容保持不变。

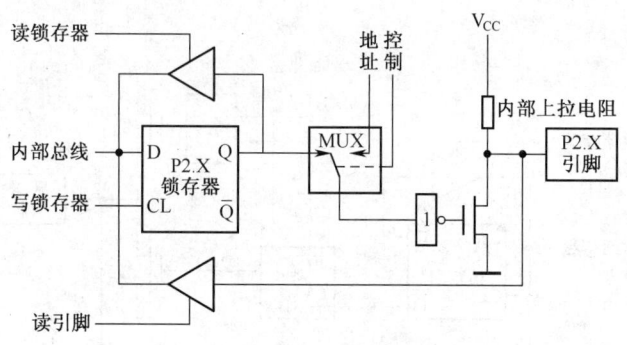

附图 2-3  P2 口位结构图

**4．P3 口**

P3 口是双功能 8 位输入/输出口，内部结构中增加了第二输入、输出功能，见附表 2-1。如图 2-4 所示，P3 口的位电路结构由以下几个部分组成：1 个数据输出锁存器，用于输出数据的锁存；3 个三态输入缓冲器，1 个用于读锁存器，另外 2 个用于读引脚和第二功能数据的缓冲输入；数据输出驱动电路，由与非门、场效应管和内部上拉电阻组成。

附表 2-1  P3 口各引脚第二功能

| P3 口引脚 | 第 二 功 能 |
|---|---|
| P3.0 | RXD（串行口输入） |
| P3.1 | TXD（串行口输出） |
| P3.2 | $\overline{INT0}$（外部中断 0 输入） |
| P3.3 | $\overline{INT1}$（外部中断 1 输入） |
| P3.4 | T0（定时器 0 外部输入） |
| P3.5 | T1（定时器 1 外部输入） |
| P3.6 | $\overline{WR}$（外部 RAM 写信号） |
| P3.7 | $\overline{RD}$（外部 RAM 读信号） |

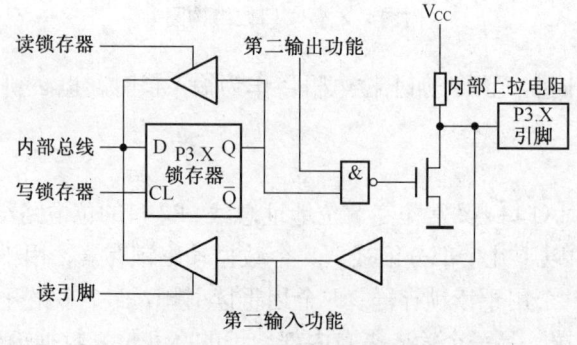

附图 2-4  P3 口位结构图

当第二输出功能信号为高电平时，P3 口作为 I/O 口使用，输入、输出过程与其他口相同；用作第二功能输出时，应先向锁存器写入 1，第二输出功能信号经与非门、场效应管输出到引脚；用作第二功能输入时，也应先向锁存器写入 1，而且第二输出功能信号自动为 1，与非门输出 0 信号,场效应管截止,引脚信号由三态门输入。这样,不管是作为通用 I/O 口使用还是第二功能信号输入,电路中的锁存器输出和第二输出功能信号线均应置 1。

P3 口的某位不作为第二功能使用时,则自动处于通用 I/O 口功能。

## 任务二　指示灯开关控制模块

任务描述

| 项　目 | 说　明 |
|---|---|
| 主要内容 | (1) CJNE 等控制转移类指令;<br>(2) 子程序设计与参数传递;<br>(3) 开关接口电路设计;<br>(4) Keil C51 和 Proteus 软件的基本应用 |
| 学习条件 | (1) 单片机系统演示样机;<br>(2) 装有 Powerpoint、Keil C51 和 Proteus 等软件,能上网的计算机 |
| 学习材料 | 学习任务单、学习记录单、学习课件、参考书、笔记本 |
| 学习场地 | 教学做一体实训室 |
| 任务要求 | (1) 通过按键开关来控制指示灯的亮、灭。例如,在仿图中通过单向开关的闭合与断开来控制制动指示灯的亮与灭;<br>(2) 仿图中通过三向开关的选通来控制转向指示灯指示左转向、右转向和直行。 |
| 兴趣拓展 | (1) 理解教学案例,更换制动指示灯开关控制电路设计,完成制动指示灯控制要求;<br>(2) 理解教学案例,更换 JB/JNB 指令完成转向指示灯控制要求 |

指示灯开关控制仿真图如图 1-14 所示。

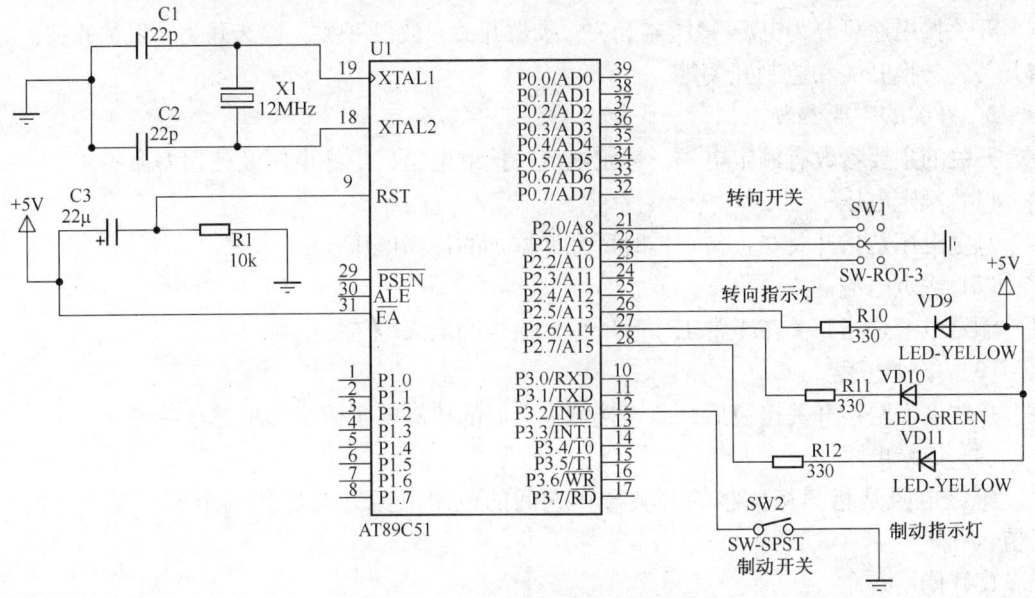

图 1-14　指示灯开关控制仿真图

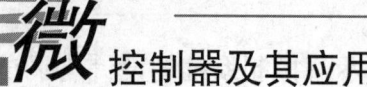

## 第一部分 任务学习引导

### 一、开关控制方法

1．开关的分类

开关可以根据其结构特点、极数、位数和用途等进行分类（见图1-15）。

图1-15 各类开关实物图

（1）按结构特点分类

开关按结构特点可分为按钮开关、拨动开关、薄膜开关、水银开关、杠杆式开关、微动开关和行程开关等。

（2）按极数、位数分类

开关按极数和位数可分为单极单位开关、双极双位开关、单极多位开关、多极单位开关和多极多位开关等。

（3）按用途分类

开关按用途可分为电源/稳压器开关、录放开关、波段开关、预选开关、限位开关、脚踏开关、转换开关和控制开关等。

2．开关的主要参数

开关的主要参数有额定电压、额定电流、接触电阻、绝缘电阻及使用寿命等。

（1）额定电压

额定电压是指开关在正常工作时所允许施加的最高电压。

（2）额定电流

额定电流是指开关在正常工作时所允许通过的最大电流。

（3）接触电阻

接触电阻是指开关接通后，两连接触点之间的接触电阻值。该值越小越好。

（4）绝缘电阻

绝缘电阻是指不相接触的开关导体之间的电阻值或开关导体与金属外壳之间的电阻值。

（5）使用寿命

使用寿命是指开关在正常工作条件下的有效工作次数。

## 项目一 指示灯控制系统的设计与调试

### 3．开关的结构特点

（1）拨动开关

拨动开关通过拨动开关柄来带动滑块或滑片的滑动，从而控制开关触点的接通与断开。拨动开关分为单极双位和双极双位两种结构形式，主要用于电源和稳压器电路的控制及工作状态电路的切换。

（2）旋转开关

旋转开关靠旋转开关手柄来控制开关触点的接通与断开，分为单极单位和多极多位两种结构形式。单极单位旋转开关通常与转轴式电位器制作为一体，合成带开关式音量控制电位器。多极多位旋转开关主要用于工作状态电路的切换。

（3）按键开关

按键开关一般由手柄、滑板、活动触片、固定端子、压簧和外壳等构成，通过按动开关手柄来控制活动触点与固定端子触点的接通与关断。按键开关有单键式和多键组合式两种类型。

单键式按键开关一般用于电视机中作电源开关，又分为自锁自复位式（这种开关按一下即接通自锁，再按一下则断开复位）和无锁式（不能锁定，按动时接通，松手后复位）两种结构。

多键组合式按键开关分为自锁、互锁和无锁等结构类型。八键式或十二键式开关早期用于电视机中作节目预选开关，四键式按键开关早期在波轮式洗衣机中作洗涤状态选择开关。

（4）按钮开关

按钮开关是旧标准用术语，新标准（GB2900-18）中简称为按钮。按钮有单极双位开关或双极双位开关，它按功能与用途又分为启动按钮、复位按钮、检查按钮、控制按钮、限位按钮等多种。

### 4．单片机系统设计中的开关

在单片机应用系统设计中通常采用单键式按键开关，属于机械式按键开关，通常要进行消除抖动的处理。

在单片机系统设计中，以 P1.5 为例，按键的接口电路图如图 1-16 所示，当按键 S 断开时，P1.5 输入为高电平，S 闭合时，P1.5 输入为低电平。由于按键是机械触点，当机械触点断开、闭合时，会有抖动，P1.5 输入端的波形如图 1-17 所示。由于单片机的处理时间是微秒级，按键的机械抖动时间至少是毫秒级，为了使单片机能正确地读出按键（P1.5 口）的状态，对每一次按键动作只作一次响应，就必须考虑去除抖动。常用去抖动的方法有两种：硬件法和软件法。单片机系统设计中常用软件法，即利用延时来避开按键抖动，在单片机获得 P1.5 口为低的信息后，不是立即认定 S 已被按下，而是延时 10ms 或更长一段时间后再次检测 P1.5 口的状态，如果仍为低，说明 S 的确按下了。而在检测到按键释放后(P1.5 为高)，再延时 5～10ms，消除后沿的抖动，然后再对键值处理。不过实际应用中，对按键的要求千差万别，要根据不同的需要来编制处理程序，但以上是消除键抖动的原则。

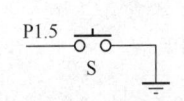

图 1-16　按键原理图

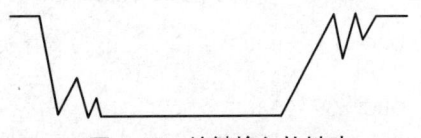

图 1-17　按键输入的抖动

## 二、立即寻址和直接寻址方式

### 1. 立即寻址（#data）

操作数直接出现在指令中并存放在程序存储器（ROM）中，这种方式称为立即寻址。立即寻址指令的操作数是一个 8 位或 16 位的二进制常数，前面以"#"号标识。

理解：读者可以参考自己取书看的方式来理解立即寻址方式。如果想看书，而你想看的书也正好就在手边，那么你就可以立刻开始看书了，也就是说，你想要的东西立刻就可以拿到。

例如：MOV　P1,#55H　　；机器码为 75H，55H

这条指令的功能是把立即数 55H 送到 P1 端口，执行指令后 P1 端口的值为 55H。

又如：ADD　A,#3FH　　；机器码为 24H，3FH

假设累加器 A 中原来存放的数为 20H，则此条指令的功能是把立即数与累加器 A 的内容相加，结果存于累加器 A 中，执行指令后，累加器中的值为 5FH。

MOV　P1,#55H 指令的执行示意图如图 1-18 所示。

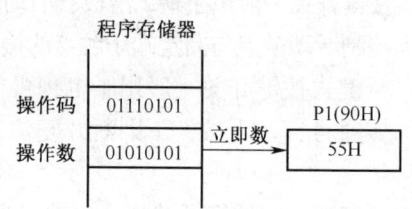

图 1-18　立即寻址方式指令的执行示意图

可以通过在 Keilc51 中仿真以下程序来帮助理解立即寻址方式指令的执行情况。

```
            ORG    0000H        ;程序头
            LJMP   MAIN
            ORG    0030H
MAIN:       MOV    P1,#55H      ;立即数 55H（01010101B）送 P1 端口
            SJMP   $            ;"$"的含义为包涵该符号的指令的地址，动态暂停
            END                 ;程序尾
```

要点：立即寻址方式指令是唯一一种不把源操作数表示为地址的寻址方式，因为立即数是一个常数，不是一个物理空间。

### 2. 直接寻址（direct）

在指令中直接给出操作数所在的存储单元地址（一个 8 位二进制数），称为直接寻址。

理解：读者可以参考自己取书看的方式来理解直接寻址方式。假设你想看书，而你想看的书就在书架的里，假设为了方便找书，你事先对书架的区域大致分了类，那么你就可以书的分类情况很快地找到书，即你事先知道书的具体位置，只要直接去拿就可以了。

例如：MOV　P1,55H　　；机器码为 85H，55H，90H

假设存储单元 55H 中的数为 10H，则执行指令后 P1 端口的值为 10H。该指令执行示意图如图 1-19 所示。

可以通过在 Keilc51 中仿真以下程序来帮助理解直接寻址方式指令的执行情况。

```
            ORG    0000H        ;程序头
            LJMP   MAIN
            ORG    0030H
MAIN:       MOV    P1,55H       ;直接地址单元 55H 的值送 P1 端口
```

```
        SJMP    $               ;"$"的含义为包涵该符号的指令的地址,动态暂停
        END                     ;程序尾
```

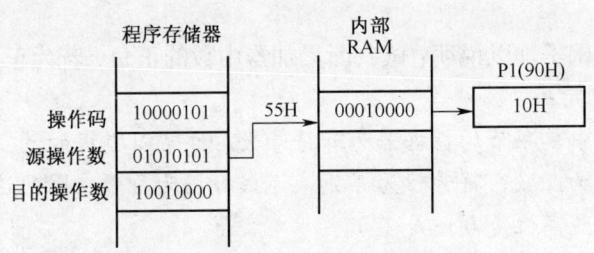

图1-19 直接寻址方式指令执行示意图

### 三、CJNE 控制转移类指令

比较转移指令有4条,其指令格式如下:
```
    CJNE    A,direct,rel
    CJNE    A,#data,rel
    CJNE    Rn,#data,rel
    CJNE    @Ri,#data,rel
```

这4条指令的功能是比较前两个无符号操作数的大小,若不相等,则转向指定的地址(PC+3+rel),否则顺序执行。

要点:这类指令通常应用在比较大小、排序、循环条件判断等情况。

下面以一个具体的例子加以说明:将 AT89C51 内部 RAM 的 40H~4FH 单元置初值 A0H~AFH。

参考程序一:

```
START:  MOV     R0,#40H         ;R0赋值,指向数据单元
        MOV     R2,#10H         ;R2赋值,为传送字节数
        MOV     A,#0A0H         ;A赋值
LOOP:   MOV     @R0,A           ;开始传送
        INC     R0              ;修改地址指针
        INC     A               ;修改传送数据
        DJNZ    R2,LOOP         ;未传送完,继续循环传送
        RET                     ;否则,传送结束
```

参考程序二:

```
START1: MOV     R0,#40H         ;R0赋值,指向数据单元
        MOV     A,#0A0H         ;A赋值
LOOP1:  MOV     @R0,A           ;开始传送
        INC     R0              ;修改地址指针
        INC     A               ;修改传送数据
        CJNE    R0,#50H,LOOP1   ;未传送完,继续循环传送
        RET                     ;否则,传送结束
```

### 四、JB/JNB 位操作类指令

JB/JNB 位操作类指令总共有3条,其指令格式如下:
```
    JB      bit,rel
    JNB     bit,rel
```

```
        JBC     bit,rel
```
JB 判位为 1 转移，JNB 判位为 0 转移，JBC 判位为 1 转移，并将该位清 0，否则顺序执行下一条指令。

下面通过具体的例子加以说明：试判断累加器中数的正负，若为正数，存入 20H 单元；若为负数则存 21H 单元。

**注意**：在单片机中单字节的数据若为有符号数，通常以数据的最高位为符号位，符号位为 0 则表示该数据为正数，符号位为 1 则表示该数据为负数。因此这里的问题主要是要判断累加器中数据的最高位是 0 还是 1。

```
START:  JB      ACC.7,LOOP      ;累加器符号位为1，转至LOOP
        MOV     20H,A           ;否则为正数，存入20H单元
        RET                     ;返回
LOOP:   MOV     21H,A           ;负数存入21H单元
        RET                     ;返回
```

### 五、MOV 数据传送指令

MOV 数据传送指令用于单片机内部的数据存储器和寄存器之间的数据传送。采用的寻址方式有立即寻址、直接寻址、寄存器寻址和寄存器间接寻址，其指令格式为：

MOV <目的操作数>，<源操作数>

MOV 数据传送指令助记图如图 1-20 所示。

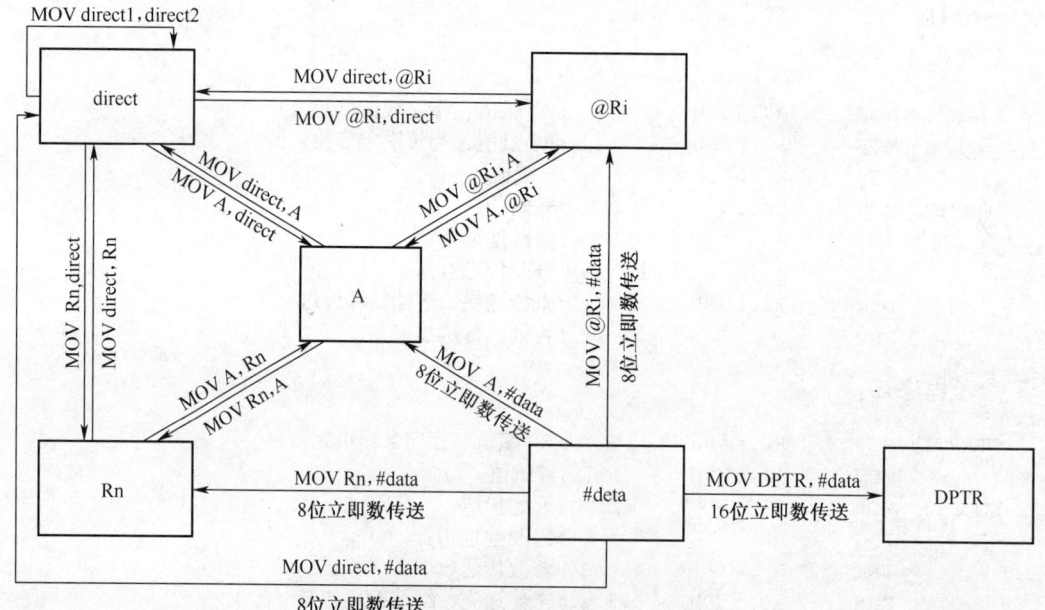

图 1-20　内部数据传送指令助记图

下面通过一些例子来加以说明。

```
MOV     A,30H           ;将RAM30H单元中的值送入累计器A中，30H的值保持不变
MOV     A,R0            ;将工作寄存器R0中的值送入累计器A中，R0的值保持不变
```

| | | |
|---|---|---|
| MOV | A,@R0 | ;将间接寻址 R0 中的值送入 A 中，R0 的值保持不变。 |
| MOV | A,#30H | ;将立即数 30H 送入 A 中，执行后 A 中的值为 30H。 |
| MOV | 30H,A | ;将 A 中的值送入 RAM30H 中，A 中的值保持不变。 |
| MOV | 30H,R2 | ;将 R2 中的值送入 RAM30H 中，R2 中的值保持不变。 |
| MOV | 30H,31H | ;将 RAM31H 中的值送入 RAM30H 中，31H 中的值保持不变。 |
| MOV | 45H,@R1 | ;将间接寻址 R1 中的值送入 RAM45H 中，R1 的值保持不变。 |
| MOV | 5FH,#0E3H | ;将立即数 0E3H 送入 RAM5FH 中，执行后 5FH 中的值为 0E3H。 |
| MOV | DPTR,#1235H | ;将立即数 1235H 送入 DPTR 中，则 DPH 中的值为 12H，DPL 中的 ;值为 35H。 |

### 六、ACALL/LCALL 和 RET 控制转移类指令

```
LCALL    addr16             ;长调用指令
ACALL    addr11             ;绝对调用指令（也称短调用指令）
RET                         ;子程序返回指令
```

在实际应用程序中，有时需要多次执行某段程序。程序设计时可以把这段程序独立出来作为子程序，原来的程序称为主程序。子程序可以被主程序多次调用，能实现这种功能的指令称为调用指令。子程序执行完后必须自动返回到主程序原断点地址继续执行主程序，在子程序结尾放一条返回指令，即可实现此功能。例如，数学老师布置了一些算术作业，在这些题中（2×60+12）/3 多次出现。要完成老师的作业有两种方法，第一种，所有题目都依照运算规则算一遍，每次出现算式（2×60+12）/3 都重新计算一遍；第二种，先计算好算式（2×60+12）/3 的值，即 44，然后，每次做题时出现有该算式的地方就将其值 44 带入。显然，第二种方法更为合理，可以节省很多时间，提高解题速度。虽然在程序设计时采用子程序的设计方法，对于程序的执行时间不能缩短，但节省了开发程序的时间，而且使程序更具结构化的特点，便于调试。

第一条指令是长调用指令（三字节）。执行时，先将 PC 加 3，指向下条指令地址（即断点地址），然后将断点地址压入堆栈（堆栈指针加 1，存入断点地址的低 8 位，再修改堆栈指针，存入断点地址的高 8 位），再把指令中的 16 位子程序入口地址装入 PC，程序转到子程序。这条指令执行时，可以调用 64KB 范围内程序存储器中任何一个子程序，且不影响任何标志位。

第二条指令是绝对调用指令（双字节）。执行时，先将 PC 加 2，指向下条指令地址（即断点地址），其保护断点地址的过程同上，而子程序入口地址的形成方式与 AJMP 指令相同。所以，这条指令执行时，可以调用和下一条指令第一个字节在同一个 2KB 区域内的子程序，且不影响标志位。

注意：虽然调用指令和跳转指令从功能上来说是两种完全不同的指令，但由于它们都有跳转这个步骤，因此经常有人混淆使用，望读者一定要认真理解两种指令的含义，掌握它们的使用方法。

第三条指令是子程序返回指令。执行时将堆栈内的断点地址弹出送入 PC，使程序返回到原断点地址。

下面通过一些例子加以说明。

设堆栈指针初始化为 5FH，PC 当前值为 0050H，子程序首址为 00EAH，试分析指令"LCALL　00EAH"的执行过程。

获得返回地址 PC+3=0053；把返回地址压入堆栈区 60H 和 61H 单元；PC 指向子程序首址 00EAH 处开始执行。

执行结果为：SP=61H，(61H)=53H，(60H)=00H，PC=00EAH。

设堆栈指针内容为 61H，内部 RAM 中的 (61H)=57H，(60H)=00H，执行指令 RET。结果为：SP=5FH，PC=0057H（返回主程序地址）。

### 七、延时子程序设计

在延时程序段的末尾加上 RET 指令，该段程序段就构成了一个延时子程序。程序如下：

```
DELAY:  MOV   R2,#10    ;指令循环次数
DL2:    MOV   R1,#2     ;指令循环次数
DL1:    MOV   R0,#249   ;指令循环次数
        NOP             ;空操作，凑时间
        DJNZ  R0,$      ;循环次数减 1，不为 0 则转移
        DJNZ  R1,DL1    ;循环次数减 1，不为 0 则转移至 DL1
        DJNZ  R2,DL2    ;循环次数减 1，不为 0 则转移至 DL2
        RET
```

### 八、子程序设计及参数传递

在程序设计时，经常会遇到需要多次执行相同的操作，例如，求各种运算、代码转换及延时程序等。如果编程过程中每需执行这样的操作就编写一段程序，那么会使编程工作变得比较繁琐，而且浪费了程序存储器的空间。通常将这些能完成某种基本操作功能的程序段编制成子程序，以供不同程序或同一程序反复调用。虽然每调用一次子程序都要附加保护断点、现场等操作，增加了程序的执行时间，但总体来说，付出的代价是值得的。程序中使用子程序结构的执行过程如图 1-21 所示。

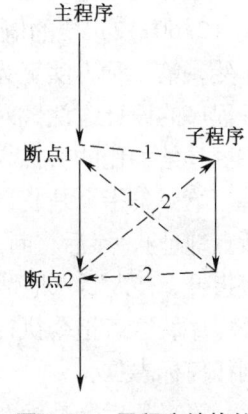

图 1-21 子程序结构的执行过程

1．子程序的优点

（1）子程序的最大优点是不需要查询事件，提高 CPU 的效率。

（2）无须在程序中重复书写相同的代码段，提高了编程效率。

（3）编程的逻辑结构简单，程序模块化、通用化，便于阅读、交流、共享资源。

（4）缩短了程序代码的长度，节省了程序存储器的空间。

（5）便于按功能模块组合开发、调试。

2．子程序的特性

在编写子程序时，一定要注意通用性和可移动性。

（1）通用性

子程序存在的价值就在于可以被各种应用程序调用，即通用性，因此子程序中的某些参数应是可变的，以适应各种应用程序的调用要求。

（2）可移动性

子程序可以被放置在程序存储器的任何区域，且无需任何修改。这就要求在设计子程序时应尽可能使用相对转移指令，若出现各子程序互相调用且可能超出相对转移的界限，

应考虑使用间接转移，尽量避免使用绝对转移指令。子程序的首地址一般使用符号地址，因为存储器是分页的，AJMP 有 2KB 跳转限制，所以有时使用 AJMP 会有超出页面的错误，子程序的位置也可以用 ORG 指定地址，但若指定不合适，容易引起地址重叠，所以不建议使用。

3. 子程序编写框架

子程序名称：

    现场保护

    子程序主体

    恢复现场

    子程序返回（RET）

要点：

● 子程序名称最好使用能使用户了解其功能的标志，该标志即子程序的入口地址，以便在主程序中通过调用指令调用。

● 进入子程序后，有些内部 RAM 单元和工作寄存器的内容，以及一些标志的状态需要保存，这就通过一进入子程序，就将子程序中所使用的或会被改变内容的工作单元的内容压入堆栈，在子程序完成处理将要返回前，把堆栈中的数据弹出到原来对应的工作单元，恢复原来状态，再返回的方法来解决。对于工作寄存器的保护可通过改变工作寄存器组来实现。

● 汇编语言程序的子程序结构中，参数的传递要靠程序设计者自己来分配。

● 子程序结尾必须使用一条子程序返回指令"RET"，它具有恢复主程序断点的功能。一般来说，子程序的调用指令和子程序的返回指令要成对使用。

4. 子程序说明

子程序说明对子程序结构没有实质的影响，只是一些说明子程序功能的文字，便于程序的使用、调试和修改。一般来说，子程序说明主要包括下面几方面。

① 子程序名称、功能。

② 子程序中所使用的寄存器、工作单元和 I/O 端口等信息。

③ 入口参数及格式。详细说明各入口参数的意义，若传递的是地址或通过堆栈传递的数据，还应说明在内部 RAM 或堆栈中的参数的格式、顺序和意义等。

④ 出口参数及格式。

⑤ 子程序中调用的其他子程序名称。

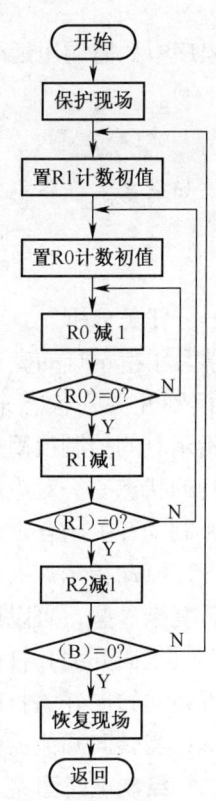

图 1-22 通用软件延时子程序

例如，为提高前面延时子程序的通用性，可以做如下修改，流程图如图1-22所示。

```
;************************************************
;名称：DELAY    功能：延时10ms
;工作寄存器1组R0、R1
;************************************************
DELAY:  PUSH    ACC         ;保护现场
        PUSH    PSW         ;保护状态寄存器
        SETB    RS0         ;设置RS1、RS0，选择工作寄存器组
        CLR     RS1
DL:     MOV     R1,#20      ;置R1指令循环次数初值
DL1:    MOV     R0,#249     ;置R0指令循环次数初值
        NOP
        DJNZ    R0,$        ;指令每执行一次，R0循环次数减1，不为0则转移至当前指
                            ;令处
        DJNZ    R1,DL1      ;指令每执行一次，R1循环次数减1，不为0则转移至DL1
        DJNZ    B, DL       ;指令每执行一次，B循环次数减1，不为0则转移至DL
        POP     PSW         ;恢复现场
        POP     ACC
        RET                 ;子程序返回
```

要点：由于延时子程序中使用了工作寄存器，故为了避免和其他程序段发生冲突，一般在进入子程序时，需对进入子程序前所选择的工作寄存器组进行保护，并选择另一组工作寄存器。

在主程序中如需调用延时10ms的子程序，可以采用如下的指令实现参数传递。

```
MOV     B,#1
ACALL   DELAY
```

思考：如果在主程序中需调用延时1s的子程序，需怎样修改调用指令呢？

## 第二部分  工 作 页

### 步骤一  任务分析

前面学习了指示灯的亮、灭控制，现在要实现通过识别开关的状态来控制指示灯的状态。制动指示灯的控制很简单，只需将开关状态和指示灯的状态一一对应就好。可以确定这样的关系，制动开关闭合，制动指示灯亮；制动开关断开，制动指示灯灭。而实现转向指示灯控制稍微复杂一些，可以确定这样的关系：当转向开关（三向开关）打向上方时，左转向指示灯闪烁；当转向开关打向下方时，右转向指示灯闪烁；当转向开关放在中间时，左、右转向指示灯均熄灭。

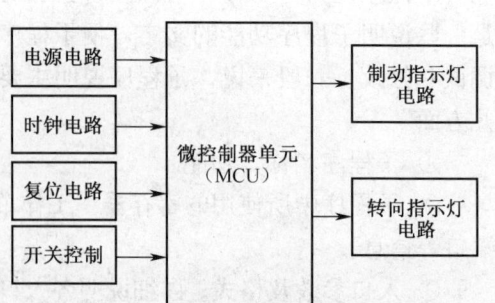

图1-23  开关控制指示灯系统框图

### 步骤二  绘制电路图

根据任务分析后，可以确定如图1-14所示的指示灯开关控制仿真图。

项目一 指示灯控制系统的设计与调试

步骤三 设计流程图

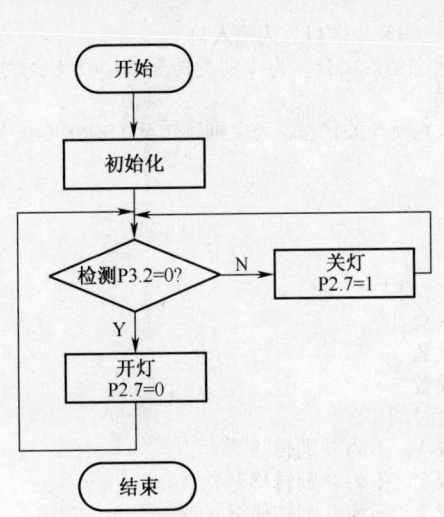

图 1-24 制动指示灯开关控制流程图

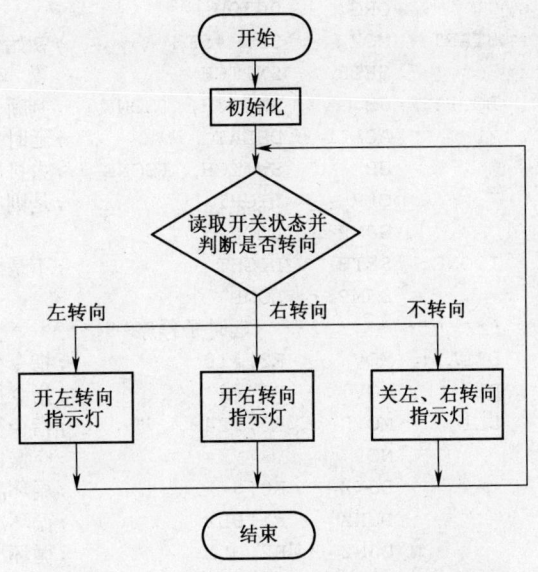

图 1-25 转向指示灯开关控制点亮流程图

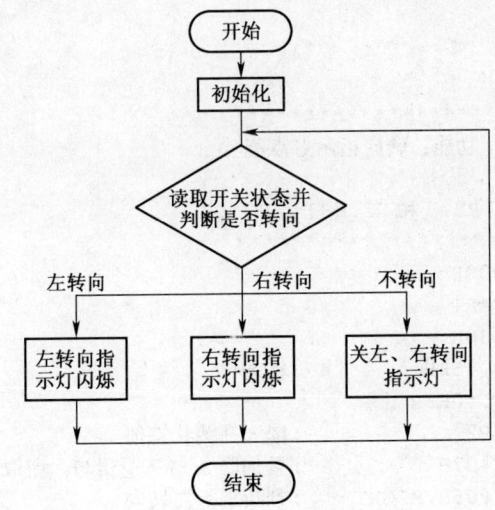

图 1-26 转向指示灯开关控制闪烁流程图

步骤四 编写控制程序

1. 制动指示灯开关控制

```
;***********************************
;文件名：EX1_3.asm，功能：单向开关控制制动指示灯
;作者：XXX
;说明：发光二极管接在 P2.7 口
;***********************************
        LIGHT   BIT     P2.7    ;指示灯接口定义
        SWITCH  BIT     P3.2    ;开关接口定义
```

```
            ORG     0000H               ;程序头
            LJMP    START
            ORG     0030H
    START:  MOV     SP,#5FH             ;初始化
            SETB    SWITCH              ;置 SWITCH（P3.2 端口）为输入口
    LOOP:   JB      SWITCH,ISONE        ;判断开关状态是否闭合，为1则跳转至 ISONE 标号处
            ACALL   DELAY               ;延时去抖动
            JB      SWITCH,ISONE        ;去抖后再次判断开关状态，为1则跳转至 ISONE 标号处
            CLR     LIGHT               ;是则亮灯
            SJMP    LOOP
    ISONE:  SETB    LIGHT               ;不是则关灯
            SJMP    LOOP
;*******************延时子程序**********************
    DELAY:  MOV     R2,#10              ;指令循环次数
    DL2:    MOV     R1,#2               ;指令循环次数
    DL1:    MOV     R0,#249             ;指令循环次数
            NOP                         ;空操作，凑时间
            DJNZ    R0,$                ;循环次数减1，不为0则转移
            DJNZ    R1,DL1              ;循环次数减1，不为0则转移至 DL1
            DJNZ    R2,DL2              ;循环次数减1，不为0则转移至 DL2
            RET
;******************************************************
            END
```

## 2. 转向灯点亮

```
;***********************************
;文件名：EX1_4.asm，功能：转向指示灯点亮
;作者：XXX
;说明：发光二极管接在 P2.5 和 P2.6 口
;***********************************
            ORG     0000H
            LJMP    START
            ORG     0030H
    START:  MOV     SP,#5FH             ;初始化
            MOV     P2,#0FFH
    LOOP:   MOV     A,P2                ;读入开关状态值
            ANL     A,#07H              ;累加器A与7逻辑与，留取 P2.0~P2.2 的值
            CJNE    A,#06H,RIGHT        ;判断是否左转向
            CLR     P2.6                ;开左转向指示灯
            SJMP    LOOP
    RIGHT:  CJNE    A,#03H,CLOSE        ;判断是否右转向
            CLR     P2.5                ;开右转向指示灯
            SJMP    LOOP
    CLOSE:  SETB    P2.5                ;关右转向指示灯
            SETB    P2.6                ;关左转向指示灯
            SJMP    LOOP
            END
```

## 3. 转向灯闪烁

;***********************************

## 项目一 指示灯控制系统的设计与调试

```
;文件名：EX1_5.asm，功能：转向指示灯闪烁控制
;作者：XXX
;说明：发光二极管接在P2.5和P2.6口
;*******************************
        ORG     0000H
        LJMP    START
        ORG     0030H
START:  MOV     SP,#5FH
        MOV     P2,#0FFH
LOOP:   MOV     A,P2            ;读入开关状态值
        ANL     A,#07H          ;累加器A与7逻辑与，留取P2.0-P2.2的值
        CJNE    A,#06H,RIGHT    ;判断是否左转向
        CPL     P2.6            ;开左转向指示灯
        MOV     R2,#1
        ACALL   DELAY
        SJMP    LOOP
RIGHT:  CJNE    A,#03H,CLOSE    ;判断是否右转向
        CPL     P2.5            ;开右转向指示灯
        MOV     R2,#1
        ACALL   DELAY
        SJMP    LOOP
CLOSE:  SETB    P2.5            ;关右转向指示灯
        SETB    P2.6            ;关左转向指示灯
        SJMP    LOOP
;*********************************************
;名称：DELAY    功能：延时10ms
;工作寄存器0组R0~R2
;*********************************************
DELAY:  MOV     R1,#20          ;指令循环次数
DL1:    MOV     R0,#249         ;指令循环次数
        NOP
        DJNZ    R0,$            ;循环次数减1，不为0则转移
        DJNZ    R1,DL1          ;循环次数减1，不为0则转移至DL1
        DJNZ    R2, DELAY       ;循环次数减1，不为0则转移至DELAY
        RET                     ;延时子程序返回
        END
```

**步骤五 编辑/编译/产生代码**

在Keil C51中编辑/编译好控制程序后，产生二进制代码，以备调试。

**步骤六 系统调试**

（1）在Proteus仿真软件中右键单击单片机，选择单片机，然后左键单击单片机打开"Edit component"对话框，加载所编写的控制程序的二进制代码。

（2）程序代码加载完毕，单击"执行"按钮 ▶ ，可观察到当三向开关向上，则P2.0引脚为低电平，P2.6外接的LED一亮一灭呈闪烁状态；若三向开关向下，则P2.2引脚为低电平，P2.5外接的LED一亮一灭呈闪烁状态；若三向开关在中间，则P2.1引脚为低电平，两个LED均为灭的状态。LED闪烁的周期约为20ms（若观察到闪烁不明显，可适当减小限流电阻阻值）。由于在Proteus中省略时钟电路和复位电路，系统也可以正常运行，

故在以后给出的图例中有时为凸显其他部分电路,会省略画时钟电路和复位电路,但读者需注意的是,在制作实物时时钟电路和复位电路是不能省略的。

(3)单击左侧工具栏中的 图标,在出现的器件栏内选择"Oscilloscope"(示波器),放置在编辑区,任选其一通道与 P2.5 相连,如图 1-27 所示。

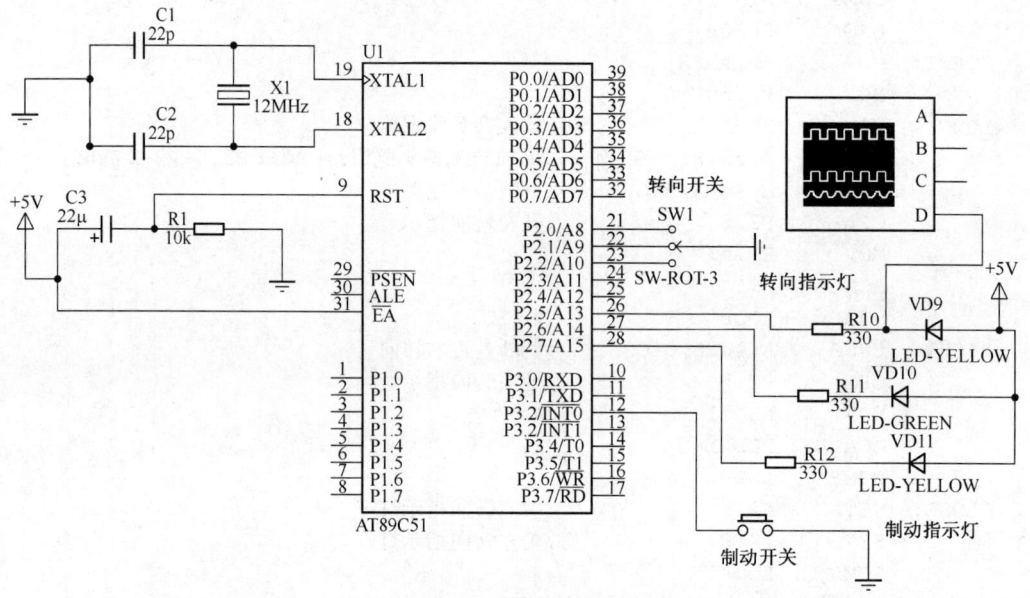

图 1-27 示波器连接

再次单击仿真执行图标,会出现示波器屏幕,屏幕上显示的就是 P2.5 输出的方波信号,如图 1-28 所示。若波形显示不完整,可对其进行设置,方法同实际示波器类似。共有 A~D 4 个通道。

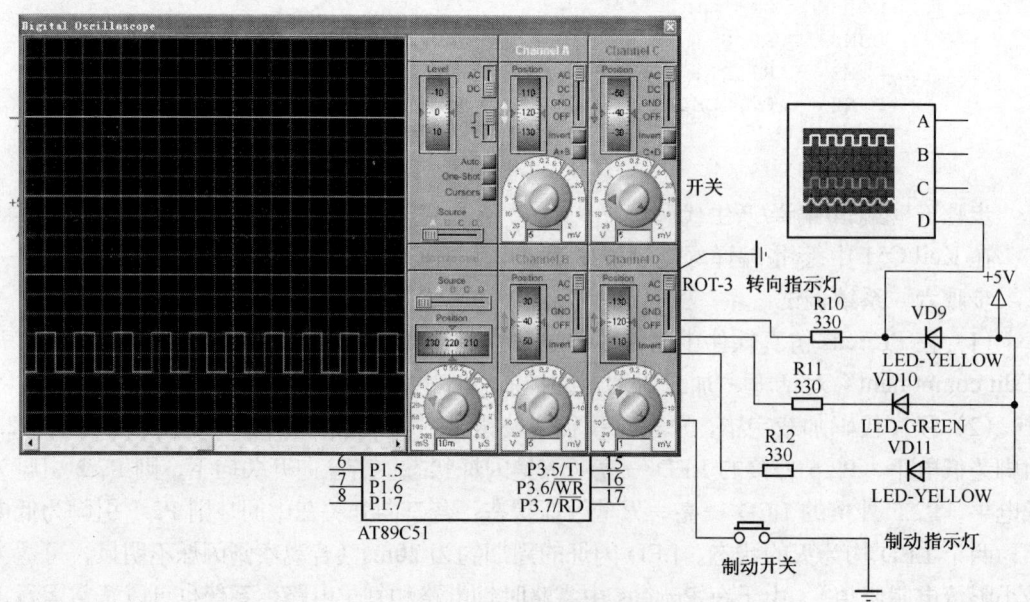

图 1-28 示波器观察波形

项目一 指示灯控制系统的设计与调试

思考：改变 P2.5 输出信号的频率，观察灯闪烁效果，什么时候感觉灯不闪烁了？

## 第三部分 练 习 页

根据前面的学习，请独立完成练习要求。

| 项目名称 | | | 任务名称 | | |
|---|---|---|---|---|---|
| 班　　级 | | 小组编号 | | 完成时间 | |
| 完成人员 | | | 教师评价 | | |
| 练习要求 | （1）将制动指示灯开关控制改为独立按键开关控制，实现按键按下制动指示灯亮，按键松开制动指示灯灭的控制。<br>（2）按键 S1 输入，红灯亮；按键 S2 输入，绿灯亮；按键 S3 输入，黄灯亮。用查询方式实现任务要求。||||| 
| | 设计工作过程 |||||
| 任务分析 | ||||| |
| 结构框图 | ||||| |

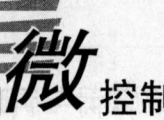
## 微控制器及其应用

| 关键器件选型 | |
|---|---|
| 硬件设计 | |
| 软件设计 | |
| 系统调试 | |
| 存在的困难与问题 | |
| 注意事项 | |
| 备注： | |

## 附录 3　程序设计的基本结构

根据处理问题的不同，各程序的结构不尽相同。但是，任何复杂的问题都可以由顺序结构、分支结构和循环结构 3 种基本结构，用搭积木的方式组合起来解决。3 种基本结构的流程图如附图 3-1 所示。

1．顺序程序设计

顺序结构程序是最简单、最基本的程序（也称简单程序）。该类程序中没有任何转移类指令，机器按照先后顺序依次执行，程序没有任何其他流向。程序中，大量使用了数据传送指令，程序的结构比较简单，通常作

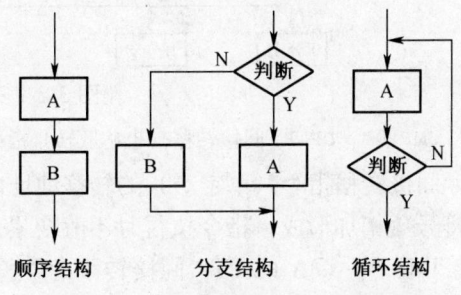

附图 3-1　三种基本结构的流程图

为复杂程序的某个组成部分或程序的初始化部分。前面的单个发光二极管的点亮控制就是采用的顺序结构。

2．分支程序设计

分支结构程序的特点是程序中含有转移指令，程序可根据转移指令无条件或有条件地改变程序的执行顺序，选择程序流向。51 单片机的指令系统中的转移指令有 3 种，即无条件转移、条件转移和散转。无条件分支程序中含有无条件转移指令，这类程序执行时无须考虑转移指令之前程序的执行结果，只要给出正确的转移目标地址或偏移量即可；条件分支程序中含有条件转移指令，在 51 单片机的指令系统中，条件转移指令共有 13 条，分为累加器 A 判零条件转移、比较条件转移、减 1 条件转移和位控制条件转移等 4 类。条件分支程序体现了单片机的分析判断能力，程序在执行时，机器可根据条件是否满足而选择相应程序的流向；散转分支程序是利用 51 单片机的指令系统中的基址变址间接转移指令"JMP @A+DPTR"，根据累加器 A 的内容实现多分支的程序设计。

分支结构程序可分为单分支程序和多分支程序。

（1）单分支程序

设计一段程序实现存于 40H 和 41H 两个存储单元中的无符号数相加，结果存于存储单元 31H（高字节）和 30H（低字节）。

程序段如下：

```
        CLR     C               ;清除进位标志位
        CLR     A               ;累加器清零
        MOV     30H, A          ;将 30H 存储单元清零
        MOV     31H, A          ;将 31H 存储单元清零
        MOV     A, 40H          ;取累加数据之一
        ADD     A, 41H          ;累加两个存储单元的数据
        MOV     30H, A          ;结果的低位数据存于 30H
        JNC     NEXT            ;判断是否两个数据累加时是否有进位，若无则跳转
        INC     31H             ;有进位则存储结果的高位存储单元 31H 加 1
NEXT:   SJMP    $               ;动态暂停
```

(2) 多分支程序

多分支结构的流程图如附图 3-2 所示。

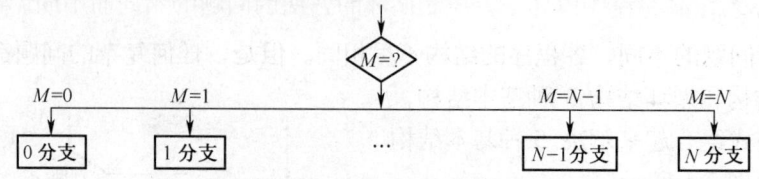

附图 3-2 多分支结构的流程图

```
JMP  @A+DPTR;间接转移（也称散转）指令。
```

间接转移指令（单字节）的转移地址由数据指针 DPTR 的 16 位数和累加器 A 的 8 位无符号数相加形成，指令执行时不改变累加器和数据指针的内容，也不影响任何标志位。

JMP   @A+DPTR 间接转移指令通常应用在处理键盘的问题，例如，在单片机系统开发中，若需要用到键盘，其功能要求为按下不同的按键实现相应不同的功能，即程序应根据不同的按键执行不同的程序段，以完成不同的功能。如何实现呢？下面给出一个具体的例子加以说明。

```
        MOV    DPTR,#TABLE    ;将 TABLE 所表示的地址送 DPTR
        MOV    A,R2           ;从 R2 中取出按键值
        ADD    A,R2           ;R2 中的值乘 2 后，送 A
        JMP    A,@A+DPTR      ;转移到程序段转移表
        ……
TABLE;  AJMP   K1             ;转移到按键 K1 的功能实现程序段
        AJMP   K2             ;转移到按键 K2 的功能实现程序段
        AJMP   K3             ;转移到按键 K3 的功能实现程序段
```

这段程序实现了根据键盘扫描得到的按键值（R2 中），转移到相应按键功能程序执行。假设按键 K1 被按下，其键值为 0，即 R2 的值为 0，依次类推若按键 K2 被按下，则 R2 的值为 1。事先建立一个按键功能程序段转移表，其转移指令采用 AJMP，由于 AJMP 占用 2B 的空间，故在使用 R2 的值来查表时需先将其值乘 2。如果按键功能程序段转移表中采用 LJMP，则需将 R2 的值乘 3 后再查表，在此不能用 LJMP 简单地替换 AJMP 了，需考虑指令占用 ROM 的空间问题。

3．循环程序设计

循环程序设计主要应用于机器需反复执行某一段程序，通常将这一段程序称为循环体。循环程序设计中必须有能够控制循环结束的条件，否则程序将陷入死循环，机器也无法正常工作。程序设计中采用循环结构可以缩短程序代码的长度，但并不能节省程序执行的时间。

循环结构的程序设计一般包括下面几个部分。

(1) 初始化

初始化部分主要负责给循环所需工作单元置初值。例如设置循环次数计数器的初值、数据存储起始地址等。

(2) 循环体

重复执行的程序段为循环体部分，这部分主要完成一些计算或操作的任务，同时还包括修改控制变量。

（3）循环控制

在循环结构程序设计中一定要有循环控制部分，以便能够控制循环的结束，否则程序将陷入死循环。在汇编程序设计中，控制循环的方法因问题的不同而不同，常用的有计数器控制循环和条件控制循环两种。

## 任务三  装饰灯控制模块

任务描述

| 项　目 | 说　明 |
| --- | --- |
| 主要内容 | （1）RL/RR 等逻辑运算类指令，JZ/JNZ 控制转移类指令；<br>（2）中断系统；<br>（3）程序设计训练；<br>（4）Keil C51 和 Proteus 软件的基本应用 |
| 学习条件 | （1）单片机系统演示样机；<br>（2）装有 Powerpoint、Keil C51 和 Proteus 等软件，能上网的计算机 |
| 学习材料 | 学习任务单、学习记录单、学习课件、参考书、笔记本 |
| 学习场地 | 教学做一体实训室 |
| 任务要求 | 很多电子产品的设计中都有一些比较有个性的装饰灯，各式各样的装饰灯将电子产品点缀得非常吸引人。因此，接下来将设计一个装饰灯控制系统。彩灯排列图形如图 1-29 所示，参考电路仿真图如图 1-30 所示。<br>（1）用单片机的 P1、P2 端口来控制 16 个红、黄、蓝、绿 4 种颜色的发光二极管的亮灭来装饰电动车。彩灯点亮的形式为从头部黄色灯开始依次从上到下、从左至右点亮；<br>（2）用单片机的 P1、P2 端口来控制 16 个红、黄、蓝、绿四种颜色的发光二极管的亮灭来装饰电动车，灯亮的顺序为蓝－绿－红－黄－蓝绿－蓝红－蓝黄－绿红－绿黄－红黄－蓝绿红－蓝绿黄－蓝红黄－绿红黄－全亮－全灭，每隔一秒改变一种状态 |
| 兴趣拓展 | （1）理解教学案例，讨论确定装饰灯设计方案；<br>（2）方案汇报（PPT 形式）内容包括装饰灯的形式、设计方案及设计步骤；<br>（3）理解教学案例，设计完成自行设计的装饰灯（包括电路设计和程序设计） |

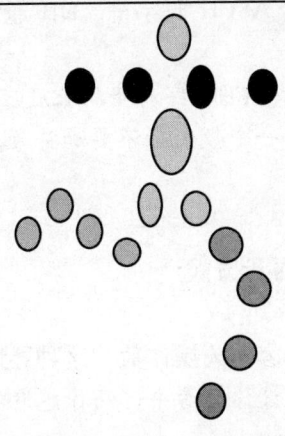

图 1-29  装饰灯排列图形

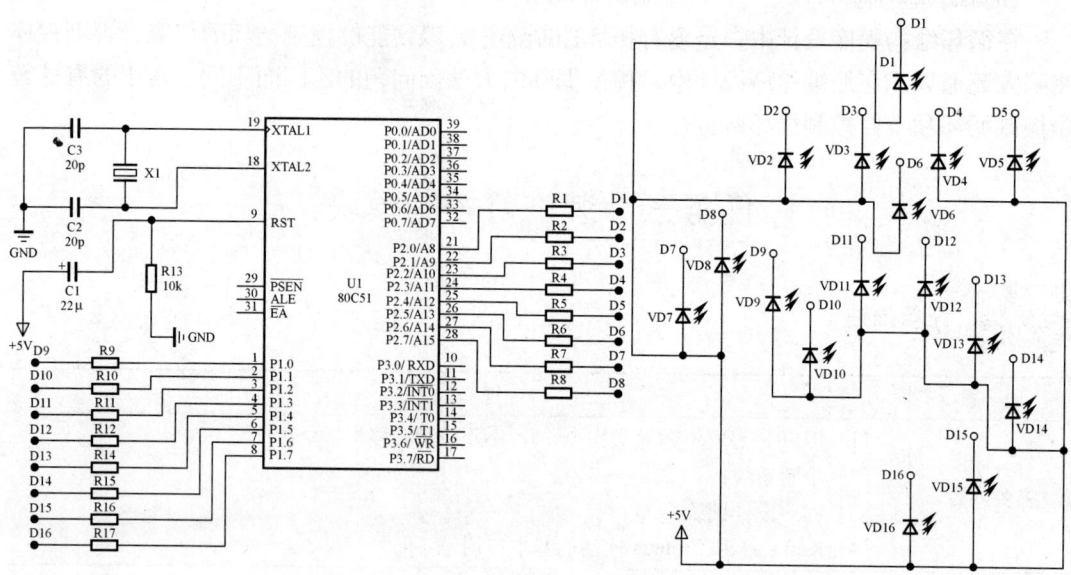

图 1-30　装饰灯仿真图

## 第一部分　任务学习引导

### 一、EQU 和 DB 伪指令

1. 赋值（也称等值）伪指令 EQU（Equate）

伪指令格式：<字符名称>　　EQU　<数或汇编符号>

该指令的作用是将操作数中的地址或数据赋给标号字段中的标号。

例如：　HOUR　　EQU 30H　　　　;HOUR 与 30H 等值
　　　　INC　　HOUR　　　　　　;HOUR 加 1，实际为 30H 存储单元的数据加 1

2. 定义字节伪指令 DB（Define Byte）

伪指令格式：<标号:>　　　DB　　<项或项表>

定义字节伪指令是在以标号为首地址的连续存储单元中存储项或项表的数值。项或项表指的是一个字节、数、字符串或 ASCII 码字符。DB 通常用在建立表格时，指定表格数据大小为 1B。

要点：数值的取值应为 00H～0FFH，字符串的长度应限制在 80 个字符内。数值之间用英文输入状态的逗号分隔，最后一个数值后不要加符号（注释符除外）。

例如：　ORG 0100H
　　　　TABLE: DB　　3FH,06H,'B','china'

### 二、寄存器寻址和基址变址寻址方式

1. 寄存器寻址（Rn）

由指令指出某一个寄存器的内容作为操作数，这种寻址方式称为寄存器寻址。

理解：仍然以找书看为例，假设你想看书，而你想看的书正好就在书桌的文件柜里，那么就可以直接从文件柜里找到书。

例如：MOV    P1,R2         ;机器码为 8AH,90H

这条指令的功能是把寄存器 R2 中存放的数送到 P1 端口。至于这里的寄存器 R2 属于哪一个寄存器组，则由 PSW 中 RS1 和 RS0 的值来确定。假设 PSW 中的 RS1 和 RS0 的值分别为 0 和 1，则可知此时的 R2 是属于第一组的，其地址为 0AH。假设 0AH 中存放的数据为 7FH，则执行该指令后，P1 端口的值为 7FH。该指令执行示意图如图 1-31 所示。

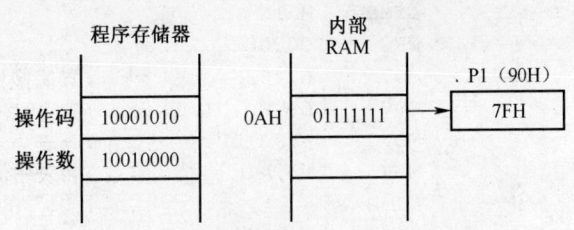

图 1-31　寄存器寻址方式指令执行示意图

可以通过在 Keil C51 中仿真以下程序来帮助理解寄存器寻址方式指令的执行情况。

```
        ORG     0000H             ;程序头
        LJMP    MAIN
        ORG     0030H
MAIN:   MOV     P1,R2             ;寄存器 R2 的值送 P1 端口
        SJMP    $                 ;"$"的含义为包涵该符号的指令的地址，动态暂停
        END                       ;程序尾
```

2．基址变址寻址（@A+PC/@A+DPTR）

这种寻址方式以 DPTR 或 PC 为基址寄存器，累加器 A 为变址寄存器，A 中的数据为无符号数。变址寻址时，把基址和变址两者的内容相加，所得到的结果作为操作数的地址。这种寻址方式是单字节的，用于读出程序存储器（ROM）中的内容，该寻址方式的指令也称为查表指令。

理解：为了更好地理解基址变址寻址方式，可以把它看作是去宾馆会朋友，你的好朋友来出差，住在宾馆里，你想和他见个面叙叙旧，朋友让你去宾馆找他，于是你就起程了。要找到朋友，首先要找到朋友住的宾馆（基址），然后根据朋友的房号（变址）找到朋友的房间，这样就可以找到多年未见的朋友了。

例如：MOVC   A,@A+DPTR       ;机器码为 93H

假设 ACC 中原来的值为 02H，DPTR 中的值为 01E0H，则 A+DPTR 形成的地址为 01E2H。假设 01E2H 单元中内容为 27H，则执行该指令后，ACC 中原来的 02H 被 27H 替代。该指令执行示意图如图 1-32 所示。

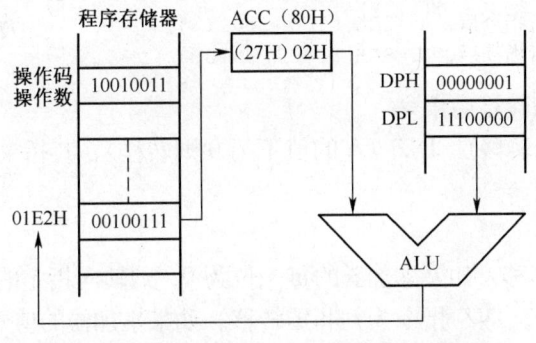

图 1-32　基址变址寻址方式指令执行示意图

可以通过在 Keil C51 中仿真以下程序来帮助理解基址变址寻址方式指令的执行情况。

```
        ORG     0000H           ;程序头
        LJMP    MAIN
        ORG     0030H
MAIN:   MOV     A,#02H          ;置偏移量初值
        MOV     DPTR,#01E0H     ;置DPTR指向表格首地址
        MOVC    A,@A+DPTR       ;查表
        MOV     P1,A            ;将表格值送 P1 口
        SJMP    $               ;"$"的含义为包涵该符号的指令的地址,动态暂停
        ORG     01E0H           ;表格首地址
        DB      28H,33H,27H     ;列表值
        END                     ;程序尾
```

### 三、RL/RR 和 RLC/RRC 逻辑运算类指令

RL（循环左移）、RR（循环右移）、RLC（带进位循环左移）、RRC（带进位循环右移）属于逻辑运算类指令，这几条指令只能对累加器 A 操作，它们的指令示意图如图 1-33 所示。其指令格式如下。

    RL   A    ;将累加器 A 中的各位依次循环左移 1 位,如图 1-33 所示
    RR   A    ;将累加器 A 中的各位依次循环右移 1 位,如图 1-33 所示
    RLC  A    ;将累加器 A 中的各位依次带进位循环左移 1 位,如图 1-33 所示
    RRC  A    ;将累加器 A 中的各位依次带进位循环右移 1 位,如图 1-33 所示

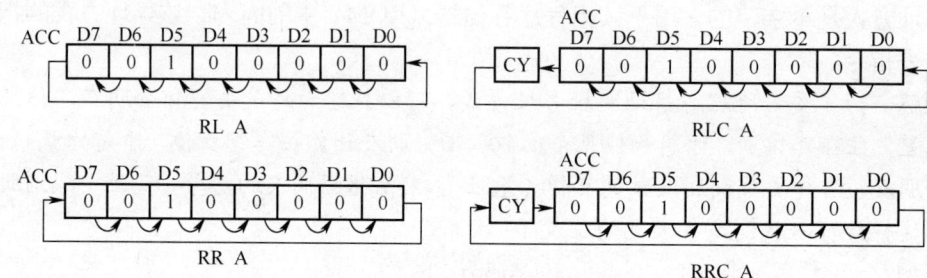

图 1-33 循环移位指令示意图

下面通过一个例子来加以说明。

设 (A) =0C5H (1100 0101B), C=0, (R0) =47H, (47H) =39H。

    RL   A    ;执行指令后,A=8BH (1000 1011B), C=0。
    RLC  A    ;执行指令后,A=8AH (1000 1010B), C=1。

### 四、JZ/JNZ 控制转移类指令

JZ（A 的值为 0 则转移）、JNZ（A 的值不为 0 则转移），其指令格式如下。

    JZ    rel
    JNZ   rel

JZ 指令用于判零转移。如果累加器的每一位为 0，则转向指定的地址（PC+2+rel）；否则顺序执行下一条指令。JNZ 指令为判非零转移。如果累加器的值不为 0，则转向指定的地址，否则顺序执行下一条指令。

要点：在汇编程序中一般并不直接给出相对偏移量 rel 的值，通常是采用标号地址或 16 进制常数的形式给出转移地址。

下面通过一个例子来加以说明。

JZ　　　　NEXT　　　；A 的值为 0 时，程序则转移至 NEXT 标号处

### 五、MOVC 数据传送类指令

1．数据指针 DPTR

数据指针 DPTR 是一个 16 位的专用寄存器，也可以按两个 8 位寄存器来使用，即高位字节寄存器 DPH 和低位字节寄存器 DPL。DPTR 主要是用来保存 16 位地址，在访问 64KB 外部数据存储器时，可作为间接寻址的地址寄存器使用，在访问程序存储器时，可用来作基址寄存器。

2．查表指令

查表指令是应用于访问程序存储器的指令，涉及的指令助记符为 MOVC。在 MCS-51 指令系统中，有两条查表指令，其数据表格放在程序存储器中。采用的寻址方式是基址变址寻址，其指令格式为

MOVC　　　<目的操作数>，<源操作数>

查表指令的助记图如图 1-34 所示。

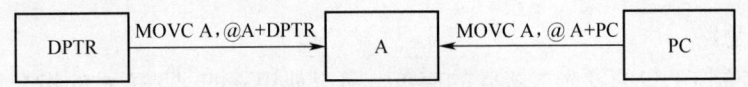

图 1-34　查表指令的助记图

CPU 读取 MOVC　A,@A+PC 指令后，PC 的内容自动加 1。其功能是将新的 PC 的内容与累加器 A 内 8 位无符号数相加形成地址，取出该地址单元中的内容送累加器 A。

MOVC　A,@A+DPTR 指令以 DPTR 为基址寄存器进行查表。使用前，先给 DPTR 赋予某指定查表地址。一般在程序设计时多采用 MOVC　A,@A+DPTR，这样可以使得计算查表所需的偏移量更简单。

下面通过一个例子来加以说明：

假设 R2 中数据为 1～15，要求通过查表求出 R2 中数据的平方数。

```
        MOV    DPTR,#TABLE    ;使 DPTR 指向表格首地址（基址）
        MOV    A,R2           ;将 R2 的值送给 A（偏移量）
        MOVC   A,@A+DPTR      ;查表
        ……
TABLE:  DB     00H,01H,04H…   ;表格中的列表值
```

### 六、INC/DEC 算术运算类指令

INC（加 1）、DEC（减 1）属于算术运算类指令，其指令格式如下。

INC　　　　<操作数>
DEC　　　　<操作数>

INC（加 1）指令总共有 5 条，可以对累加器 A、数据地址指针 DPTR、直接地址、工

作寄存器和间接寻址的工作寄存器进行加 1 操作；DEC（减 1）指令总共有 4 条，可以对累加器 A、直接地址、工作寄存器和间接寻址的工作寄存器进行减 1 操作。

注意：对于数据地址指针 DPTR 没有 DEC（减 1）操作。

下面通过一些例子来加以说明。

设 (A) =27H, (R6) =36H, (3EH) =4CH, (R1) =20H, (20H) =0F0H, (DPTR) =3F4DH

```
INC    A        ;A 的值加 1 后，A 的值为 28H
INC    DPTR     ;DPTR 的值加 1 后，DPTR 的值为 3F4EH
INC    3EH      ;RAM3EH 的值加 1 后，3EH 的值为 4DH
INC    R6       ;R6 的值加 1 后，R6 的值为 37H
INC    @R1      ;R1 间接寻址的值加 1 后，R1 的值为 20H，RAM20H 的值为 0F1H
DEC    A        ;A 的值减 1 后，A 的值为 27H
DEC    20H      ;RAM20H 的值减 1 后，20H 的值为 0EFH
DEC    R6       ;R6 的值减 1 后，R6 的值为 35H
DEC    @R1      ;R1 间接寻址的值减 1 后，R1 的值为 20H，RAM20H 的值为 0EEH
```

### 七、装饰灯设计基本案例

1．跑马灯

（1）设计要求

P1 口作输出口，编写程序控制 P1 口各发光二极管依次轮流点亮，每次点亮的时间为 0.5s。

（2）设计思路

● 若要控制 P1 口的发光二极管的亮灭，可以使用立即寻址方式的指令，将相应的控制代码直接送给 P1 口就可以实现，所以很显然要用到立即寻址方式的指令"MOV P1,#data"。

● 设计要求中提到各发光二极管是点亮时间为 0.5s，故彩灯状态控制代码需保持 0.5s 后再修改。

● 由于设计要求中各发光二极管是依次轮流点亮，考虑此点亮规律刚好和循环移位指令想匹配，因此可使用"RL   A"或"RR   A"。

（3）硬件设计

仿真图如图 1-35 所示，在 P1 口外接的 8 个发光二极管。

（4）软件设计

① 流程图如图 1-36 所示。

② 参考程序代码如下。

```
;**********************************
;文件名：EX1_6.asm，功能：跑马灯
;作者：XXX
;说明：发光二极管接在 P1 口
;**********************************
LIGHT   EQU     P1
        ORG     0000H
        LJMP    MAIN
        ORG     0030H
```

项目一 指示灯控制系统的设计与调试

```
MAIN:   MOV     A,#0FEH         ;置发光二极管初始状态控制代码
LOOP:   MOV     LIGHT,A         ;送控制代码至 P1 口
        RL      A               ;修改控制代码
        MOV     R2,#50
        ACALL   DELAY           ;调用延时子程序
        SJMP    LOOP            ;跳转至标号 LOOP
;************************************************
;名称:DELAY      功能:延时 10ms
;工作寄存器 0 组 R0~R2
;************************************************
DELAY:  MOV     R1,#20          ;指令循环次数
DL1:    MOV     R0,#249         ;指令循环次数
        NOP
        DJNZ    R0,$            ;循环次数减 1,不为 0 则转移
        DJNZ    R1,DL1          ;循环次数减 1,不为 0 则转移至 DL1
        DJNZ    R2, DELAY       ;循环次数减 1,不为 0 则转移至 DELAY
        RET                     ;延时子程序返回
        END                     ;程序结束
```

注意:EQU 是伪指令。

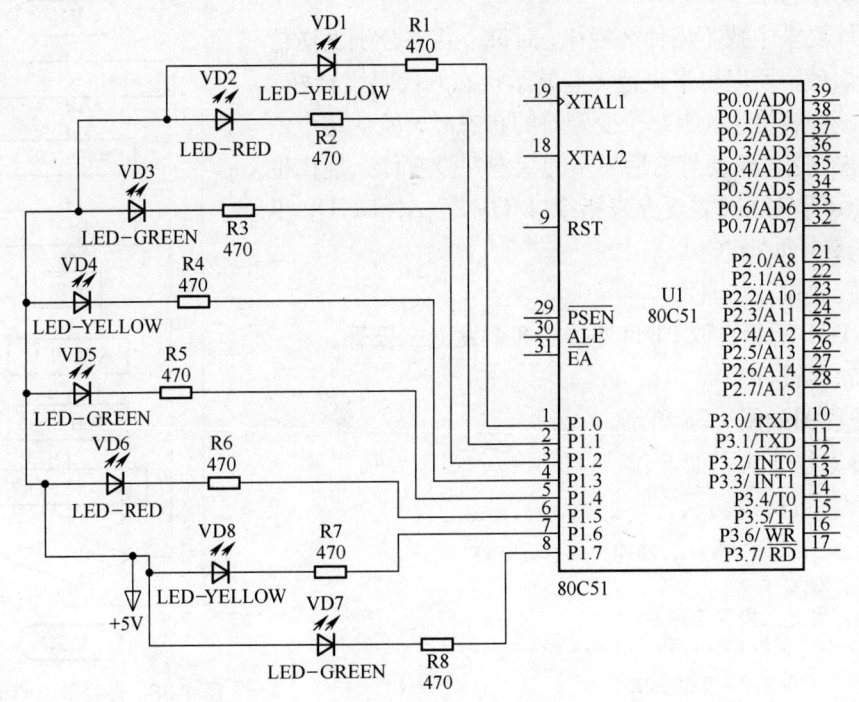

图 1-35 跑马灯仿真图

2. 多彩霓虹灯

(1) 设计要求

多彩霓虹灯采用 8 盏发光二极管设计,各发光二极管的颜色及排列顺序如图 1-37 所示。

105

要求以这样的方式点亮，红灯亮→绿灯亮→黄灯亮→红绿灯亮→黄绿灯亮→黄红灯亮→全亮→全灭→红灯亮→绿灯亮→……，相邻状态间隔时间为 0.5s。

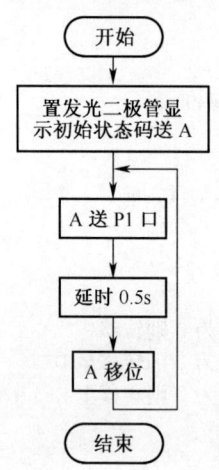

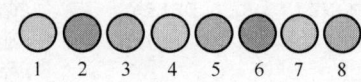

图 1-36　8 个发光二极管轮流点亮流程图　　　图 1-37

（2）设计思路

从设计要求中找不出什么规律，而每个状态分别发送信号又比较烦琐，所以可事先把一些显示状态的代码设计好，并保存在一个表格中，当想改变彩灯的状态时，就从这个表格里取出来，这样既便灯前后显示的状态并没有什么规律也没关系了，所以这次需要查表指令 MOVC A,@A+DPTR 和 MOVC A,@A+PC。

（3）硬件设计仿真图

如图 1-35 所示，取 P1 口外接的 8 个发光二极管。

（4）软件设计

① 流程图如图 1-38 所示。

② 参考程序代码如下。

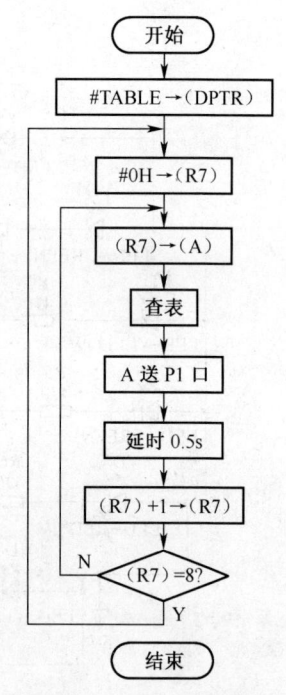

图 1-38　多彩霓虹灯流程图

```
;***************************************
;文件名：EX1_7.asm，功能：多彩霓虹灯
;作者：XXX
;说明：发光二极管接在 P1 口
;***************************************
        ORG     0000H
        LJMP    MAIN
        ORG     0030H
MAIN:   MOV     DPTR,#TABLE
NEXT2:  MOV     R7,#0
NEXT3:  MOV     A,R7
        MOVC    A,@A+DPTR
        MOV     P1,A
```

# 项目一 指示灯控制系统的设计与调试

```
        MOV     R2,#50
        LCALL   DELAY
        INC     R7
        CJNE    R7,#08H,NEXT3
        SJMP    NEXT2
        RET
;****************************************************
;名称：DELAY      功能：延时10ms
;工作寄存器0组R0~R2
;****************************************************
DELAY:  MOV     R1,#20          ;指令循环次数
DL1:    MOV     R0,#249         ;指令循环次数
        NOP
        DJNZ    R0,$            ;循环次数减1，不为0则转移
        DJNZ    R1,DL1          ;循环次数减1，不为0则转移至DL1
        DJNZ    R2, DELAY       ;循环次数减1，不为0则转移至DELAY
        RET                     ;延时子程序返回
TABLE:  DB      0DDH,06BH,0B6H,49H,22H,94H,0H,0FFH
        END
```

### 3．按键控制多彩霓虹灯
（1）设计要求

发光二极管的颜色及排列顺序如图1-37所示，仿真图如图1-39所示，编程实现按键S1输入，8盏跑马灯循环显示一次；按键S2输入，8盏灯闪烁5次；否则灯熄灭。状态每0.1s改变一次。

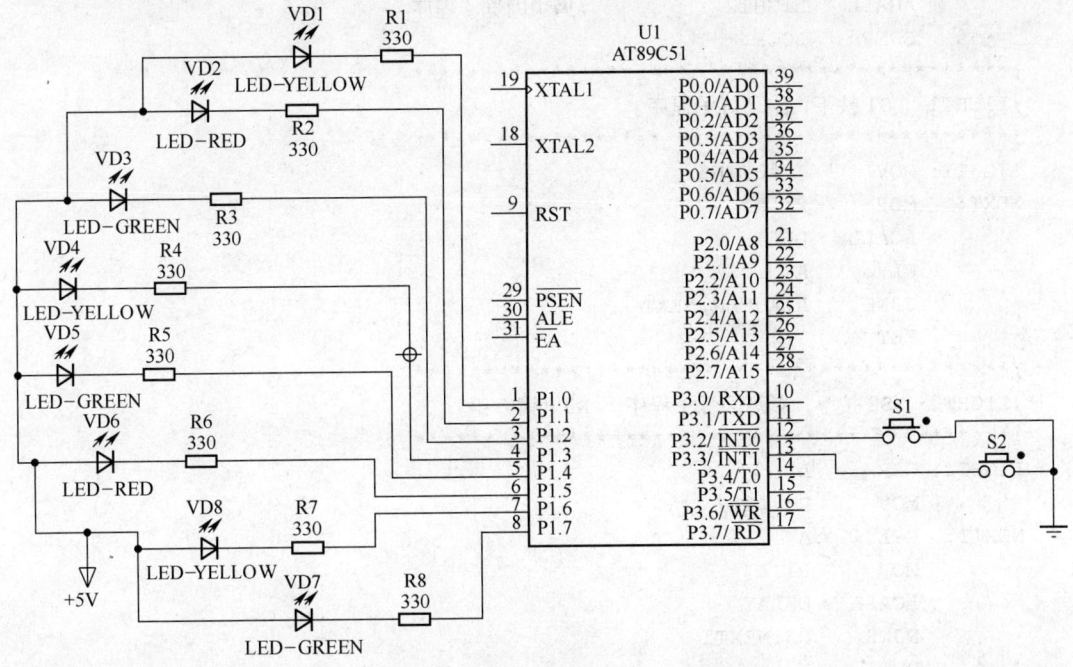

图1-39 按键控制多彩霓虹灯仿真图

107

(2) 设计思路

这个任务要求中的按键识别可以用查询和中断两种方式来实现。

(3) 具体设计

① 方案1——查询方式,流程图如图1-40所示。参考程序代码如下。

```
;******************************
;文件名:EX1_8.asm,功能:按键控制多彩霓虹灯(查询方式)
;作者:XXX
;说明:发光二极管接在P1口
;******************************
        ORG     0000H
        LJMP    MAIN
        ORG     0030H
MAIN:   MOV     P2,#0FFH
LOOP:   JB      P2.0,LP1        ;判断S1是否按下
        MOV     R2,#1
        ACALL   DELAY           ;延时消除抖动
        JB      P2.0,LP1        ;再次判断S1是否按下
        JNB     P2.0,$          ;等待S1松开
        ACALL   LIGHT1          ;调用跑马灯子程序
LP1:    JB      P2.1, LOOP      ;判断S2是否按下
        MOV     R2,#1
        ACALL   DELAY           ;延时消除抖动
        JB      P2.1, LOOP      ;再次判断S2是否按下
        JNB     P2.1,$          ;等待S2松开
        ACALL   LIGHT2          ;调用闪烁子程序
        SJMP    LOOP
;**********************************************
;LIGHT1   S1按下,跑马灯子程序
;**********************************************
LIGHT1: MOV     A,#0FEH
NEXT:   MOV     P1,A
        LCALL   DELAY
        RL      A
        CJNE    A,#0FEH,NEXT
        RET
;**********************************************
;LIGHT2   S2按下,彩灯闪烁子程序    R3(第0组)
;**********************************************
LIGHT2: CLR     A
        MOV     R3,#10
NEXT1:  CPL     A
        MOV     P1,A
        LCALL   DELAY
        DJNZ    R3,NEXT1
        RET
```

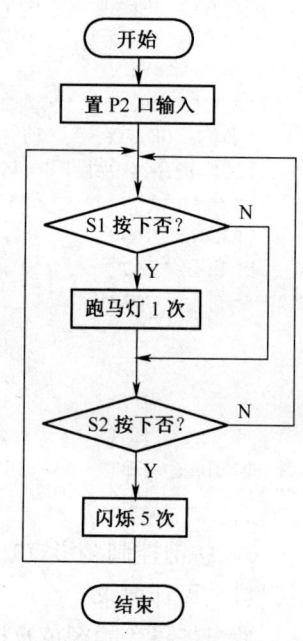

图1-40 按键控制多彩霓虹灯(查询方式)

```
;**********************************************
;DELAY   10ms 延时去抖动子程序      R0~R2（第 0 组）
;**********************************************
DELAY:  MOV    R1,#250
DEL:    MOV    R0,#0FAH
        DJNZ   R0,$
        DJNZ   R1, DEL
        RET
        END
```

要点：此任务要求完成后，在实际演示过程中会发现，当程序运行在某一种彩灯显示方式时，按键似乎失去了作用，但当彩灯显示完成后，按键又恢复正常。什么原因呢？其实这容易解释，因为程序始终是顺序执行的，而且 CPU 在同一时刻不可能完成两个动作，所以，当程序执行到彩灯控制程序时，由于该段程序中并没有穿插按键的识别，此时按键的动作是无法被 CPU 识别的。若希望程序控制可以随时识别按键，并做出响应的要求，这就需要中断来帮忙了。

② 方案 2——中断方式，流程图如图 1-41 所示。

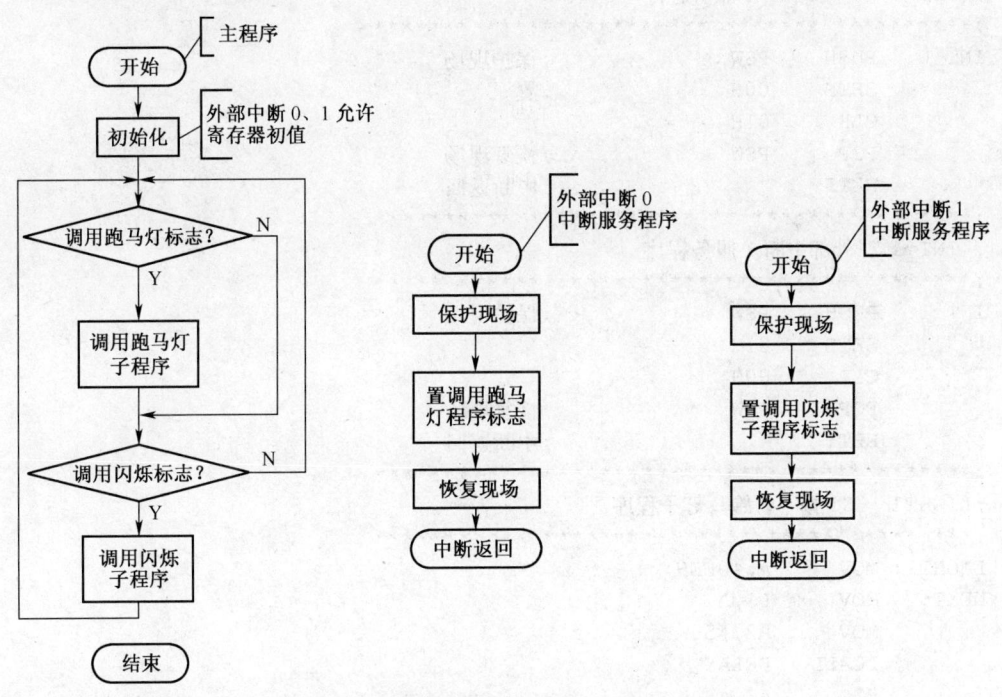

图 1-41 按键控制多彩霓虹灯（中断方式）

参考程序代码如下。

```
;***************************************
;文件名：EX1_9.asm，功能：按键控制多彩霓虹灯（中断方式）
;作者：XXX
;说明：发光二极管接在 P1 口
;***************************************
```

```
                ORG     0000H
                LJMP    MAIN
                ORG     0003H
                LJMP    INT_0           ;转外部中断0中断服务程序
                ORG     0013H
                LJMP    INT_1           ;转外部中断1中断服务程序
                ORG     0030H
        MAIN:   MOV     SP,#05FH        ;堆栈指针初始化
                MOV     R5,A            ;显示初值清零
                MOV     IE,#85H         ;开中断允许
                SETB    IT0             ;外部中断0边沿触发
                SETB    IT1             ;外部中断1边沿触发
        ;主程序循环
        LOOP:   JNB     00H,LOOP1       ;00H为测调用跑马灯子程序
                ACALL   LIGHT1
        LOOP1:  JNB     01H,LOOP        ;01H为测调用彩灯闪烁子程序
                ACALL   LIGHT2
                SJMP    LOOP
        ;*********************************************
        ; INT_0    外部中断0服务程序
        ;*********************************************
        INT_0:  PUSH    PSW             ;保护现场
                SETB    00H             ;置
                CLR     01H
                POP     PSW             ;恢复现场
                RETI                    ;中断返回
        ;*********************************************
        ; INT_1    外部中断1服务程序
        ;*********************************************
        INT_1:  PUSH    PSW             ;保护现场
                SETB    01H
                CLR     00H
                POP     PSW             ;恢复现场
                RETI                    ;中断返回
        ;*********************************************
        ;LIGHT1    S1按下，跑马灯子程序
        ;*********************************************
        LIGHT1: MOV     A,#0FEH
        NEXT:   MOV     P1,A
                MOV     R2,#5
                LCALL   DELAY
                RL      A
                CJNE    A,#0FEH,NEXT
                RET
        ;*********************************************
        ;LIGHT2    S2按下，彩灯闪烁子程序    R3（第0组）
        ;*********************************************
        LIGHT2: CLR     A
                MOV     R3,#10
        NEXT1:  CPL     A
```

```
            MOV     P1,A
            MOV     R2,#5
            LCALL   DELAY
            DJNZ    R3,NEXT1
            RET
;**********************************************
;DELAY  10ms 延时去抖动子程序    R0~R1（第 0 组）
;**********************************************
DELAY:  MOV     R1,#25
DEL:    MOV     R0,#0FAH
        DJNZ    R0,$
        DJNZ    R1, DEL
        DJNZ    R2,DELAY
        RET
        END
```

注意：中断返回指令（RETI）只能用于中断服务程序作为结束指令。中断程序完成后，一定要执行一条 RETI 指令，执行这条指令后，CPU 将会把堆栈中保存着的地址取出，送回 PC，那么程序就会从主程序的中断处继续往下执行。注意，CPU 所做的保护工作是很有限的，只保护了一个地址，而其他的所有东西都不保护，所以如果在主程序中用到了如 A、PSW 等，在中断程序中又要用它们，还要保证回到主程序后这里面的数据还是没执行中断以前的数据，就得将数据保护起来。

## 第二部分　工　作　页

**步骤一　任务分析**

装饰灯设计的效果实际是希望读者发挥自己的想象力，设计一个装饰灯，在本节任务中提出的基本设计要求和拓展设计要求，都是给大家的一个启发。那么本节任务的系统设计方案框图如图 1-42 所示。

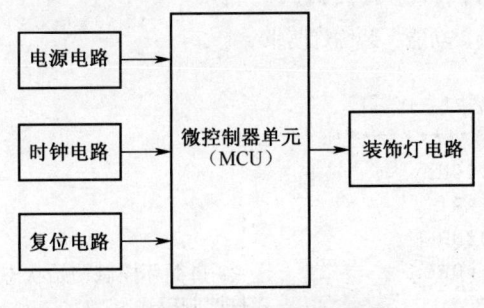

图 1-42　装饰灯系统框图

基本要求的实现可以参考跑马灯的设计，拓展要求的实现可以参考多彩霓虹灯的设计。

**步骤二　绘制电路图**

电路图的仿真图如图 1-30 所示。

**步骤三　设计流程图**

设计流程图如图 1-43 和图 1-44 所示。

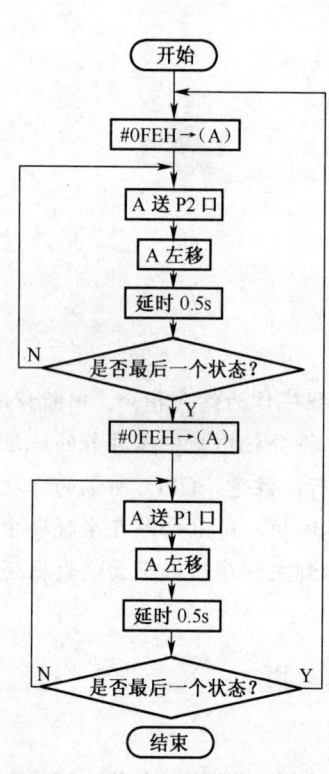

图 1-43　装饰灯要求 1 流程图

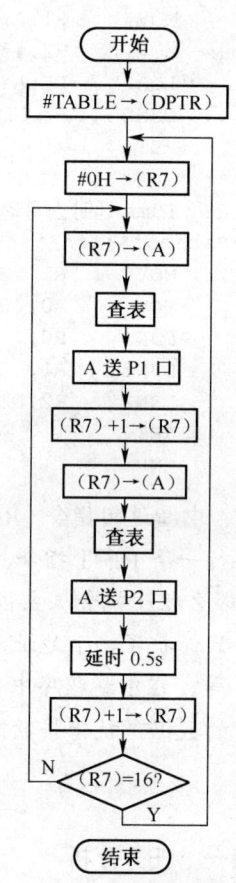

图 1-44　装饰灯要求 2 流程图

## 步骤四　编写控制程序

```
;******************************
;文件名：EX1_10.asm，功能：装饰灯要求 1
;作者：XXX
;说明：发光二极管接在 P1、P2 口
;******************************
        ORG     0000H
        LJMP    START
        ORG     0030H
START:  MOV     A,#0FEH         ;送 P2 口循环控制初始状态值
LOOP:   MOV     P2,A            ;彩灯控制码送 P2 口
        RL      A               ;控制码左移
        ACALL   DELAY           ;延时 0.5s
        CJNE    A,#0FEH,LOOP    ;判断是否最后一个状态，不是则转至 LOOP
        MOV     P2,#0FFH
        MOV     A,#0FEH         ;送 P1 口循环控制初始状态值
LOOP3:  MOV     P1,A            ;彩灯控制码送 P1 口
        RL      A               ;控制码左移
        ACALL   DELAY           ;延时 0.5s
```

```
            CJNE    A,#0FEH,LOOP3   ;判断是否最后一个状态，不是则转至LOOP3
            MOV     P1,#0FFH
            SJMP    START           ;回到初始位置循环执行
;******************************************
;DELAY    延时0.5s    R0~R2（第0组）
;******************************************
DELAY:      MOV     R0,#100         ;置R0循环初始值
DL1:        MOV     R1,#144         ;置R1循环初始值
DL2:        MOV     R2,#16          ;置R2循环初始值
            DJNZ    R2,$            ;R2减1不为0,则循环执行此指令,否则顺序执行下一条指令
            DJNZ    R1,DL2          ;R1减1不为0,则跳转至标号DL2,否则顺序执行下一条指令
            DJNZ    R0,DL1          ;R0减1不为0,则跳转至标号DL1,否则顺序执行下一条指令
            RET                     ;延时子程序返回
            END


;******************************************
;文件名：EX1_11.asm，功能：装饰灯要求2
;作者：XXX
;说明：发光二极管接在P1口
;******************************************
            ORG     0000H
            LJMP    MAIN
            ORG     0030H
MAIN:       MOV     SP,#5FH
            MOV     DPTR,#TABLE
LOOP:       MOV     R7,#0
LOOP1:      MOV     A,R7
            MOVC    A,@A+DPTR
            MOV     P1,A
            MOV     P2,A
            MOV     R2,#100
            ACALL   DELAY
            INC     R7
            CJNE    R7,#10H,LOOP1
            SJMP    LOOP
DELAY:      MOV     R1,#20
DL1:        MOV     R0,#249
            NOP
            DJNZ    R0,$
            DJNZ    R1,DL1
            DJNZ    R2,DELAY
            RET
TABLE:      DB 77H,0BBH,0DDH,0EEH,33H,55H,66H,99H,0CCH,11H,22H,44H,88H,00H,0FFH
            END
```

## 步骤五　系统调试

本任务的调试方法和前面介绍的大致相同，这里就不再说明了。

## 第三部分 练 习 页

根据前面的学习，请独立完成练习要求。

| 项目名称 | | | 任务名称 | | |
|---|---|---|---|---|---|
| 班　　级 | | 小组编号 | | 完成时间 | |
| 完成人员 | | | 教师评价 | | |
| 练习要求 | （1）16个灯流水控制，设计一个利用51单片机I/O口输出信号，控制16盏发光二极管每0.2s交替闪亮，实现跑马灯，即D1-D2-…D15-D16-D1循环点亮。闪亮时间由简单延时实现，16个发光二极管排列图如下图所示。<br><br>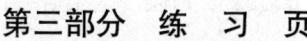<br><br>16个发光二极管排列图<br><br>（2）假设在P1口连接了如图1-37所示的8个红、黄、绿三种不同颜色的发光二极管。以这样的方式点亮，18－27－36－45－45－36－27－18－27－…，相邻状态间隔时间为0.5s。<br><br>（3）假设在P1口连接了如图1-37所示的8个红、黄、绿三种不同颜色的发光二极管。以这样的方式点亮，1-12-123-1234-12345-123456-1234567-12345678-2345678-345678-45678-5678-678-78-8，相邻状态间隔时间为0.5s。<br><br>（4）创意设计 | | | | |
| 设计工作过程 | | | | | |
| 任务分析 | | | | | |
| 结构框图 | | | | | |
| 关键器件选型 | | | | | |

项目一 指示灯控制系统的设计与调试

| | |
|---|---|
| 硬件设计 | |
| 软件设计 | |
| 系统调试 | |
| 存在的困难与问题 | |
| 注意事项 | |
| 备注: | |

# 附录 4　AT89C51 的中断系统

## 1．中断的认识

要掌握 51 系列单片机的中断系统，首先要弄清楚几个概念：中断、中断源、中断标志、中断请求、中断允许、中断优先级、中断响应、中断嵌套和中断返回。

假设这样一段场景，周末你放假在家，准备泡咖啡时，发现没有开水，于是把水壶灌好水，放在炉灶上烧。等开水烧开还有一段时间，于是你打开影碟机看电影，正看到精彩之处时，突然有人敲门，你为了不错过精彩的地方选择了暂停播放，去开门，原来是送快递的，正在你准备验收邮件签字时，你的开水壶发出报警声提醒开水烧好了，你请邮递员稍等片刻，马上跑去关掉炉灶，然后立刻跑到门口给邮递员签收回单，收好邮件回来再继续观看电影。

以上是我们假设的一段生活场景，其实里面就包含了很多"中断"的现象。所谓中断，就是正在做的事情被打断了。在这段场景中邮递员送快递和开水烧开了都是中断源，简单地说中断源就是引起中断的原因或能发出中断请求的来源。这两个中断源对应的中断标志分别是门铃和水壶，当它们发出声音时即向你提出中断请求。如果允许它们中断，那么要根据它们的优先级别进行中断响应，即接收邮件和关掉炉灶。而按照上面这个例子的处理来看，实际是在响应邮递员送快递的事件过程中嵌套着响应开水烧开的事件，这就是中断嵌套，当你逐一将中断事件处理完时要逐一地返回响应中断前的状态，这就是中断返回。

实际上，你可能会说，当发生上面这种情况时，你的处理方法和上面的不一样，的确，现实生活中，我们对中断源提出的中断请求是否响应以及如何响应是千差万别的，但不论你如何处理，对于中断事件的产生、接受和处理的原则是一样的，即当发生中断事件时，中断源给出有效中断标志，提出中断请求，处理方允许中断请求时，根据中断优先等具体情况执行中断响应和中断返回。

准确地说，中断就是指计算机在执行某段程序的过程中，由于计算机系统内、外的某种原因，暂时中止原程序的执行，转去执行相应的处理程序，并在中断服务程序执行完后，再回来继续执行被中断的原程序的过程。用图形来表示如附图 4-1 所示。

## 2．中断的作用

上面的生活场景引出了中断的概念，而这种例子在生活中经常会发生，也就是说，中断经常会出现，所以中断系统在单片机系统中起着十分重要的作用。再进一步思考，会发现中断实际提高了工作效率，更有利于资源共享，在单片机系统设计中实现了很多功能，主要有以下几个方面。

（1）协调 CPU 与外设的速度，解决了

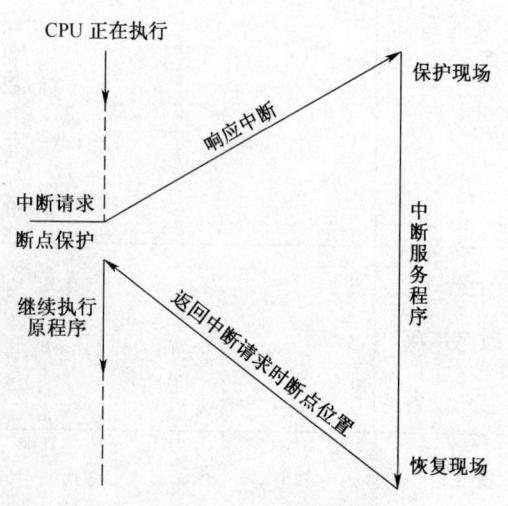

附图 4-1　中断执行过程

# 项目一 指示灯控制系统的设计与调试

CPU 速度快、外设速度慢的矛盾。在外设需要时向 CPU 发出中断申请,CPU 暂停现行程序,响应中断执行中断服务程序,中断服务程序执行结束后,CPU 返回原程序继续执行。

(2) 提高了实时数据处理的时效。在实时控制系统中,往往有许多被控系统的数据需要实时采集,以便及时分析和处理。如果 CPU 一直采集这些数据,虽然可以做到实时,但工作效率低,而利用中断,系统就可以及时地将关键数据送给 CPU,节省了 CPU 大量的扫描时间,大大提高实时控制的效率。

(3) 故障处理。故障往往是随机发生的,如电源断电、运算溢出、存储器出错等。在系统设计时,采用中断技术来处理故障,那么一旦系统出现故障,即可立即进行应急处理,而不必停机,减少损失。

3. 中断系统结构

为了使单片机系统在工作过程中出现某些特殊情况时能得到及时的处理,在单片机内部就设计了模仿实际生活处理中断事件的机构——中断系统。51 单片机的中断系统中一共有 5 个中断源,2 个外部中断源,2 个定时器/计数器中断源和一个串行口中断源。其结构图如附图 4-2 所示,由与中断有关的一些特殊功能寄存器、中断入口、顺序查询逻辑电路等组成。包括 5 个中断源,4 个用于中断控制的寄存器 IE、IP、TCON 和 SCON 来控制中断的开、关、各种中断源的优先级确定和中断标志。

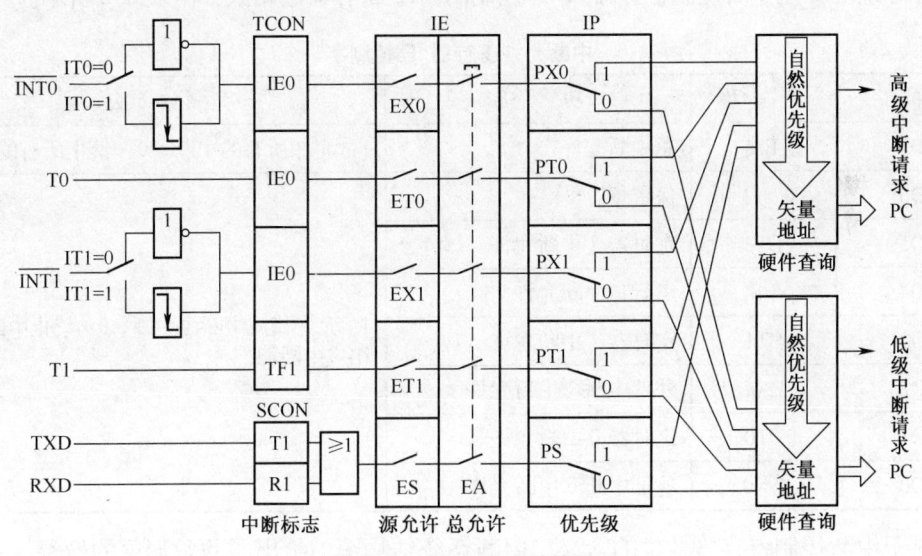

附图 4-2 中断系统结构图

(1) 中断源及中断标志

① $\overline{INT0}$、$\overline{INT1}$:外部中断 0 和外部中断 1 请求输入端,输入信号有低电平或负跳变两种触发方式,由定时器的控制寄存器 TCON 的 IT0(TCON.0)或 IT1(TCON.2)决定。这两个中断由单片机的 P3.2、P3.3 引脚的第二功能实现输入,在每个机器周期的 S5P2 状态采样,并置/复位 TCON 中的 IE0(TCON.1)或 IE1(TCON.3)——中断请求标志位。

IT0:$\overline{INT0}$ 触发方式控制位,可由软件进行置/复位,IT0=0,为低电平触发方式,IT0=1,为负跳变触发方式。

例：SETB　　IT0　;负跳变触发方式
　　　$\overline{CLR}$　　IT0　;低电平触发方式

IE0：$\overline{INT0}$中断请求标志位。当有外部的中断请求时，这位就会置1（这由硬件来完成），在CPU响应中断后，由硬件将IE0清零。

IT1、IE1的用途和IT0、IE0相同。

② T0、T1：定时器/计数器0和定时器/计数器1溢出中断，它们属于内部中断。当定时器/计数器溢出时，由硬件自动置/复位 TCON中的TF0（TCON.5）或TF1（TCON.7）——中断请求标志位。

TF0：定时器/计数器T0的溢出中断标记，当T0计数产生溢出时，由硬件置位TF0。当CPU响应中断后，再由硬件将TF0清0。

TF1：与TF0类似。

③ TXD/RXD：串行发送/接收中断，它也属于内部中断。当完成一串行帧的发送/接收时，由内部硬件置位串行口控制寄存器SCON中的串行中断请求标志TI（发送）或RI（接收），必须由用户软件复位TI或RI。

(2) 中断控制寄存器IE

在51单片机的中断系统中，中断的允许或禁止是由特殊功能寄存器中地址为0A8H，可进行位寻址的8位中断控制寄存器IE来控制的。IE寄存器的格式如附表4-1所示。

附表4-1　　　　　　　　　　中断允许寄存器IE控制字

| 位 | 名称 | 功能 | 用法 |
|---|---|---|---|
| D7 | EA | 总中断允许 | 1：允许所有的中断，0：禁止所有的中断 |
| D6 | — | 保留位 | |
| D5 | ET2 | 定时器2中断允许 | 1：允许相应中断源中断，0：禁止中断允许相应中断源 |
| D4 | ES | 串行口中断允许 | |
| D3 | ET1 | 定时器1中断允许 | |
| D2 | EX1 | 外部中断1中断允许 | |
| D1 | ET0 | 定时器0中断允许 | |
| D0 | EX0 | 外部中断0中断允许 | |

对于中断控制寄存器各位的含义，中断系统结构图中给出了非常形象的解释。可以这样理解：EA是家里电源的总开关，如果它没有打开，那么整个家都没有电；ES、ET1等位分别是卧室、客厅各盏灯的开关，如果它们不打开，那么各房间的灯就不会亮。所以总体地来说，只有电源总开关和灯的开关都打开灯才会亮。而实际中断控制寄存器各位的含义如下：EA——总中断允许/禁止位。EA=0，则禁止所有中断的响应；EA=1，则允许各中断的响应，但各中断是否真的允许响应还要看以下各位的允许情况。

例如，如果要设置允许外部中断1，定时器/计数器1中断允许，其他中断不允许，则IE可以设置为8CH，其各位状态如附图4-3所示，IE的D6、D5两位没用，可任意取值，设为00。

| EA | × | × | ES | ET1 | EX1 | ET0 | EX0 |
|---|---|---|---|---|---|---|---|
| 1 | 0 | 0 | 0 | 1 | 1 | 0 | 0 |

附图 4-3  IE 设置举例

用指令设置可以采用两种方式，字节操作指令和位操作指令，具体指令如下。

字节操作（立即寻址）　　　　位操作指令（位寻址）
MOV IE,#8CH　　　　　　　　SETB　　EA　;使 EA=1,CPU 开中断

或

MOV 0A8H,#8CH　　　　　　　SETB　　ET1　;使 ET1=1,定时器/计数器 1 允许中断
　　　　　　　　　　　　　　SETB　　EX1　;使 EX1=1,外中断 T1 允许中断

（3）中断优先级与优先级寄存器 IP

51 单片机的中断系统采用了自然优先级和人工设置高、低两级优先级的管理，即程序员可以根据任务要求设定各中断源的高、低优先级，但由于只有两级，势必有一些中断源处于同一级别，而处于同一优先级别的，就可以根据各中断源的自然优先级来确定响应中断的先后顺序。

51 单片机的中断系统规定：低优先级能被高优先级中断，高优先级不能被低优先级中断，也不能被同级中断。为了实现这样的要求，在中断系统中设置了两个不可寻址的优先级状态触发器：一个用于指示正在服务的高优先级中断，以屏蔽所有其他新的中断请求；另一个用于指示正在服务的低优先级中断，以屏蔽除高优先级中断请求以外的所有新中断请求。若 CPU 当前正在为低优先级中断服务，在开中断的条件下，它能被另一个高优先级中求。当 CPU 暂停正在执行的低中断服务程序，转去为高级中断服务，服务结束后再返回到被中断了的低级中断的服务程序，这即为中断嵌套，其执行示意图如附图 4-4 所示。

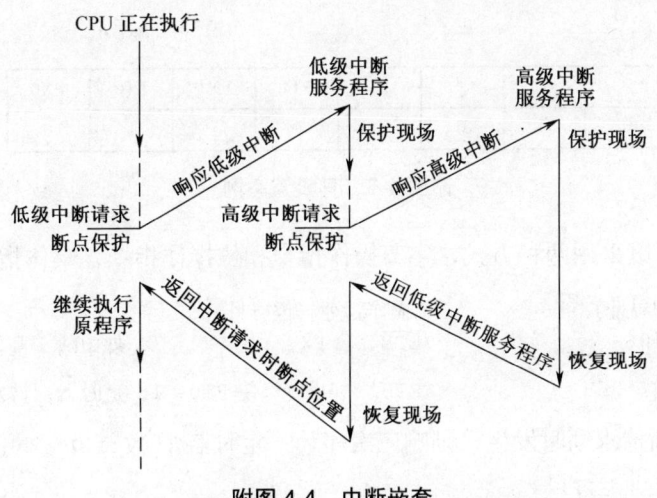

附图 4-4  中断嵌套

在 51 中断系统中，中断优先级的高、低是由特殊功能寄存器中地址为 0B8H，可进行位寻址的 8 位中断控制寄存器 IP 来控制的。IP 寄存器的格式如附表 4-2 所示。

附表 4-2　　　　　　　　　中断优先级寄存器 IP 控制字

| 位 | 名称 | 功能 | 用法 |
|---|---|---|---|
| D7 | — | 保留位 | |
| D6 | — | 保留位 | |
| D5 | PT2 | 定时器 2 中断优先级 | |
| D4 | PS | 串行口中断优先级 | |
| D3 | PT1 | 定时器 1 中断优先级 | 1：中断优先 |
| D2 | PX1 | 外部中断 1 中断优先级 | |
| D1 | PT0 | 定时器 0 中断优先级 | |
| D0 | PX0 | 外部中断 0 中断优先级 | |

5 个中断源若在同一优先级别，则由其自然优先级顺序确定优先次序，它们的自然优先级顺序如附图 4-5 所示。

| 中断标志 | 中断向量 | 中断源 | 自然优先级顺序 |
|---|---|---|---|
| IE0 | 0003H | $\overline{INT0}$ | 最高 |
| TF0 | 000BH | $T0$ | ↓ |
| IE1 | 0013H | $\overline{INT2}$ | |
| TF1 | 00IBH | $T1$ | |
| RI+TI | 0023H | 串行口 | 最低 |

附图 4-5　各中断源中断向量及自然优先级顺序

例如，假设要求将定时器/计数器 T0、外中断 1 中断源设为高优先级，其他中断源设为低优先级，则 IP 应设置为 06H，其各位状态如附图 4-6 所示，IP 的首 3 位没用，可任意取值，设为 000。

| × | × | × | PS | PT1 | PX1 | PT0 | PX0 |
|---|---|---|---|---|---|---|---|
| 0 | 0 | 0 | 0 | 0 | 1 | 1 | 0 |

附图 4-6　IP 设置举例

用指令设置可以采用两种方式，字节操作指令和位操作指令，具体指令如下。

字节操作（立即寻址）　　　　　　位操作指令（位寻址）
　　MOV IP,#06H　　　　　　　SETB　　PX1 ;使 PX1=1，外中断 1 高优先级
或　　MOV 0B8H,#06H　　　　SETB　　PT0 ;使 PT0＝1，定时器/计数器 1 高优先级

如果 5 个中断请求同时发生，则响应次序为：定时器/计数器 0→外中断 1→外中断 0 →定时器/计数器 1→串行口。

由附图 4-5 所示的各中断源的向量地址来看，MCS-51 单片机的每个中断源都有其固定的向量地址，这就如同房子装修好后，电话、电视机、炉灶等家具的位置大致都是固定的，我们要接电话、看电视都需要走到固定位置才能操作，所以，单片机要响应中断，也必须

找到相应的入口地址（中断向量地址）。现在，读者应当明白，为什么前面在设计程序时，总是采用这样的程序头了。

```
        ORG     0000H
        LJMP    START
        ORG     0030H
START:  …
        …
```

这样写的目的，就是为了跳过中断源所占用的向量地址区域。当然，在程序中没用使用中断时，程序直接从 0000H 开始写，在理论上并没有错，但在实际设计中最好不要这样写。

4．中断响应过程

CPU 在每个机器周期的 S5P2 期间，采样各中断源相应的中断标志。在下一个机器周期内进行查询。若在前一个机器周期采样到中断请求，则在查询周期内就会按中断优先级及自然优先级顺序响应最高优先的中断请求，并置相应的优先级状态触发器，同时控制程序转向对应的中断服务程序，即响应中断。中断响应的时序如附图 4-7 所示。

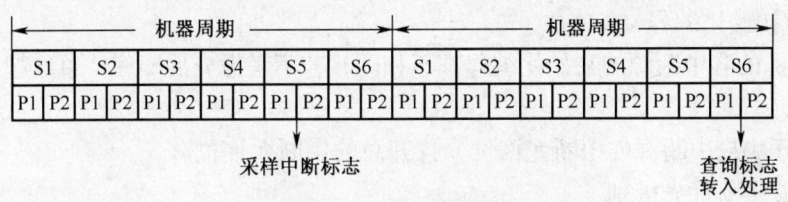

附图 4-7 中断响应时序

在下面 3 种情况下，中断将被封锁。

（1）CPU 正在处理一个同级或更高级别的中断请求。

（2）现行的机器周期不是当前正执行指令的最后一个周期。51 单片机的指令有单周期、双周期和四周期的，如果当前执行的指令是双周期或四周期的，就要等整条指令都执行完了，才能响应中断，因为中断查询是在每个机器周期都可能查到的。

（3）当前正在执行的指令是返回指令（RETI）或是访问 IP、IE 寄存器的指令，则 CPU 至少需再执行一条指令才会响应中断。因为这些指令都是与中断有关的，如果正访问 IP、IE 则可能会开、关中断或改变中断的优先级，而中断返回指令则说明本次中断还没有处理完，所以都要等该指令处理结束，至少再执行一条指令后才可以响应中断。

响应中断后，执行硬件生成的长调用指令"LCALL"，将程序计数器 PC 的内容自动压入堆栈保护（断点保护），先低位地址，后高位地址，堆栈指针 SP 加 2。然后将对应中断源的中断向量地址（如图 3-28 所列）装入程序计数器 PC，使程序转向该中断向量地址执行中断服务程序。

中断服务程序由中断向量地址开始执行，直到遇到返回指令 RETI 为止。执行 RETI 指令将恢复优先级状态寄存器，弹出断点地址送入 PC，先弹出高位地址，后弹出低位地址，栈指针 SP 减 2，恢复中断响应前原程序的执行。

说明：中断响应时间是指从查询中断请求标志位到转向中断区入口地址所需的机器周期数，一般是 3~8 个机器周期，而如果出现有同级或高级中断正在响应或服务需等待的情况，响应时间就无法计算了。一般应用时，无须考虑中断响应时间，若需精确定时才要考虑，不过可以通过仿真软件来帮助处理。

5．中断请求的撤除

CPU 响应中断请求后，在其执行中断返回指令 RETI 之前，应及时撤除中断请求，否则可能会导致再次引起中断。一般中断请求的撤除有 3 种方法，具体操作如下。

（1）单片机内部硬件自动复位。对于定时器/计数器 T0、T1 和边沿触发的外部中断 0、1 的中断请求标志，在 CPU 响应中断后，会由内部硬件自动复位。

（2）应用软件清除中断请求标志。对于串行口的接收/发送中断请求标志，在 CPU 响应中断后，内部硬件不会自动复位，所以必须在中断服务程序中通过指令来清除中断请求标志。

（3）既无硬件撤除也无软件清除。对于电平触发的外部中断 0、1 的中断请求标志，CPU 对外部中断引脚的信号既不能控制，也不能应答，故在响应中断后，必须通过其他的措施来撤除中断请求。

6．中断初始化编程

51 单片机的各中断源的初始化编程都不相同，若不考虑先后顺序，总结起来可以列为以下几个点。

（1）打开响应中断源的中断允许位、打开总的中断允许位。

（2）设置中断优先级别。

（3）若为外部中断源需考虑触发方式。

（4）若为定时器/计数器中断源需设置定时器/计数器工作模式、工作方式和计数初值。

（5）若为串行口中断源需设置通信速率和通信数据格式。

在使用中断的程序中，完整的程序结构如下所示。

```
        ORG     0000H
        LJMP    MAIN
        ORG     0003H
        LJMP    INT_0       ;转外部中断 0 中断服务程序
        ORG     000BH
        LJMP    TIMER0      ;转定时器/计数器 0 中断服务程序
        ORG     0013H
        LJMP    INT_1       ;转外部中断 1 中断服务程序
        ORG     001BH
        LJMP    TIMER1      ;转定时器/计数器 1 中断服务程序
        ORG     0023H
        LJMP    SERIAL      ;转串行口中断服务程序
        ORG     0030H
MAIN:   MOV     SP,#5FH     ;主程序
        ...
```

从各中断源的向量地址可以看出，相邻两个中断源地址之间只有 8B，而各个中断源对应的中断服务程序就要从它们各自的中断向量地址开始存放，仅 8B 的空间，对大多数中

断服务程序来说，这个空间太小，所以一般采用上面这段程序头的编写方法，让每个中断源另辟蹊径。

有时，并不是每个中断源都需要，这时就可以采用如下的程序结构。

```
        ORG     0000H
        LJMP    MAIN
        ORG     0003H
        RETI
        ORG     000BH
        LJMP    TIMER0          ;转定时器/计数器 0 中断服务程序
        ORG     0013H
        RETI
        ORG     001BH
        LJMP    TIMER1          ;转定时器/计数器 1 中断服务程序
        ORG     0023H
        LJMP    SERIAL          ;转串行口中断服务程序
        ORG     0030H
MAIN:   MOV     SP,#5FH         ;主程序
        …
```

注意：没有用外部中断 0、1，在向量地址处放一条 RETI，这样可以提高程序设计的可靠性，万一程序执行过程中"不小心"产生了中断，也不会有太大的后果。

微控制器及其应用

# 项目二　超速报警系统的设计与调试

速度测量是生活中必不可少的，车辆的里程表、工厂机器转速控制等都会涉及速度测量。某些场合不仅需要进行速度测量，还需要对速度进行限制，即当速度达到一定限值时，应及时报警提醒工作人员，以免发生事故。因此在超速报警系统这个项目中，通过分别完成速度显示、转速测量和超限报警3个模块，来学习显示接口设计、定时器/计数器、中断系统、报警接口设计等知识。

1．项目内容

设计完成一个超速报警系统，参考设计的仿真图如图2-1所示。该系统可实现2位数据动态显示速度值，3个按键设置最高速度，当实测速度超过设置最高速度时，声、光报警。由于在Proteus中没有霍尔传感器，故用Pulse输出或信号发生器输出仿真。

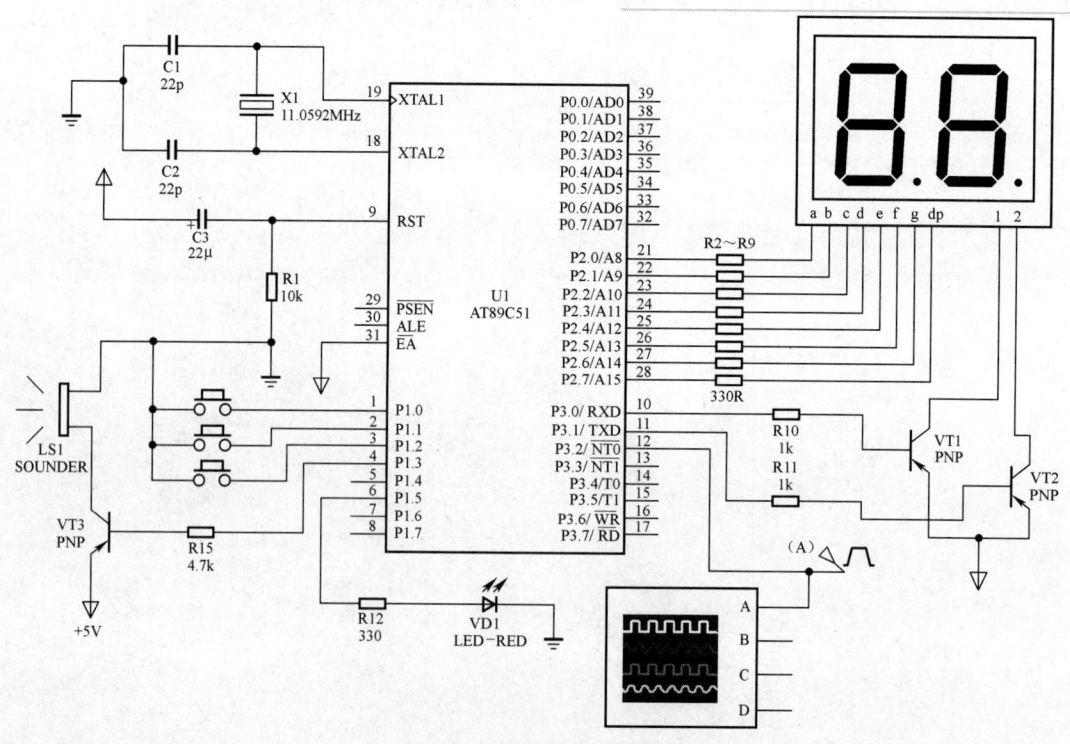

图2-1　超速报警系统仿真图

2．项目任务

任务一　速度显示模块

项目二　超速报警系统的设计与调试

任务二　转速测量模块
任务三　超限报警模块

## 任务一　速度显示模块

 任务描述

| 项　目 | 说　　明 |
|---|---|
| 主要内容 | (1) 数码管显示接口电路设计；<br>(2) 寄存器间接寻址方式，CLR 逻辑运算类指令；<br>(3) Keil C51 和 Proteus 软件的基本应用 |
| 学习条件 | (1) 单片机系统演示样机；<br>(2) 装有 Powerpoint、Keil C51 和 Proteus 等软件，能上网的计算机 |
| 学习材料 | 学习任务单、学习记录单、学习课件、参考书、笔记本 |
| 学习场地 | 教学做一体实训室 |
| 任务要求 | (1) 设计完成一速度显示模块，速度值通过 2 位数码管显示，速度值以整数形式表示；<br>(2) 设计完成一速度显示模块，速度值通过 2 位数码管显示，速度值以小数形式表示 |
| 兴趣拓展 | (1) 理解教学案例，实现数码管 9~0s 倒计时显示；<br>(2) 理解教学案例，设计一个 2 位数码管显示的 0~59s 计时秒表 |

参考电路仿真图如图 2-2 所示。

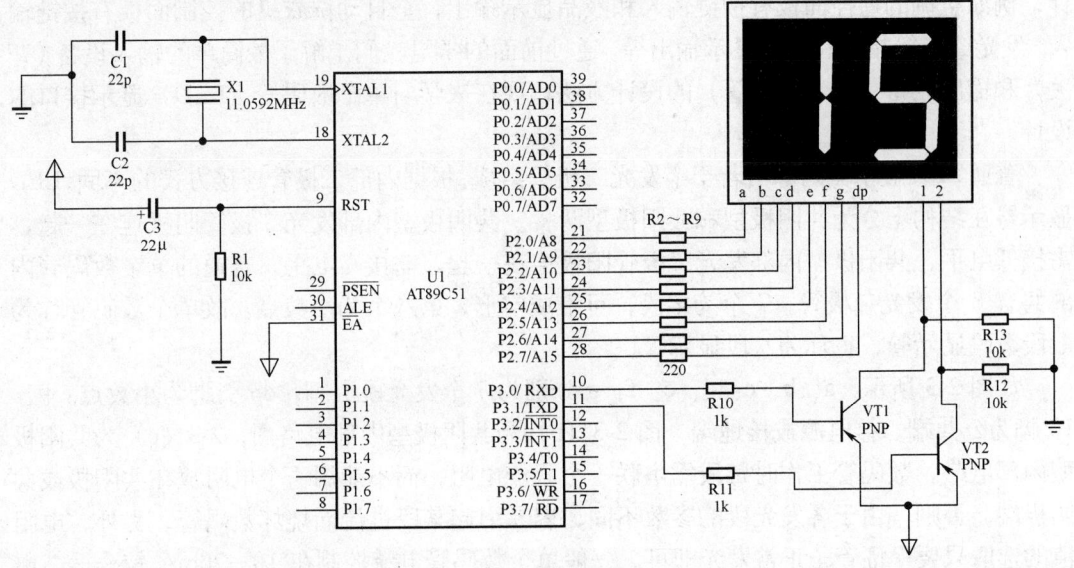

(a) 整数显示

125

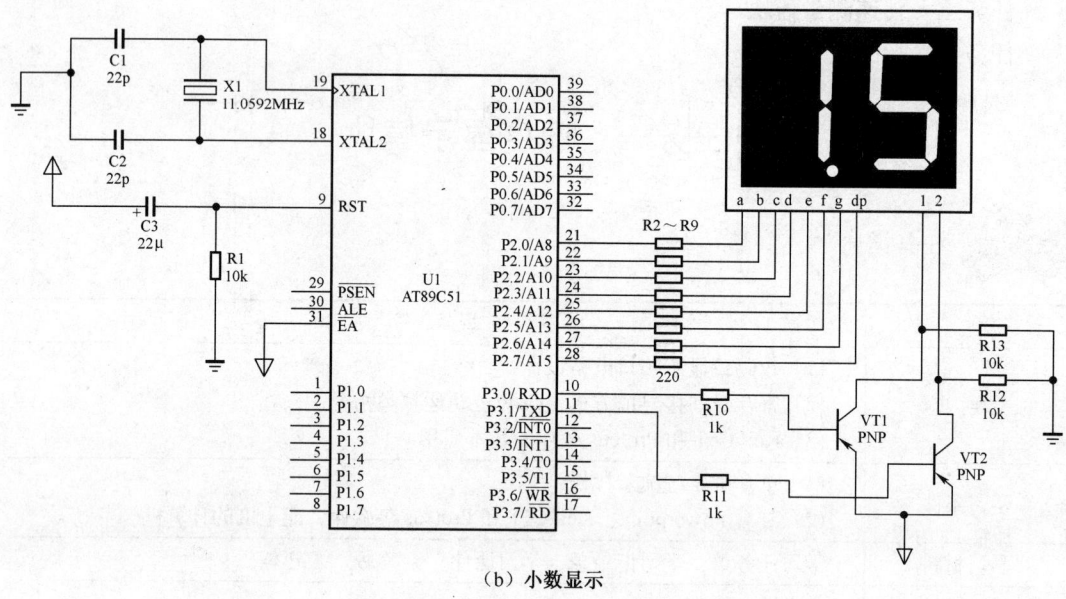

(b) 小数显示

图 2-2 速度显示仿真图

## 第一部分 任务学习引导

### 一、显示接口设计

1．单个数码管显示接口设计

(1) 单个数码管显示原理

单片机通常不会独立工作，一般的单片机系统设计都需要有人机接口（人机对话）设计，例如空调的遥控面板有按键输入和液晶显示输出，全自动洗衣机的控制面板有按键输入、发光二极管指示和数码显示输出等。通过前面的学习我们了解了最简单的输入设备（开关）和输出设备（发光二极管）的设计方法，现在来学习单个数码管（LED）显示接口的设计。

普通LED显示器内部由若干个发光二极管组成。根据内部二极管连接方式的不同，LED显示器在结构上分为共阴极型和共阳极型两种。共阴极型内部发光二极管阴极连在一起，需接低电平。共阳极型内部发光二极管阳极连在一起，需接高电平。普通的单个数码管内部共有 8 个发光二极管，7 个为字段，可组成字形，第八个为小数点，故单个数码管称为七段数码显示管，也称为八段显示管。

如图 2-3 所示，a、b、c、d、e、f、g 分别为 7 个发光段引脚，dp 引脚为小数点。9、10 脚为公共端，接电源或接地端。图 2-3 (b) 为共阴极型内部电路图，2-3 (c) 为共阳极型内部电路。数码管工作时每段需串联一个限流电阻，而不能用一个电阻放在共阳极或共阴极端。否则，由于各发光段的参数不同，容易引起某段过流而烧坏数码管。另外，电阻值的选取只要保证管子正常发光即可。一般单个数码管电流控制在 10～20mA 较合适。电流太大会加大耗电量，而电流太小又无法得到足够的发光度。

项目二 超速报警系统的设计与调试

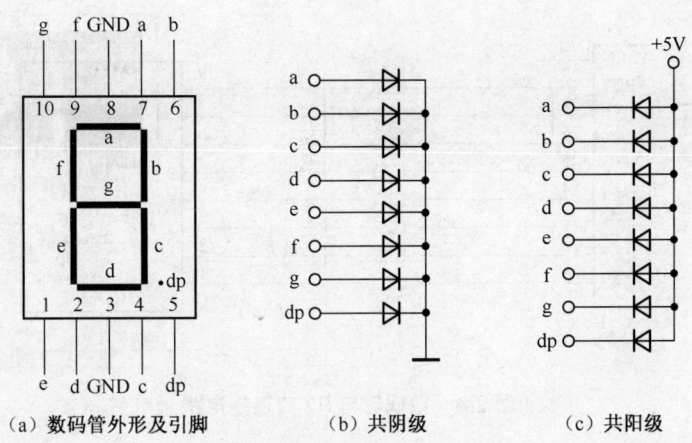

（a）数码管外形及引脚　　　（b）共阴级　　　（c）共阳级

图 2-3　数码管引脚及内部结构图

数码管发光原理分两种情况：共阴极型和共阳极型。但一般来说，不论哪种类型的二极管，要使其发光，只要阳极供高电平，阴极供低电平，电流控制在 5～20mA 之间即可。数据线 D7～D0 的信号输入到数码管 dp、g、f、e、d、c、b、a 各段，称为字段码（或称字形码、段码），数码管显示的结果为字形。如表 2-1 所示为显示字形与共阳极和共阴极两种接法的字段码对应关系，其中共阴极数码管的公共端接低电平，共阳极数码管的公共端接高电平。

表 2-1　　　　　　　　　　LED 数码管显示字形与字段码关系

| 显示字形 | 共阳极字段码 | 共阴极字段码 | 显示字形 | 共阳极字段码 | 共阴极字段码 |
|---|---|---|---|---|---|
| 0 | C0H | 3FH | 9 | 90H | 6FH |
| 1 | F9H | 06H | a | 88H | 77H |
| 2 | A4H | 5BH | b | 83H | 7CH |
| 3 | B0H | 4FH | c | C6H | 39H |
| 4 | 99H | 66H | d | A1H | 5EH |
| 5 | 92H | 6DH | e | 86H | 79H |
| 6 | 82H | 7DH | f | 8EH | 71H |
| 7 | F8H | 07H | "黑屏" | FFH | 00H |
| 8 | 80H | 7FH | | | |

若将数码管按照引脚 a、b、c、d、e、f、g、dp 的顺序分别接于单片机 P2 口的 P2.0～P2.7，如图 2-4 所示，将字型码送至 P2 口即可在数码管上显示字形。若采用共阴型数码管，公共端接低电平，执行指令"MOV　P2, #3FH"，则数码管显示"0"；若采用共阳型数码管，公共端接高电平，执行指令"MOV　P2, #0C0H"，则显示"0"。

注意：实际 AT89C51 是不能直接驱动数码管的，一般需在公共端加驱动电路，具体稍后详细介绍。但在 Proteus 中仿真时，不加驱动电路也可以实现这一效果，所以仿真和实际还是有很大差距的。

127

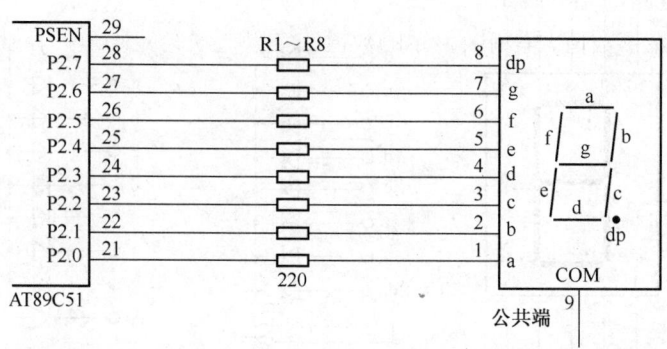

图 2-4　数码管与 P2 口连接电路

(2) 单个数码管显示应用举例

在 Proteus 中设计单个数码管显示电路，编程实现从 0~9s 计数循环显示。

① 设计思路。

分析数码管字型码表格的数据发现，0~9 虽然从数字角度看有连续递增 1 的规律，但其对应的字型码却没有规律，在处理将一些无规律的数据以一定的顺序输出时，可以采用查表的方式来实现。

② 硬件设计。

电路设计为在单片机最小系统的基础上，加上单个数码管（共阴）显示的控制电路，公共端直接接地。利用单片机 P2 口送显示值，P2.0 连接数码管 a 段，P2.1 连接数码管 b 段，依此类推，小数点不显示，设计仿真图如图 2-5 所示。

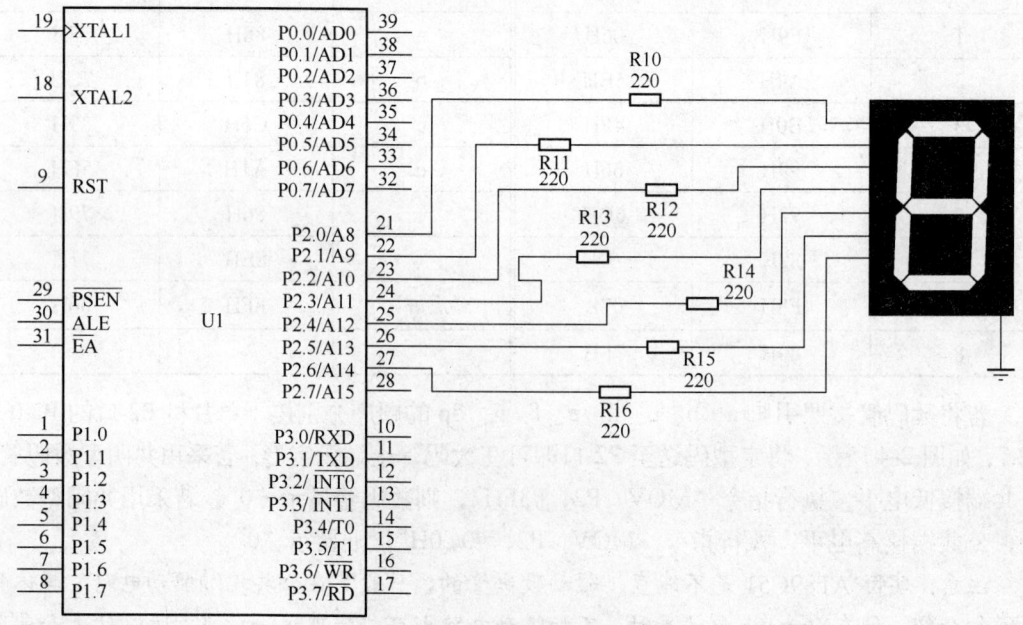

图 2-5　单个数码管显示控制

③ 流程图设计。

要让数码管显示数值，需将要显示的数值的字型码送给数码管的各段，流程图如图 2-6 所示。

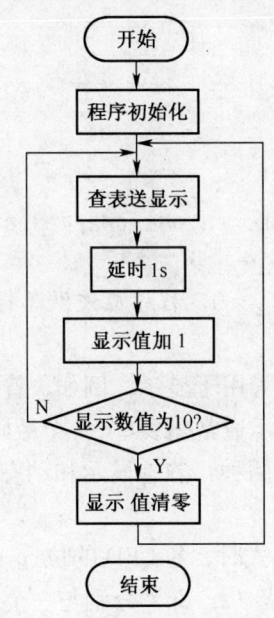

图 2-6　单个数码管显示流程图

④ 参考程序代码。

```
;****************************
;文件名：EX2_1.asm，功能：0~9s 计数循环显示
;作者：XXX
;说明：共阴数码管各段接在 P2 口
;****************************
        OFFSET  EQU     30H        ;将 30H 直接地址赋值定义存放数码管显示值的偏移量
        ORG     0000H
        LJMP    MAIN
        ORG     0030H
MAIN:   MOV     SP,#5FH            ;设置堆栈
        CLR     A
        MOV     OFFSET,A
        MOV     DPTR,#TAB          ;置表格首地址给 DPTR
LOOP:   MOV     A, OFFSET
        MOVC    A,@A+DPTR          ;查字型码表
        MOV     P2,A               ;字型码送 P2 口显示
        LCALL   DEL                ;延时 1s
        INC     OFFSET             ;修改查表偏移量
        MOV     A,OFFSET
        CJNE    A,#10,LOOP         ;判断是否超出偏移量 10，没有则转移至 LOOP
        MOV     OFFSET,#0          ;偏移量超出 10 则恢复为 0
        SJMP    LOOP               ;循环跳转至 LOOP
```

控制器及其应用

```
;************************************************
; DEL    1s 延时子程序       R0~R2（第 0 组）
;************************************************
DEL:    MOV     R0,#10
DL1:    MOV     R1,#200
DL2:    MOV     R2,#249
        NOP
        DJNZ    R2,$
        DJNZ    R1,DL2
        DJNZ    R0,DL1
        RET
TAB:    DB      3FH,06H,5BH,4FH,66H,6DH,7DH,07H,7FH,6FH
        END
```

思考：若要让数码管循环显示 9~0，程序应该做怎样的修改呢？

2．多个数码管显示接口设计

实际应用中往往需要多个数码管用于显示，例如，普通电子钟的显示就需要有 6 个数码管分别显示时、分、秒；速度显示通常需要 2~4 个数码管；温度显示通常需要 2~3 个数码管。多个数码管显示的方式有两种：静态显示和动态显示。

（1）LED 静态显示方式

LED 显示器工作于静态显示方式时，各 LED 的位选（共阴极或共阳极）连接到一起并接地或接+5V；每个 LED 的段码线（a~dp）分别与一个 8 位的锁存器输出相连。各 LED 的显示字符一经确定，则相应锁存器应锁存段码输出维持不变，直到送入新字形的段码为止。因此，静态显示器的亮度较高。这种方法的优点是编程容易，管理较简单；缺点是占用较多的 I/O 口线资源，硬件比较复杂。如要显示较多的位数，则需要增加较多的锁存器。因此在显示位数较多的情况下，一般采用动态显示方式。

任务要求：设计一个数码管静态显示电路，实现 4 个 LED 数码管分别显示"2008" 4 个数字，数码管为共阳极数码管。在 Keil C51 集成开发环境中编辑/编译控制程序，并产生代码；在 Porteus 平台里仿真系统。

① 设计思路。

比较常用的显示驱动芯片有 74LS164、CD4094+ULN2003（2803）、74HC595+ULN2003（2803）、TPIC6B595、AMT9095B 以及 AMT9595 等。另外，市场上还有一些专用的 LED 扫描驱动显示模块如 MAX7219 等。根据上面介绍的数码管静态显示方法，在仿真电路设计上，可以考虑采用 74LS273 或 74LS373 等锁存器来锁存每个数码管的段码，锁存器的选通信号由单片机的 I/O 口进行控制。位选采用直接接地的方式，设计仿真图如图 2-7 所示。软件设计上就比较简单了，只需依次选通各锁存器，并将"2008" 4 个数字的字形码依次从 P0 口送出，最终以实现 4 个 LED 数码管分别显示"2008" 4 个数字，流程图如图 2-8 所示。

注意：因为 74LS 系列器件驱动拉电流负载的能力很差只有 2.6mA 左右，无法直接驱动共阴数码管，所以在实际使用中，一般不采用这种方法驱动数码管。在器件选型时，应查阅器件的额定参数后考虑是否使用。在仿真软件中使用是没有问题的。

项目二 超速报警系统的设计与调试

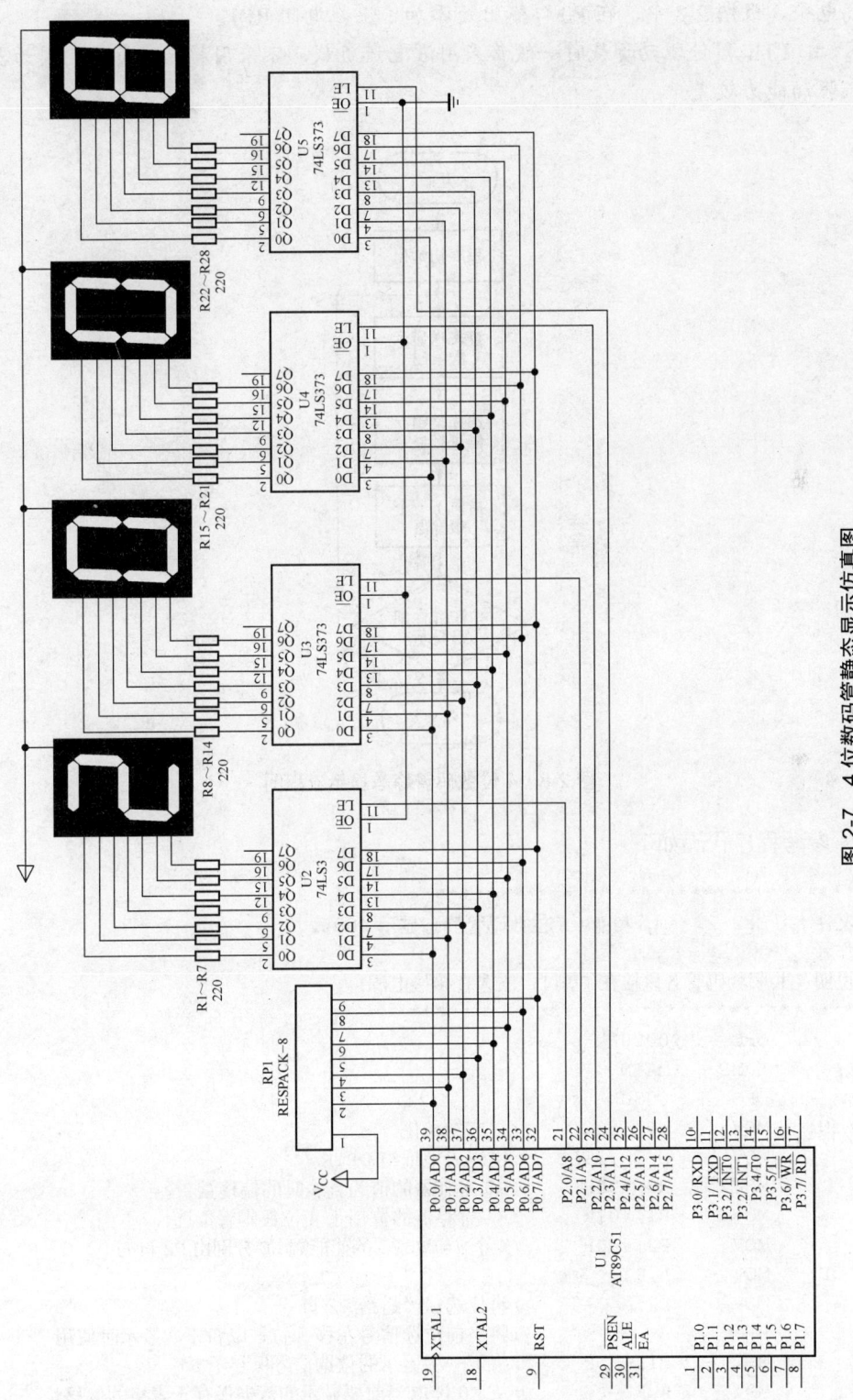

图 2-7 4 位数码管静态显示仿真图

131

- 因为 P0 口用作 I/O 口时为 OD 门输出，若不在外部加上拉电阻的话，P0 口将不能输出高电平，故图 2-8 中，在 P0 口输出处添加了上拉电阻 RP1。
- 用 TTL 器件驱动负载时一般都采用灌电流负载，不采用拉电流负载。因为器件的拉电流驱动能力较差。

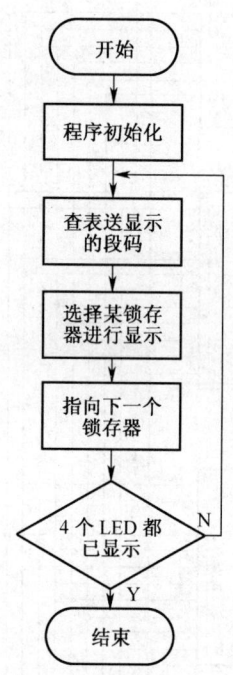

图 2-8　4 位数码管静态显示流程图

② 参考程序代码如下。

```
;****************************
;文件名：EX2_2.asm, 功能：4位数码管静态显示 2008
;作者：XXX
;说明：共阳数码管各段接在 P0 口，位选直接接电源
;****************************
        ORG     0000H
        LJMP    MAIN
        ORG     0030H
MAIN:   MOV     SP,#5FH      ;程序初始化
        MOV     DPTR,#TAB    ;段码表地址给 DPTR
        MOV     R0,#00H      ;R0 寄存器的值为查表时的偏移量
        MOV     R1,#01H      ;R1 寄存器的值用于 4 位数码管位选
        MOV     P2,#00H      ;4 个 74LS373 的使能端 LE 分别由 P2 口的 P2.0～P2.3 控制
LOOP:   MOV     A,R1
        MOV     P2,A         ;将位选信号送给 P2 口
        RL      A            ;将当前位选信号左移 1 位，以备下次显示时使用
        MOV     R1,A         ;将下一次显示的位选信号保存于 R1
        MOV     A,R0         ;从 R0 读取当前要显示的数据保存于表格的偏移量
        MOVC    A,@A+DPTR    ;查表得到当前要显示数据的段码
```

```
            MOV     P0,A                ;将当前需显示的数据的段码送至 P0 口
            INC     R0                  ;R0 加 1,调整为取下一个需显示数据的段码所在表格的
                                        ;偏移量
            MOV     P2,#00H             ;将各 74LS373 的使能端清零
            CJNE    R0,#04H,LOOP        ;判断 4 位数据都已经显示完成了没有?如没有则再次显
                                        ;示下一位数据;如完成了,则顺序往下
            SJMP    $                   ;程序结束
    TAB:    DB      0A4H,0C0H,0C0H,80H  ;需显示的数据表格
            END
```

(2) LED 动态显示方式

为了简化电路,降低成本,通常会将多个数码管的各个段码线并联在一起,由一个 8 位 I/O 口控制,形成段码线的多路复用。而各 LED 的位选线(共阴极或共阳极公共端)分别由相应的 I/O 口控制,实现各 LED 的分时选通,如图 2-9 所示。显示时采用轮流向各位数码管送出各字型的段码和相应的位选,位选选中的 LED 则显示段码对应的字符,没选中的 LED 则不显示。利用发光二极管的余辉和人眼视觉的暂留作用,使人感觉各个 LED 数码管好像是同时显示的。动态扫描显示的优点是电路简单、占用 I/O 资源少、成本低;缺点是占用 CPU 资源,软件稍复杂。

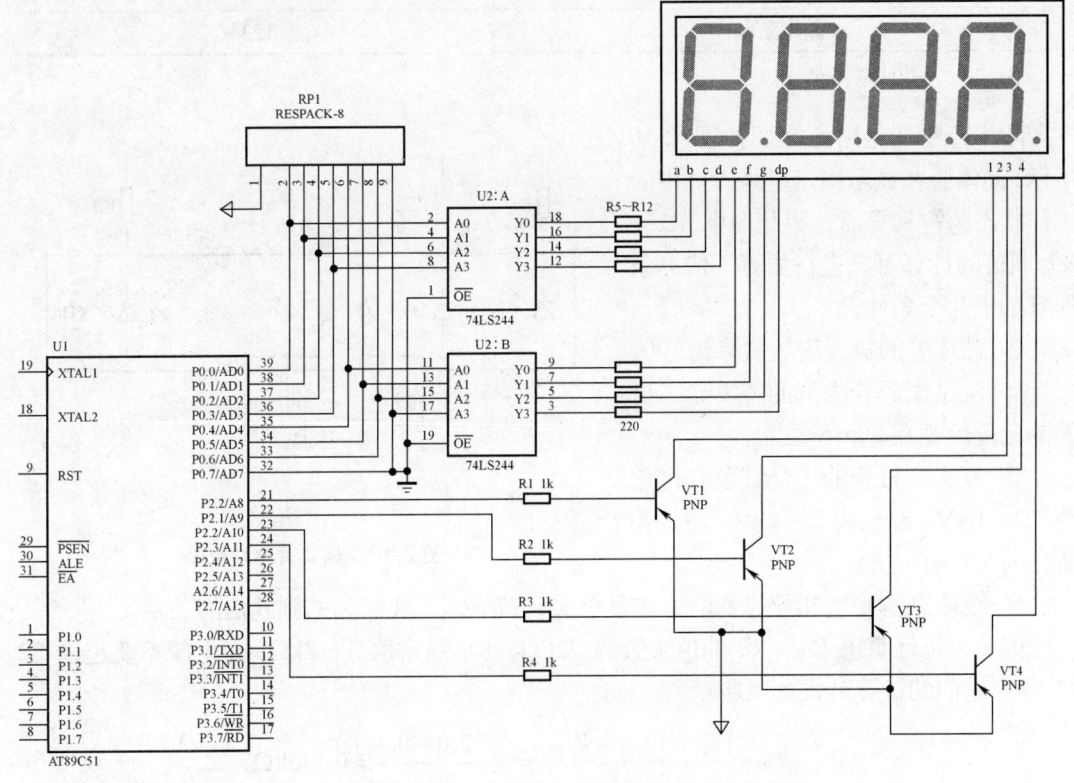

图 2-9 4 位数码管动态显示图

图 2-9 所示为由 4 个共阳极 LED 显示器组成的动态显示电路,由于每个 LED 的段码线都并联在一起,各数码管的选通是由单片机 I/O 口控制晶体管的导通/截止来实现的,

因此在某一瞬间，如果各 LED 位选都选通，4 个 LED 会显示相同的字符。但是如果要显示不同字符，则必须采用动态扫描法轮流选通各个 LED 的位选，即在某一瞬间，段码线输出想要显示字符的段码，而位选线则控制某个想要点亮的 LED（此处应选第一个），使其 COM 端为高电平。这样第一个数码管就显示了当前送入的段码对应的字符。同样在下一个时刻，让第二个 LED 被选择，其他不被选择，则第二个 LED 显示新的字符。如此轮流，使每位 LED 数码管分时显示不同的字符。如要显示"1234"，则应分时在 P0 口、P2 口轮流输入段码、位选码，如表 2-2 所示。段码、位选码每送入一次后要延时一段时间，以便让 LED 可以达到一定的亮度，一般这个时间设定为 10ms。同时不要超过 100ms，因为人眼的视觉暂留时间为 100ms，这样就可以造成视觉暂留效果，给人 4 个数码管是同时亮着的感觉。

表 2-2　　　　　　　　　动态显示段码、位码数据表

| P0 口数据 | P2 口数据 | 4 位数码管显示内容 |
| --- | --- | --- |
| F9H | 0FEH | 1 - - - |
| A4H | 0FDH | - 2 - - |
| B0H | 0FBH | - - 3 - |
| 99H | 0F7H | - - - 4 |
| 整体效果 | | 1234 |

注："-"为数码管不显示。

晶体管驱动电路原理图如图 2-10 所示，晶体管在显示接口电路设计中的工作状态为饱和导通，因此图中 R1～R9 阻值的计算可以进行估算，估算条件有如下几个条件。

① 晶体管的放大倍数估算为 100。

② 流过数码管内部的各发光二极管的电流控制在 20mA 左右。

③ 发光二极管的压降红色和橙色为 1.2～1.8V，绿色为 2～2.2V，白色和蓝色为 3.6～4V。

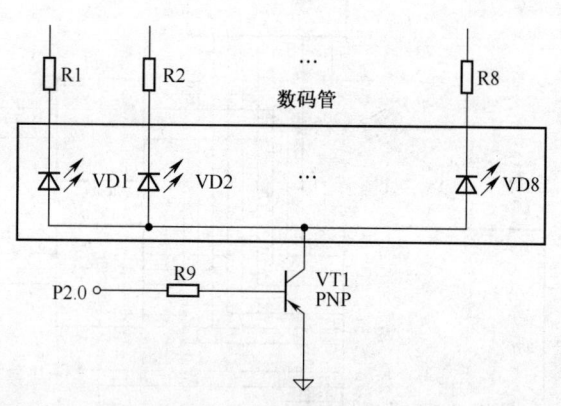

图 2-10　晶体管驱动电路

④ 要使晶体管饱和导通，则 $I_b$ 需足够大，$\beta I_b > I_{cm}$，实际为一到几倍的关系。

因此，可计算出 R1～R8 的值大致为 220Ω，R9 通常取 1～2kΩ，$I_b$ 电流不要超过 P2 口 $Io_1$。它们的计算公式如下所示。

$$R1 \sim R8 = \frac{V_{CC} - V_{LED} - V_{CES}}{20\text{mA}} = \frac{5 - 2.0 - 0.3}{20} = 0.135\text{k}\Omega$$

$$R9 \leq \frac{V_{CC} - V_{OL} - V_{EE}}{20\text{mA}/\beta} = \frac{5 - 0.8 - 0.7}{20/100} = 17.5\text{k}\Omega$$

$$R9 \geqslant \frac{V_{CC} - V_{OL} - V_{EE}}{I_{OL}} = \frac{5 - 0.8 - 0.7}{15\text{mA}} = 0.233\text{k}\Omega$$

仿真问题说明：

数字电路仿真与模拟电路仿真是不同的，数字电路仿真只仿真逻辑关系。PNP 和 NPN 晶体管一般只用于模拟电路仿真，它们的属性只有模拟属性。

解决方法：

① 晶体管集电极对地接一个电阻就可实现正常的逻辑关系；

② 仿真时不用晶体管，用一个反相驱动器。

任务要求一：在 Proteus 中设计如电路图 2-9 所示的数码管动态显示电路，实现 4 个 LED 数码管分别显示"1234"4 个数字，P0 口输出段选码，P2 口输出位选码，数码管为共阳极数码管。在 Keil 集成开发环境中编辑/编译控制程序，并产生代码；在 Porteus 平台里仿真系统。

① 设计思路。

根据前面所讲述的动态显示方法，以及数码管静态显示时所采用的查表显示方法实现任务要求，设计效果图如图 2-11 所示，流程图如图 2-12 所示。

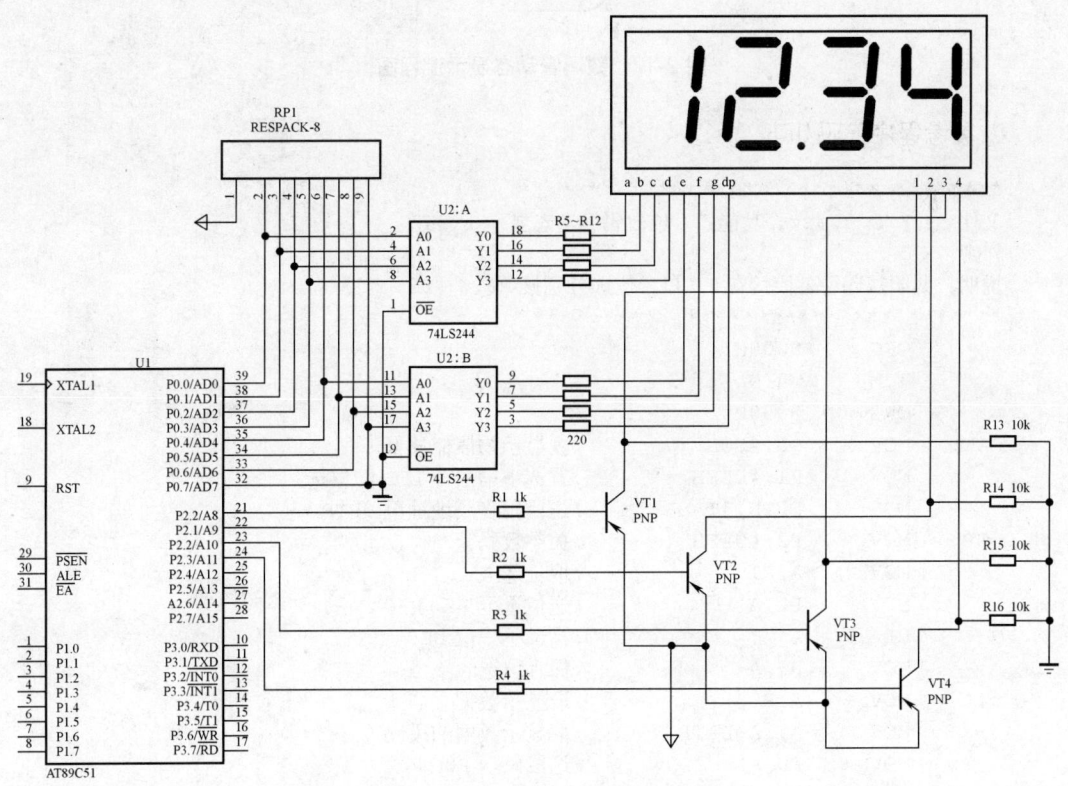

图 2-11　数码管动态显示仿真效果图

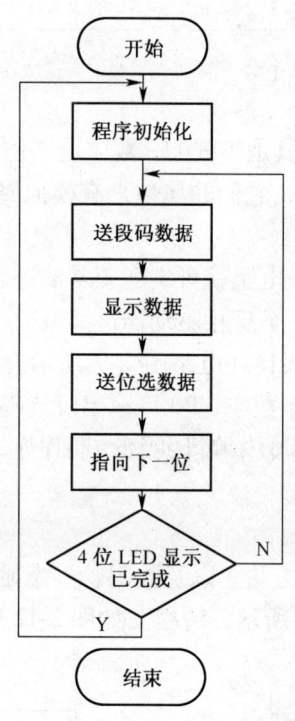

图 2-12 数码管动态显示流程图

② 参考程序代码如下。

```
;************************************
;文件名:EX2_3.asm,功能:4位数码管动态显示1234
;作者:XXX
;说明:共阳数码管各段接在P0口,位选分别接P2.0~P2.3
;************************************
        ORG     0000H
        LJMP    MAIN
        ORG     0030H
MAIN:   MOV     R0,#00H         ;置显示初值偏移量
        MOV     R1,#0FEH        ;置选中第一个LED的位选
        MOV     DPTR,#TAB       ;送段码表头地址至DPTR
LOOP:   MOV     P2,#0FFH        ;关闭数码管
        MOV     A,R1            ;取位选
        MOV     P2,A            ;送位选至P2口
        RL      A               ;指向下一位LED
        MOV     R1,A            ;保存位选
        MOV     A,R0            ;取显示数据
        MOVC    A,@A+DPTR       ;取显示数据的段码
        MOV     P0,A            ;送段码至P0口
        LCALL   DELAY10MS       ;延时10ms
        INC     R0              ;显示数据加1
        CJNE    R0,#4,LOOP      ;要显示的4位数据显示未完,则继续
        SJMP    MAIN            ;显示完4位数据,从头重新开始显示
```

# 项目二 超速报警系统的设计与调试

```
DELAY10MS:                  ;延时10ms
        MOV    R7,#10
DEL1:   MOV    R6,#50
        DJNZ   R6,$
        DJNZ   R7,DEL1
        RET
TAB:    DB     0F9H,0A4H,0B0H,99H;字型段码表
        END
```

思考：数码管静态显示与动态显示在这两个例程中的主要区别是什么？

任务要求二：在 Proteus 中设计如电路图 2-9 所示的数码管动态显示电路，实现 4 个 LED 数码管分别显示"12.34" 4 个数字。

① 设计思路。

要在 4 个数码管的其中一位上显示小数点，方法其实有很多种，这里只举例说明其中一种方法，读者也可自己试验通过其他方法来实现。

为了能是 4 个数码管显示仍能用同样的方法进行循环显示，可以通过判断显示控制位是否到达第 2 个数码管，如果到达，则使其小数点显示，否则，不显示小数点。

② 仿真图。

图 2-13 所示为带小数点的 4 位数码管显示仿真图。

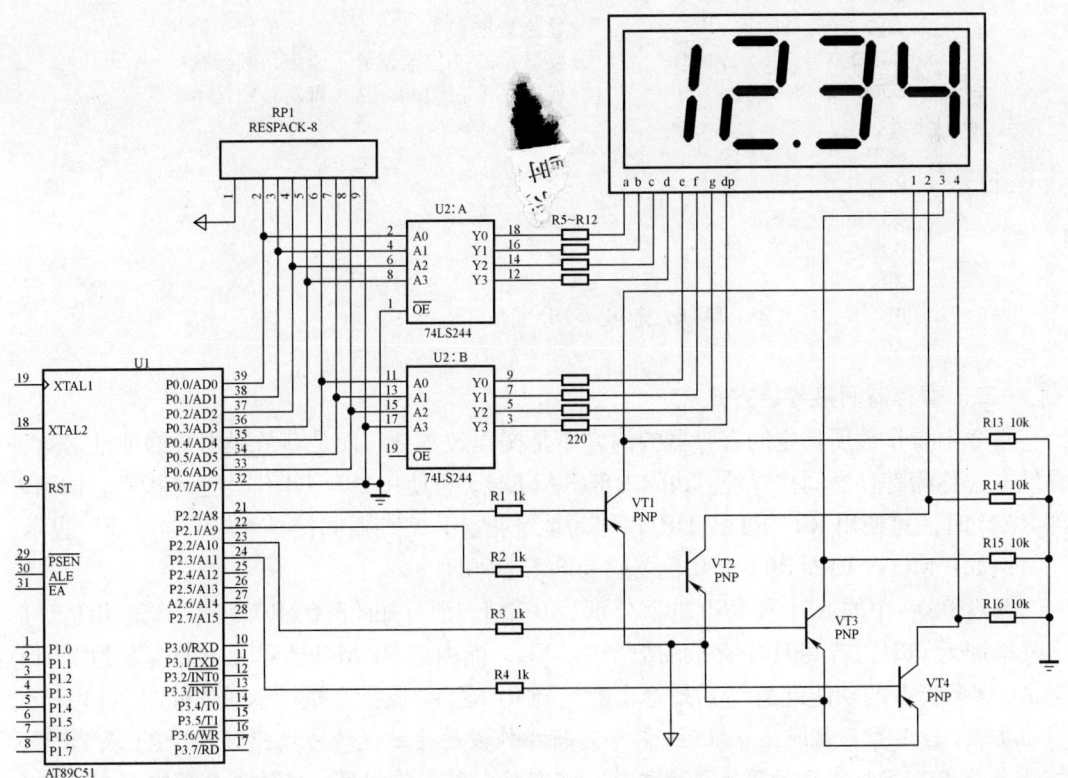

图 2-13 带小数点的 4 位数码管显示仿真图

③ 参考程序代码。

```
;****************************************
;文件名：EX2_4.asm，功能：4位数码管动态显示12.34
;作者：XXX
;说明：共阳数码管各段接在P0口，位选分别接P2.0～P2.3
;****************************************
            ORG     0000H
            LJMP    MAIN
            ORG     0030H
MAIN:       MOV     R0,#00H         ;置显示初值偏移量
            MOV     R1,#0FEH        ;置选中第一个LED的位选
            MOV     DPTR,#TAB       ;送段码表头地址至DPTR
LOOP:       MOV     P2,#0FFH        ;关闭数码管
            MOV     A,R1            ;取位选
            MOV     P2,A            ;送位选至P2口
            RL      A               ;指向下一位LED
            MOV     R1,A            ;保存位选
            MOV     A,R0            ;取显示数据
            MOVC    A,@A+DPTR       ;取显示数据的段码
            CJNE    R0,#1,NEXT      ;判断是否为第2位数码管，否则跳NEXT
            CLR     ACC.7           ;显示小数点
NEXT:       MOV     P0, A           ;送段码至P0口
            LCALL   DELAY10MS       ;延时10ms
            INC     R0              ;显示数据加1
            CJNE    R0,#4,LOOP      ;要显示的4位数据显示未完，则继续
            SJMP    MAIN            ;显示完4位数据，从头重新开始显示
DELAY10MS:
            MOV     R7,#10
DEL1:       MOV     R6,#50
            DJNZ    R6,$
            DJNZ    R7,DEL1
            RET
TAB:        DB      0F9H,0A4H,0B0H,99H;字型段码表
            END
```

### 二、寄存器间接寻址方式

指令中操作数所指定的寄存器的内容不是操作数本身，而是存放操作数的地址，这种寻址方式称为寄存器间接寻址。访问内部RAM时，可使用R0、R1作为地址指针，访问外部RAM时，可使用R0、R1或DPTR作为地址指针，寄存器间接寻址用符号"@"表示。

例如：MOV P1,@R0    ;机器码为86H，90H

假设PSW中的RS1和RS0的值分别为0和1，则可知此时的R0是属于第一组的，那么其地址为08H。若08H中存放的数据为7FH，而内部RAM7FH单元中的内容为27H，那么，这条指令的功能就是将27H这个数送到P1端口。该指令执行示意图如图2-14所示。

要点：当用寄存器间接寻址时，需事先将操作数的地址送给地址指针R0、R1或DPTR。并且当用R0、R1寄存器间接寻址之前，需有确定其工作组区。工作寄存器中只有R0和R1才可使用寄存器间接寻址方式。

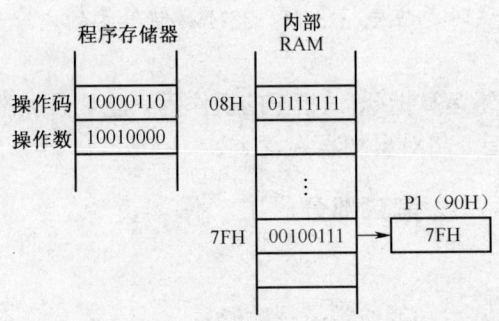

图 2-14 寄存器间接寻址方式指令执行示意图

可以将前面 4 个数码管动态显示 1234 的程序代码换成下面这段程序，通过在 Keil 中仿真以下程序来帮助理解寄存器间接寻址方式指令的执行情况。

```
;*******************************
;文件名：EX2_5.asm，功能：4 位数码管动态显示 1234
;作者：XXX
;说明：共阳数码管各段接在 P0 口，位选分别接 P2.0~P2.3
;假设要显示的内容依次存放在 30H~33H 直接地址单元里，采用间接寻址实现
;*******************************
        ORG     0000H
        LJMP    MAIN
        ORG     0030H
MAIN:   MOV     30H,#1
        MOV     31H,#2
        MOV     32H,#3
        MOV     33H,#4
        MOV     R0,#30H         ;置显示初值存放地址
        MOV     R1,#01H         ;置选中第一个 LED 的位选
        MOV     DPTR,#TAB       ;送段码表头地址至 DPTR
LOOP:   MOV     A,R1            ;取位选
        MOV     P2,A            ;送位选至 P2 口
        RL      A               ;指向下一位 LED
        MOV     R1,A            ;保存位选
        MOV     A,@R0           ;取显示数据
        MOVC    A,@A+DPTR       ;取显示数据的段码
        MOV     P0,A            ;送段码至 P0 口
        LCALL   DELAY10MS       ;延时 10ms
        INC     R0              ;显示数据加 1
        CJNE    R0,#34H,LOOP    ;要显示的 4 位数据显示未完，则继续
        SJMP    MAIN            ;显示完 4 位数据，从头重新开始显示
DELAY10MS:                      ;延时 10ms
        MOV     R7,#10
DEL1:   MOV     R6,#50
        DJNZ    R6,$
        DJNZ    R7,DEL1
        RET
TAB:    DB      0C0H,0F9H,0A4H,0B0H,99H ;字型段码表
        END
```

注意：这段程序在调试时，应先将 30H～33H 存储单元的内容设置好。

### 三、CLR 清零指令

CLR 清零指令属于逻辑运算指令，该指令的操作码只能是累加器 A，其指令格式为 CLR A，意思是若执行该指令将对累加器 A 清零。

## 第二部分 工 作 页

**步骤一 任务分析**

单片机应用系统中的显示功能通常是用数码管实现的，本设计任务的要求是利用单片机控制数码管显示速度值，而数码管的显示原理和发光二极管的原理一样，显示接口设计参考学习引导。需要注意的是数码管的驱动设计和动态显示的控制。

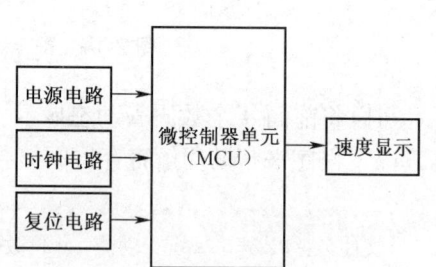

图 2-15 速度显示系统框图

**步骤二 绘制电路图**

显示速度值的仿真电路图前面已经给出，如图 2-2 所示。

**步骤三 设计流程图**

速度显示流程图如图 2-16 所示。

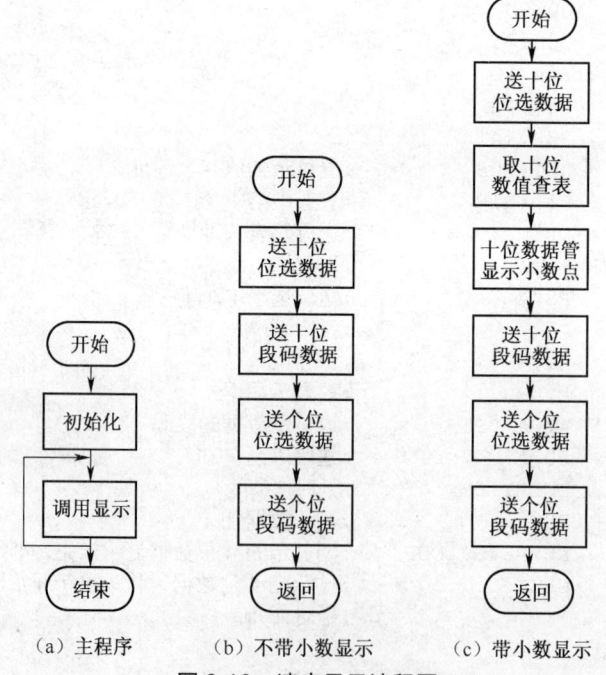

图 2-16 速度显示流程图

**步骤四 编写控制程序**

```
;*********************************
;文件名：EX2_6.asm，功能：速度显示（整数）
```

```
;作者：XXX
;说明：数码管接在 P2 口，位选用 P3.0 和 P3.1
;*******************************
        ORG     0000H
        LJMP    START
        ORG     0030H
START:  MOV     SP,#60H
        MOV     DPTR,#TABLE     ;DPTR 指向显示字符表
        MOV     30H,#1          ;显示初值
        MOV     31H,#5
LOOP:   LCALL   DISPLAY         ;调用显示子程序
        SJMP    LOOP
DISPLAY:                        ;显示子程序
        SETB    P3.1
        SETB    P3.0
        CLR     P3.0
        MOV     A,30H
        MOVC    A,@A+DPTR
        MOV     P2,A
        LCALL   DELAY
        SETB    P3.0
        SETB    P3.1
        CLR     P3.1
        MOV     A,31H
        MOVC    A,@A+DPTR
        MOV     P2,A
        LCALL   DELAY
        RET
;*****************************
;延时子程序
;延时时间为 10ms
;*****************************
DELAY:  MOV     R7,#50
LR1:    MOV     R6,#100
        DJNZ    R6,$
        DJNZ    R7,LR1
        RET
TABLE:  DB      0C0H,0F9H,0A4H,0B0H,99H,92H,82H,0F8H,80H,90H
        END
;**********************************
;文件名：EX2_7.asm，功能：速度显示（小数）
;作者：XXX
;说明：数码管接在 P2 口，位选用 P3.0 和 P3.1
;**********************************
        ORG     0000H
        LJMP    START
        ORG     0030H
START:  MOV     SP,#60H
        MOV     DPTR,#TABLE     ;DPTR 指向显示字符表
```

```
            MOV     30H,#1              ;显示初值
            MOV     31H,#5
LOOP:       LCALL   DISPLAY             ;调用显示子程序
            SJMP    LOOP
DISPLAY:                                ;显示子程序
            SETB    P3.1
            SETB    P3.0
            CLR     P3.0
            MOV     A,30H
            MOVC    A,@A+DPTR
            CLR     ACC.7
            MOV     P2,A
            LCALL   DELAY
            SETB    P3.0
            SETB    P3.1
            CLR     P3.1
            MOV     A,31H
            MOVC    A,@A+DPTR
            MOV     P2,A
            LCALL   DELAY
            RET
;*****************************
;延时子程序
;延时时间为10ms
;*****************************
DELAY:      MOV     R7,#50
LR1:        MOV     R6,#100
            DJNZ    R6,$
            DJNZ    R7,LR1
            RET
TABLE:      DB      0C0H,0F9H,0A4H,0B0H,99H,92H,82H,0F8H,80H,90H
            END
```

**步骤五 系统调试**

调试方法和前面的一样，这里就不再赘述。

## 第三部分 练 习 页

根据前面的学习，请独立完成练习要求。

| 项目名称 | | 任务名称 | |
|---|---|---|---|
| 班 级 | | 小组编号 | 完成时间 | |
| 完成人员 | | | 教师评价 | |
| 练习要求 | （1）P2 口控制单个共阴数码管各段，连接方式采用 P2.7-a，P2.6-b，…，P2.1-g，编写程序实现数码管循环显示 9~0；<br>（2）设计实现用 6 个共阳数码管显示动态显示"_HELLO"；<br>（3）理解教学案例，设计一款 6 位数码管显示的 24h 制时钟 | | | |

## 项目二 超速报警系统的设计与调试

| 设计工作过程 ||
|---|---|
| 任务分析 | |
| 结构框图 | |
| 关键器件选型及参数计算 | |
| 硬件设计 | |
| 软件设计 | |
| 系统调试 | |
| 存在的困难与问题 | |
| 注意事项 | |
| 备注: | |

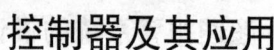

## 任务二  转速测量模块

 任务描述

| 项　目 | 说　明 |
|---|---|
| 主要内容 | （1）霍尔传感器测速应用；<br>（2）单片机定时器及中断应用；<br>（3）转速测量方法；<br>（4）堆栈指令、算术运算类指令；<br>（5）十六进制转 BCD 码；<br>（6）Keil C51 和 Proteus 软件的基本应用 |
| 学习条件 | （1）单片机系统演示样机；<br>（2）装有 Powerpoint、Keil C51 和 Proteus 等软件，能上网的计算机 |
| 学习材料 | 学习任务单、学习记录单、学习课件、参考书、笔记本 |
| 学习场地 | 教学做一体实训室 |
| 任务要求 | 电动自行车（以下简称电动车）的限制速度一般在 40km/h 以下，显示采用 2 位数码管，假定车轮周长为 2m，在电动机轴上安装测速转盘，在测速转盘上均匀放置 10 个磁钢，这样电动机每转动一圈，测速采集电路送给单片机 10 个脉冲信号。转速测量仿真电路图如图 2-17 所示。用测频法实现转速测量，并显示测量数据 |
| 兴趣拓展 | 理解教学案例，更换转速测量装置的设计，实现转速测量。例如，假定车轮周长为 2m，在电动机轴上安装测速转盘，在测速转盘上均匀放置 4 个磁钢，这样电动机每转动一圈，测速采集电路送给单片机 4 个脉冲信号。转速显示值的单位为"m/s" |

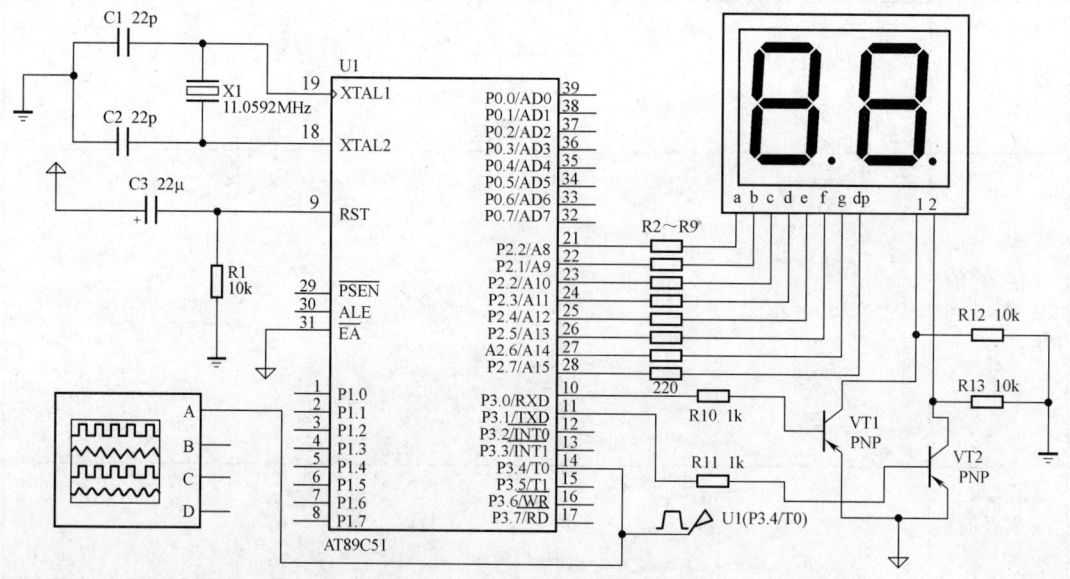

图 2-17　转速测量仿真电路图

# 项目二　超速报警系统的设计与调试

## 第一部分　任务学习引导

### 一、霍尔传感器的测速应用

为了能精确地测量转速，且要保证测量的实时性，要求能测得瞬时转速，转速测量方法分为模拟式和数字式两种，模拟式采用测速发电机为检测元件，得到的信号是电压量，而数字式通常采用光电编码器、圆光栅和霍尔元件等为检测元件，得到的信号是脉冲信号，随着微型计算机的广泛应用，特别是高性价比的单片机的涌现，转速测量普遍采用了以单片机为核心的数字法，智能化微型计算机式代替了一般机械式或模拟量结构。

转速传感器从原理（或器件）上来分，有磁电感应式、光电效应式、霍尔效应式、磁阻效应式以及介质电磁感应式等。另外还有间接测量转速的转速传感器，如加速度传感器（通过积分运算，间接导出转速）和位移传感器（通过微分运算，间接导出转速）等。测速发电机和某些磁电传感器在线性区域，可以直接通过交流有效值转换，来测量转速；大多数都输出脉冲信号（近似正弦波或矩形波）。针对脉冲信号测转速的方法有频率积分法（也就是F/V转换法，其直接结果是电压或电流）和频率运算法（其直接结果是数字）。

转速信号的检测有很多种方法，每种方法都有自己的特点。这里主要介绍利用霍尔器件来检测转速的方法。

霍尔器件结构图如图2-18所示，霍尔器件具有对磁场敏感，结构简单、体积小、频响宽、动态范围大（输出电势的变化大）、无活动部件、使用寿命长等优点，用它可以检测磁场及其变化。霍尔线性器件的精度高、线性良好；霍尔开关器件无触点、无磨损、输出波形清晰、无抖动、无回跳、位置重复精度高。因此在测量技术、自动化技术等方面有着广泛的应用。

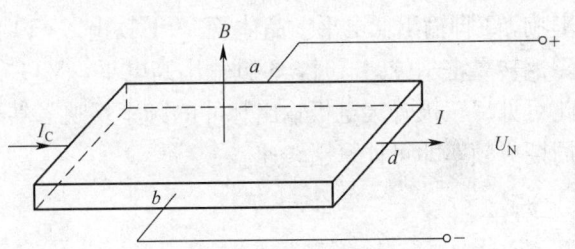

图2-18　霍尔器件结构图

霍尔器件是用半导体材料制成的一种薄片，器件的长、宽、高分别为 $L$、$B$、$D$。若在垂直于薄片平面（沿厚度 $D$）方向施加外加磁场 $B$，在沿 $L$ 方向的两个端面加以外电场，则有一定的电流经过。由于电子在磁场中运动，所以将受到一个洛仑兹力，其大小为

$$FL = QVB$$

式中，$FL$ 为洛仑磁力；$Q$ 为载流子电荷；$V$ 为载流子运动速度；$B$ 为磁感应强度。

这样使电子的运动轨迹发生偏移，在霍尔元器件薄片的两个侧面分别产生电子积聚或电荷过剩，形成霍尔电场，霍尔器件两个侧面间的电位差 UH 称为霍尔电压。

霍尔电压大小为 $UH = RH \times I \times B/D$(mV)

式中，$RH$ 为霍尔常数；$D$ 为元件厚度；$B$ 为磁感应强度；$I$ 为控制电流

设 $KH = RH/D$，则 $UH = KH \times I \times B$(mV)

$KH$ 为霍尔器件的灵敏系数（mV/mA/T），表示该霍尔器件在单位磁感应强度和单位控制电流下输出霍尔电动势的大小。当电磁感应强度 $B$ 反向时，霍尔电动势也反向。若控制

电流保持不变,则霍尔感应电压将随外界磁场强度而变化。

本任务的转速测量考虑用霍尔集成元件作为传感器,主要因其本身不怕灰尘,适合露天场地,且体积小,价格便宜,可单电源供电,使用极其方便。

利用霍尔器件测量转速的方案很多。其一是将永久磁铁装在旋转体上,霍尔器件装在永久磁铁旁,相隔1cm左右,如图2-19所示。当永久磁铁通过霍尔器件时,霍尔器件输出一个电脉冲。由脉冲信号的频率便可得到转速值。

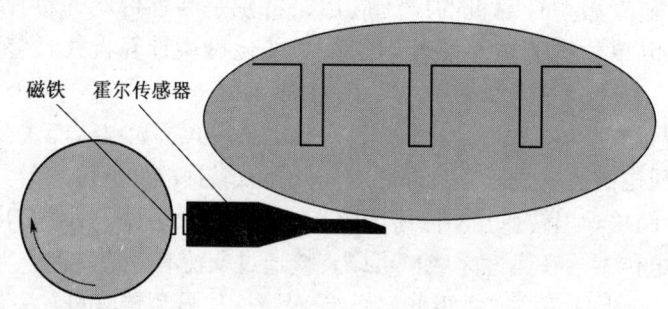

图2-19 霍尔传感器转速测量

测量电路如图2-20所示,其中$H_1$为霍尔传感器,其1、2脚为电源端,3脚为信号输出端。当转盘随轴旋转,固定在转盘上的磁钢接近霍尔传感器时,受到磁钢所产生的磁场影响,3脚输出低电平,晶体管VT1截止,VT1的集电极输出高电平。相反,当转盘上的磁钢转离霍尔传感器时,3脚输出高电平,VT1饱和导通,VT1的集电极输出低电平。由此可见,三极管集电极输出脉冲的频率反映了转速的大小,并与转速成正比,测出脉冲的周期或频率即可计算出转速。

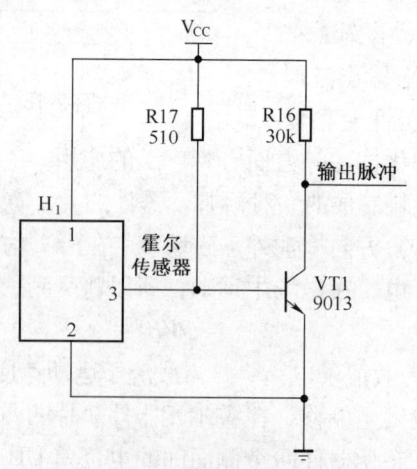

图2-20 转速测量电路

### 二、转速的测量的方法

转速的测量方法有常用的有F/V转换法和频率测量法。

F/V转换法的原理是转速传感器输出的脉冲信号,通过频率-电压转换,输出与转速成比例的电压信号,并送显示器显示。

频率测量法的原理是转速传感器输出的脉冲信号,通过定时计数法(测频法)、定数计时法(测周法)或同步计数计时法计算出转速送显示器显示。

定时计数法(测频法)在测量上有±1个脉冲的误差,低速时误差较大;定数计时法(测周法)也有±1个时间单位的误差,在高速时,误差也很大。

同步计数计时法综合了上述两种方法的优点,在整个测量范围都达到了很高的精度,万分之五以上的测量转速仪表基本都是这种方法。下面以定时计数法(测频法)为例进行介绍。

如图2-21所示,被测信号通过放大整形进入加法计数器;晶体振荡器的频率信号通过分频产生秒(或分)信号,在计数显示控制器中生成寄存脉冲和清零脉冲。寄存脉冲将加法计数器的BCD码送入寄存器,通过译码驱动,LED数码管显示一秒(或分)内的计数值,直到下一次寄存脉冲的到来;紧接着清零,进行下一轮计数、寄存(译码显示);如此,不间断测频。如果考察一下这些信号的时序,不难发觉这种定时计数测量方法的缺陷是被计数脉冲有多一或少一的误差。如果被测频率为10 000Hz,多一或少一的误差,相对来讲只不过万分之一;但如果被测频率为2Hz,多一或少一的误差,相对来讲就达到了50%,不难看出频率越低,误差越大。但把采样时间1s变成1min,误差就会变小一点。低频时,如不延长采样时间,要提高精度就要采用测周的方法,这种方法读者可以查阅其他资料。

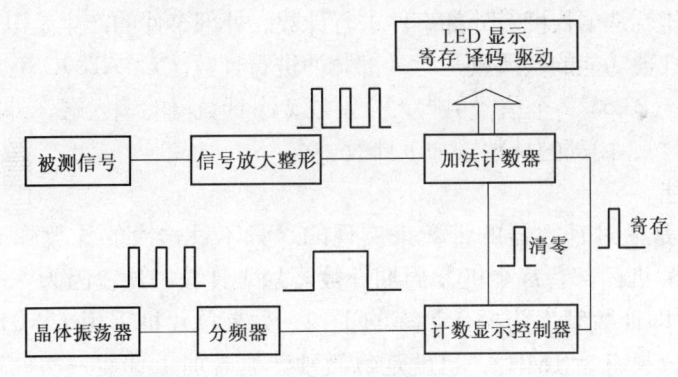

图 2-21　测频原理

### 三、定时器/计数器及中断的应用

1. AT89C51 单片机的定时器/计数器结构

经过前面知识的学习,我们掌握了AT89C51单片机的一些基本应用,设计中所需的延时都是用软件延时的方法实现的,占用了CPU大量的时间,使CPU的效率降低,而本节的任务要求系统能实时显示测量的速度值。稍微分析一下就可以得出CPU需要完成速度信号采集和计算、数码管显示等多个任务,这时如果还让CPU花费大量时间来做一些无谓的延时就不现实了,所以希望能有一种机构能代替CPU来实现延时的控制。AT89C51单片机内设置了2个16位的可编程的定时器/计数器,它可以在CPU给出具体要求后独立完成延时的工作,而且还具有计数的功能,可以用来计数的脉冲数,这样就可以很方便地解决更多问题,大大提高CPU的工作效率。

AT89C51 单片机定时/计数器的结构框图如图 2-22 所示。

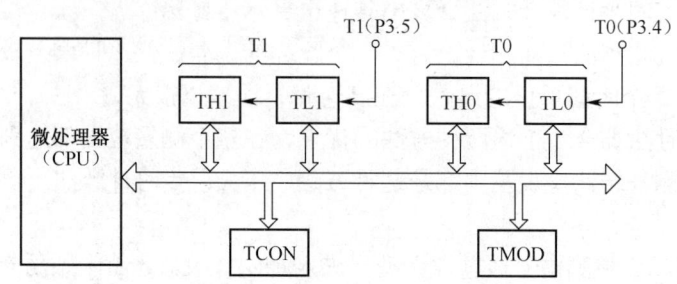

图 2-22 定时器/计数器的结构框图

AT89C51 单片机内部设置了两个 16 位可编程的定时器/计数器 T0 和 T1，具有定时和计数两种工作模式以及 0～3 共 4 种工作方式，用户可通过软件对相应的控制寄存器 TCON 和 TMOD 编程，来选择合适的工作模式和工作方式。定时器/计数器 T0 由 TL0、TH0 构成，定时器/计数器 T1 由 TL1、TH1 构成。TCON 和 TMOD 都是特殊功能寄存器，系统复位时，寄存器的所有位都被清零。

（1）计数功能

所谓计数功能就是单片机对外部事件进行计数。外部事件的产生是以脉冲的形式输入单片机的，因此计数功能的实质就是对外部脉冲进行计数。对 AT89C51 单片机来说，有 T0（P3.4）和 T1（P3.5）2 个信号引脚，分别是 2 个计数器的输入端，外部每输入 1 个脉冲（负跳变时有效），内部的计数器加 1 计数一次。

（2）定时功能

定时功能也是通过计数器的计数来实现的，只不过这次的计数脉冲不是外部的脉冲，而是来自单片机内部，每个机器周期计数器加 1 计数一次。因为一个机器周期等于 12 个振荡周期，即计数频率为振荡频率的 1/12，如果单片机采用 12MHz 晶振，则机器周期为 1μs，计数频率为 1MHz，也就是每微秒计数器加 1 计数一次。这样，就可以很方便地根据计数次数计算出定时时间，也可以倒过来根据定时时间要求，计算出计数器的初始值。

注意：任何计数器都有一定容量的限制，AT89C51 单片机中的计数器是 16 位的，因此最大计数容量为 $2^{16}$（65 536）。

AT89C51 单片机中的计数器是加 1 计数器，当其累加到最大计数容量时，再加 1 一次就会溢出，同时产生溢出标志（TF0 或 TF1 变为"1"）。

（3）工作方式寄存器 TMOD

在单片机中有两个特殊功能寄存器与定时/计数有关，即 TMOD 和 TCON，TMOD 和 TCON 是寄存器名称，在编程时可以直接用这个名称来指定，也可以直接用其直接地址 89H 和 88H 来指定，TMOD 是用于控制 T0 和 T1 的工作模式和工作方式的，格式如图 2-23 所示，控制字各位的功能及用法如表 2-3 所示。

项目二 超速报警系统的设计与调试

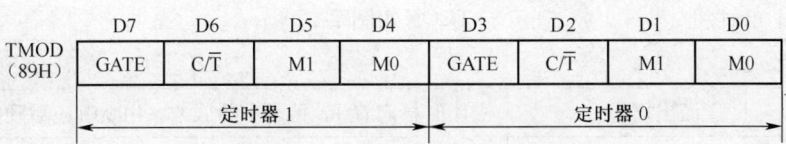

图 2-23 TMOD 寄存器的格式

表 2-3　　　　　　　　　　　TMOD 控制字

| 位 | 名称 | 功　能 | 用　　法 |
|---|---|---|---|
| D7 | GATE | T1 门控位 | GATE=1 时，计数受外部引脚 P3.3 控制，P3.3=1 时才能计数 |
| D6 | C/T̄ | T1 定时/计数选择 | 0：定时，1：计数 |
| D5 | M1 | T1 工作方式选择 | 见表 2-4 |
| D4 | M0 | | |
| D3 | GATE | T0 门控位 | GATE=1 时，计数受外部引脚 P3.2 控制，P3.2=1 时才能计数 |
| D2 | C/T̄ | T0 定时/计数选择 | 0：定时，1：计数 |
| D1 | M1 | T0 工作方式选择 | 见表 2-4 |
| D0 | M0 | | |

表 2-4　　　　　　　　　　　定时器工作方式的定义

| M1 | M0 | 工作方式 | 说　　明 |
|---|---|---|---|
| 0 | 0 | 0 | 由 TH 高 8 位和 TL 低 5 位组成的 13 位定时器/计数器 |
| 0 | 1 | 1 | 16 位定时器/计数器 |
| 1 | 0 | 2 | 可重装 8 位定时器/计数器，TL 为计数器，TH 为计数常数 |
| 1 | 1 | 3 | T0 分成两个 8 位定时器/计数器，T1 停止计数（仅用于 T0） |

要点：TMOD 不能位寻址，只能用字节方式设置工作方式。当只需改变某一个定时器/计数器时，应采用适当的方式防止对另一个定时器/计数器工作方式的改变，例如只需改变 T0 的工作方式为方式 1 计数时，可以先采用逻辑与屏蔽要改变的定时器/计数器，再采用逻辑或来设置新的工作方式。具体指令如 "ANL　TMOD, #0F0H 和 ORL　TMOD, #05H"。

(4) 控制寄存器 TCON

TCON 用于控制定时器的启动、停止，以及指示定时器的溢出和中断情况。其格式如图 2-24 所示，其各位功能及作用如表 2-5 所示。

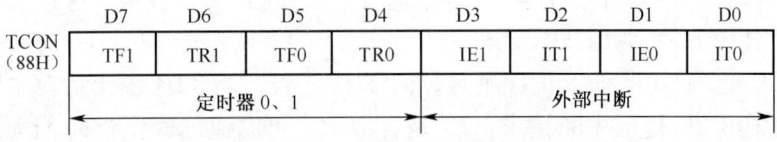

图 2-24 TCON 寄存器的格式

表 2-5　　　　　　　　　　　TCON 控制字

| 位 | 名称 | 功　能 | 用　法 |
|---|---|---|---|
| D7 | TF1 | T1 溢出标志 | 溢出时标志置 1，请求中断服务，中断响应后硬件自动清零 |
| D6 | TR1 | T1 运行控制 | 1：启动，0：停止 |
| D5 | TF0 | T0 溢出标志 | 溢出时标志置 1，请求中断服务，中断响应后硬件自动清零 |
| D4 | TR0 | T0 运行控制 | 1：启动，0：停止 |
| D3 | IE1 | 外部中断 1 中断标志 | 中断时标志置 1 |
| D2 | IT1 | 外部中断 1 方式选择 | 1：边沿触发，0：电平触发 |
| D1 | IE0 | 外部中断 0 中断标志 | 中断时标志置 1 |
| D0 | IT0 | 外部中断 0 方式选择 | 1：边沿触发，0：电平触发 |

要点：TCON 可以位寻址，其各位对应的位地址为 88H～8FH（D0～D7），所以对于定时器/计数器的运行控制位的设置，可以用指令 SETB 来置位以启动计数器/定时器计数，用指令 CLR 来停止定时/计数器的计数。

2．定时器/计数器初始值

当需要定时器/计数器从某一个初始值开始计数，以实现最终的定时时间或计数的需求时，怎样才能设置好定时器/计数器的初始值呢？一般采用如下方法。

定时模式：初始值 = 最大值 − 定时时间/$T_{CY}$（$T_{CY}$ 为机器周期）

计数模式：初始值 = 最大值 − 计数值

然后将初始值装入相应的定时器/计数器的寄存器中。

3．定时器/计数器初始化编程

① 向 TMOD 寄存器中写入工作方式控制字。

② 向定时/计数器 TH0、TL0（或 TH1、TL1）装入初值。

③ 启动定时器/计数器（置位 TR0/TR1）。

④ 若采用中断方式，置位 ET0（ET1）、EA、IP 等中断寄存器。

4．定时/计数器的 4 种工作方式

如上述所述，定时器/计数器的工作方式是由 TMOD 的 M1、M0 两位来控制的，而定时器/计数器的每种工作方式都各有特点，下面就对定时器/计数器 4 种工作方式的具体工作情况作详细介绍，由于 T0 和 T1 结构完全一样，以下的应用同样适合于 T0（方式 3 除外）。

(1) 工作方式 0

① 基本结构。

定时器/计数器 T1 在工作方式 0 的逻辑结构图如图 2-25 所示，这种工作方式称之为 13 位定时/计数方式。它由 TL1 的低 5 位和 TH1 的 8 位构成 13 位的计数器，此时 TL1 的高 3 位未用。当 TL1 的低 5 位计满时，向 TH1 进位，当 TH1 溢出后对中断标志 TF1 置"1"，同时向 CPU 提出中断请求。T1 是否溢出也可以通过软件查询 TF1 是否为"1"来判断。

项目二 超速报警系统的设计与调试

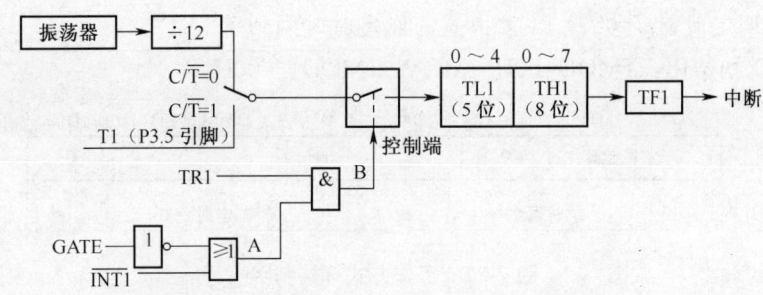

图 2-25 定时器/计数器方式 0 逻辑结构框图

C/$\overline{T}$ 是定时工作方式/计数工作方式选择位，当 C/$\overline{T}$=0 就是用作定时器（开关往上打），如果 C/$\overline{T}$=1 就是用作计数器（开关往下打）。选择好工作模式后，定时/计数脉冲是否能到达计数器端，还需通过控制端这个开关，显然这个开关不合上，计数脉冲就没法过去，而要使这个开关接通，只有两种情况。

• 当 GATE=0，GATE 信号经过非门后是 1，与 $\overline{INT1}$ 信号经过或门后在输出端（A）总是 1，此时 A 端的状态与 $\overline{INT1}$ 的状态无关，A 端信号再和 TR1 的信号进行逻辑与。根据逻辑与的规则可知，此时只要 TR1=1，与门的输出端（B）即为 1，开关闭合，计数脉冲得以畅通无阻，而如果 TR1=0 则开关断开，计数脉冲无法通过，因此定时/计数是否工作，只取决于 TR1。

• 当 GATE=1，GATE 信号经过非门后是 0，与 $\overline{INT1}$ 信号逻辑或，此时输出端（A）信号就取决于 $\overline{INT1}$，A 端信号再和 TR1 的信号进行逻辑与。根据逻辑与的规则可知，此时只有 TR1=1，$\overline{INT1}$ 为高电平时，与门的输出端（B）才为 1，开关闭合，计数脉冲得以畅通无阻，否则开关断开，计数脉冲无法通过。这个特性可以用来测量一个信号的高电平的宽度，例如定时器用于测量接于 $\overline{INT1}$ 引脚输入的正脉冲宽度，即当 $\overline{INT1}$ 引脚由低电平变为高电平时，启动 T1 计数则测量开始，一旦 $\overline{INT1}$ 引脚变为低电平时就关闭 T1，此时 T1 计数前后的差值就是 $\overline{INT1}$ 引脚输入的正脉冲的宽度。

要点：一个定时器/计数器同一时刻要么作定时器用，要么作计数器用，定时和计数是不可能由一个定时器/计数器同一时刻实现的。

② 应用举例。

已知单片机晶振频率 6MHz，利用 T1 的方式 0 在 P1.0 引脚输出周期为 500μs 的方波。设计思路如下所示。

• 实现任务要求之前一定要看清楚要求，这里晶振频率采用 6MHz，机器周期则为 2μs，要输出周期为 500μs 的方波，方波波形如图 2-26 所示，实际是 250μs 高电平、250μs 低电平的周期波形，所以可以利用定时器 T1 定时 250μs，每次定时时间到 P1.0 输出信号反转一次。

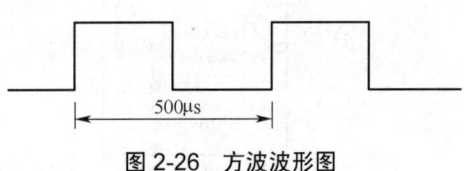

图 2-26 方波波形图

注意：虽然定时器/计数器 T1 启动后是自动计数的，但它什么时候计数溢出 CPU 并不知道，所以要通过不断的查询定时器/计数器 T1 的溢出标志 TF1，看其是否为高电平，若为高电平则说明定时器/计数器 T1 溢出了,即定时时间到了。

- TMOD 初始化:TMOD=00H,MOV TMOD,#00H

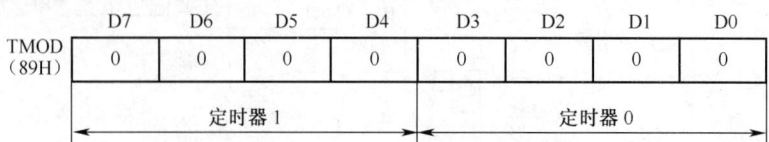

图 2-27 工作方式 0 控制字

- 计数初值:

计数初值=$2^{13}$-欲计数脉冲数=$2^{13}-T/T_{CY}$

$\qquad$ =$2^{13}$-250/2=1F83H

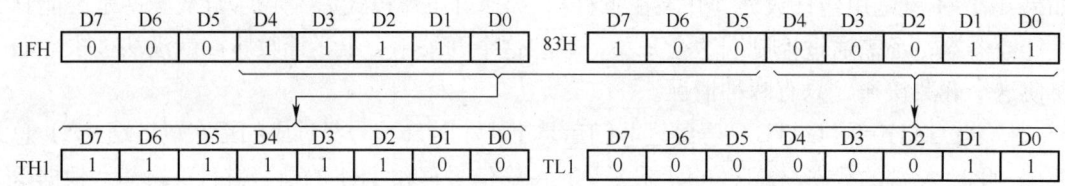

图 2-28 工作方式 0 初始值

所以 TH1=0FCH,TL1=03H

- TCON 初始化:TR1=1,SETB TR1

具体设计仿真图如图 2-29 所示。

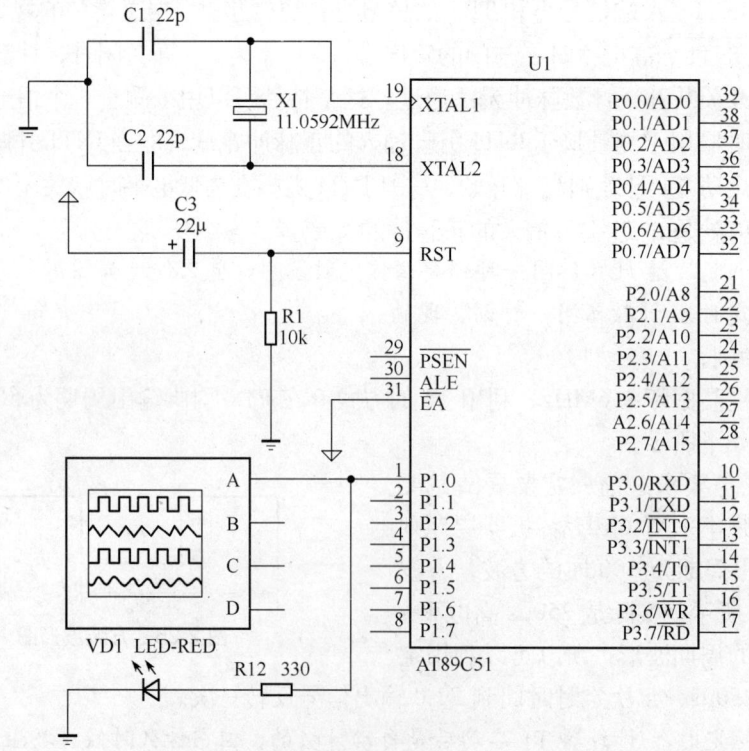

图 2-29 定时器/计数器工作方式应用仿真图

流程图如图 2-30 所示。

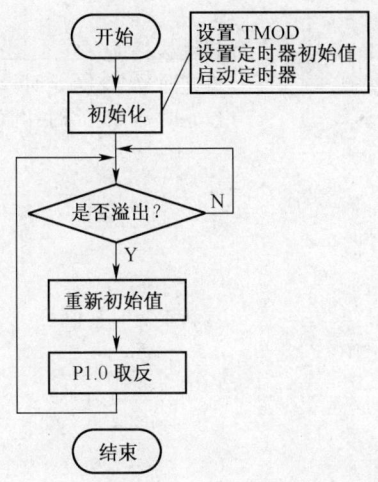

图 2-30　工作方式 0

参考程序代码如下所示。

```
;****************************
;文件名：EX2_8.asm，功能：定时器工作方式 0 实现周期为 500μs 方波
;说明：P1.0 输出
;查询方式实现
;****************************
        ORG     0000H
        LJMP    MAIN
        ORG     0030H
MAIN:   MOV     SP,#5FH         ;置堆栈栈顶
        MOV     TMOD,#00H       ;设定时器 T1 为定时模式，工作方式 0
        MOV     TH1,#0FCH       ;设定时器 T1 定时初值
        MOV     TL1,#03H
        SETB    TR1             ;启动 T1
LOOP:   JBC     TF1,LOOP1       ;查询计数溢出
        SJMP    LOOP            ;没有溢出，未到时间继续计数
LOOP1:  MOV     TH1,#0FCH       ;重新置定时初值
        MOV     TL1,#03H
        CPL     P1.0            ;输出方波
        SJMP    LOOP
        END
;****************************
;文件名：EX2_9.asm，功能：定时器工作方式 0 实现周期为 500μs 方波
;说明：P1.0 输出
;中断方式实现
;****************************
        ORG     0000H
        LJMP    MAIN
```

```
        ORG     001BH
        LJMP    TIME0
        ORG     0030H
MAIN:   MOV     SP,#5FH         ;置堆栈栈顶
        MOV     TMOD,#00H       ;设定时器 T1 为定时模式，工作方式 0
        MOV     TH1,#0FCH       ;设定时器 T1 定时初值
        MOV     TL1,#03H
        SETB    TR1             ;启动 T1
        SETB    EA
        SETB    ET1
        SJMP    $
TIME1:  MOV     TH1,#0FCH       ;重新置定时初值
        MOV     TL1,#03H
        CPL     P1.0            ;输出方波
        RETI
        END
```

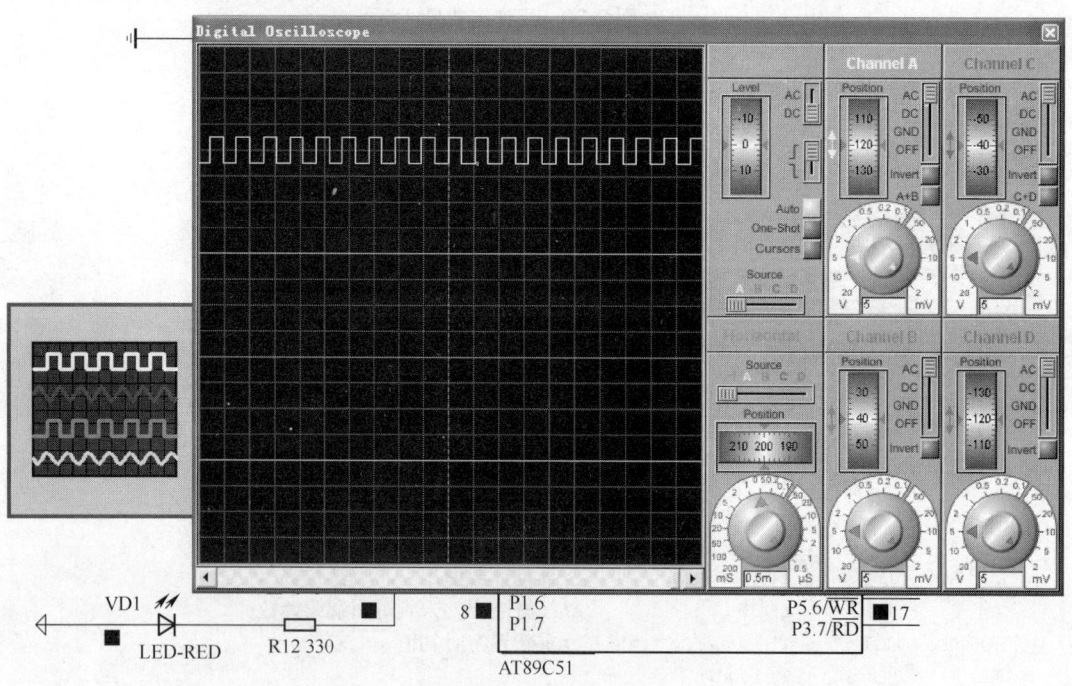

图 2-31　方波仿真效果图

要点：方式 0 在使用的时候一般都要重装初始值，因为计数器在每次溢出时回到 0 重新开始计数，为了每次定时时间是一样的，我们就必须在每次计数器溢出后，重装初始值。

(2) 工作方式 1

① 基本结构。定时器/计数器 T1 在工作方式 1 的逻辑结构图如图 2-32 所示，这种工作方式称为 16 位定时/计数方式。由 TL1 的 8 位和 TH1 的 8 位构成 16 位的计数器，其他特性与工作方式 0 相同。

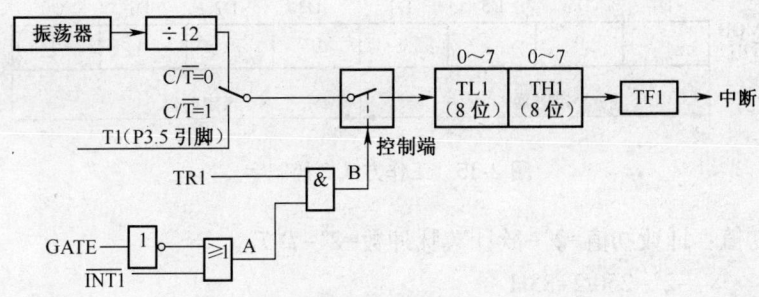

图 2-32　定时器/计数器方式 1 逻辑结构框图

② 应用举例。用定时器 T1 的工作方式 1 完成工作方式 0 应用举例中提出的设计要求，除 TMOD 的设置和计数器初始值不同外，其他都和工作方式 0 的一样。

- TMOD 初始化：TMOD=10H，MOV　TMOD，#10H

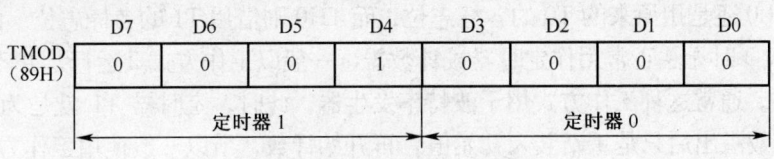

图 2-33　工作方式 1 控制字

- 计数初值：计数初值=$2^{16}$−欲计数脉冲数=$2^{16}$−$T/T_{CY}$

$\qquad$ =$2^{16}$−250/2=0FF83H

所以 TH1=0FFH，TL1=83H

(3) 工作方式 2

① 基本结构。定时器/计数器 T1 在工作方式 2 的逻辑结构图如图 2-34 所示，这种工作方式将 16 位的计数器拆成两个 8 位计数器，TL1 用作 8 位计数器，TH1 用来保存初始值，每当 TL1 计数溢出时，TH1 会自动将初始值装入到 TL1，继续计数，如此循环工作。其他特性与工作方式 0 相同。

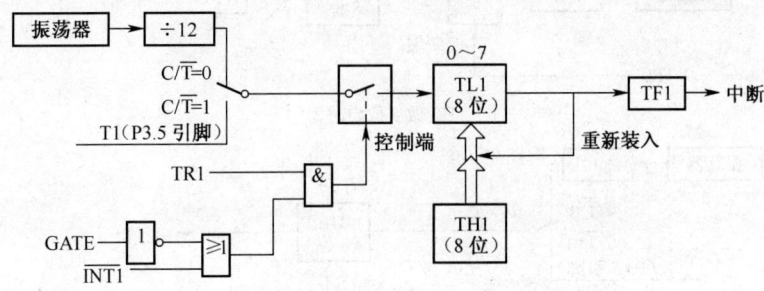

图 2-34　定时器/计数器方式 2 逻辑结构框图

② 应用举例。用定时器 T1 的工作方式 2 完成工作方式 0 中提出的设计要求，除 TMOD 的设置和计数器初始值不同外，在中断后不需要重装初值，其他都和工作方式 0 的一样。

- TMOD 初始化：TMOD=20H，MOV　TMOD，#20H

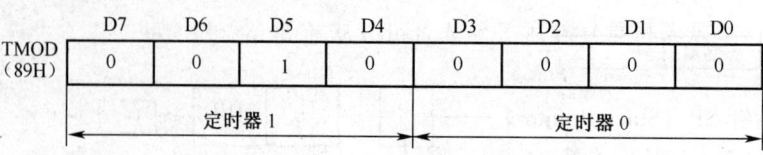

图 2-35　工作方式 2 控制字

- 计数初值：计数初值=$2^8$−欲计数脉冲数=$2^8$−$T/T_{CY}$
  =$2^8$−250/2=83H

所以 TH1=83H，TL1=83H

(4) 工作方式 3

定时器/计数器 T0 在工作方式 3 的逻辑结构图如图 2-36 所示，这种工作方式下，定时器/计数器 T0 被拆成 2 个独立的定时器/计数器来用。其中，TL0 可以用作 8 位的定时器或计数器，而 TH0 则只能用作定时器。根据定时器/计数器 T0 在工作方式 3 的逻辑结构图，可以很清楚的看到 TL0 还是用原来的 T0 的各标志位，而 TH0 则借用 T1 的各标志位。由此，T1 在 T0 工作在方式 3 时无法正常用作定时器或计数器，一般以工作方式 2 运行，并不占用 TR1、TF1 等标志位。通常这种工作方式用于波特率发生器，此时，定时器 T1 就是为了提供一个时间基准，计数溢出后只是重新装入初始值，再开始计数，所以一般使用工作方式 2。

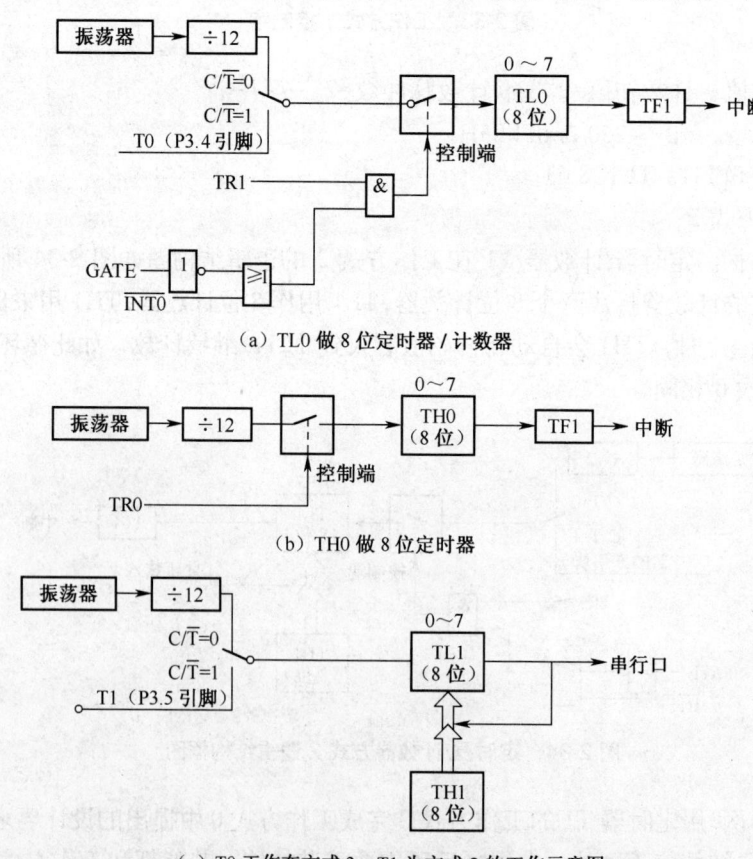

(a) TL0 做 8 位定时器 / 计数器

(b) TH0 做 8 位定时器

(c) T0 工作在方式 3，T1 为方式 2 的工作示意图

图 2-36　定时器/计数器 0 方式 3 逻辑结构框图

项目二 超速报警系统的设计与调试

设计实例这里就不再重复叙述了，读者可以从前面介绍的3种工作方式自己总结。

### 四、PUSH/POP 数据传送类指令

1．堆栈指针 SP（Stack Pointer）

堆栈是内部 RAM 的一个区域，用来存储数据。其特殊之处在于存取数据必须遵循"先进后出，后进先出"的原则，即只能从栈顶一端存取数据。堆栈指针 SP 就是指向栈顶的指针，每当执行一次 PUSH（入栈）指令时，SP 就在原来值的基础上自动加1，每当执行一次 POP（出栈）指令，SP 就在原来值的基础上自动减1。这就如同要将物品放进储物柜中，假设要放的物品大小和柜子的截面一样，那么先放进去的物品总是在里面，若想取出只能等后面存放的物品都取走了才能取出来。数据入栈和出栈的过程如图 2-37 所示。

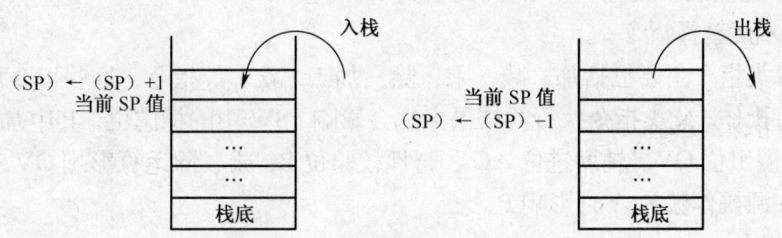

图 2-37 数据入栈和出栈的过程

堆栈的设立用于中断操作和子程序调用时保存数据，也称为断点保护和现场保护。子程序或中断服务程序执行完后，CPU 还是要回到主程序中，因此，在转入子程序或中断服务程序前，必须先将现场的数据压入堆栈中保存起来，否则返回时，CPU 并不知道原来的程序执行到哪一步，原来的中间结果如何。返回时，再从堆栈中恢复当时的数据。

堆栈指针 SP 的初始值称为栈底，确定了堆栈的起始位置。例如，单片机复位后 SP 的值为 07H，如果不加更改，入栈数据将从 08H 单元开始存储。但是 08H~1FH 这个区域正是 AT89C51 单片机的工作寄存器区，经常要被使用，这会造成数据的混乱。所以，通常在程序的开始阶段就用指令把栈底设在片内 RAM 中地址值较高的地方，即把 SP 的初始值设得较高，如 5FH 等。

2．栈操作指令

栈操作指令（PUSH/POP）属于数据传送类指令，在指令系统中只有两条用于数据传送的栈操作指令，其指令格式为

```
PUSH    direct
POP     direct
```

前一条是进栈（入栈或压栈）指令，其功能是先将堆栈指针 SP 的内容加1，即将栈顶上移一个存储单元，然后将直接地址单元的数据传送（或压入）到 SP 所指示的存储单元中，此时新的栈顶为原栈顶位置加1。

后一条是出栈（弹出）指令，其功能是先将 SP 所指示存储单元的数据传送给直接地址单元中，然后将 SP 的内容减1，此时新的栈顶为原栈顶位置减1。

要点：① 上电复位后（SP）= 07H，若程序设计中需使用 1~3 组工作寄存器，在程序开始执行初始，应将 SP 指向内部 RAM 的高端。

157

② 程序设计中若需使用堆栈，应注意留出足够的存储单元给栈区，因为栈顶是随着数据的压入、弹出不断变化着的，若栈区设置不当，很有可能会造成数据区重叠的问题，以至程序紊乱，无法正常运行。

例如，已知片内 RAM40H 单元中存放数值为 0AH，设堆栈指针为 5FH，把此数值压入堆栈，然后再弹出到 30H 单元中。

根据题意编写指令如下：

```
MOV    SP,#5FH      ;SP←5FH
PUSH   40H          ;(SP)←(SP)+1,(60H)←(40H)
POP    30H          ;(30H)←(60H),(SP)←(SP)-1
```

结果为 30H 单元内装入数值 0AH，SP 终值为 5FH。

### 五、算术运算类指令

算术运算类指令主要包括加、减、乘、除、加 1、减 1 等指令，这些指令均是对 8 位无符号数进行操作。此类指令执行的结果大都会影响 PSW 中的标志位，其中加、减运算影响进位 CY、溢出位 OV、辅助进位 AC 和奇偶校验位 P；乘、除运算影响 OV 和 P；加 1、减 1 运算只在源操作数为 A 时影响 P。

1. 加法指令

加法指令中包括不带进位的加法指令、带进位的加法指令、加 1（增量）指令和十进制调整指令，涉及的助记符包括 ADD（不带进位的加法）、ADDC（带进位的加法）、DA（十进制调整）和 INC（加 1）。采用的寻址方式有立即寻址、直接寻址、寄存器寻址和寄存器间接寻址，前面已经介绍过加 1 指令，这里介绍其余算术运算指令。加法指令格式为

```
ADD    <目的操作数>,<源操作数>
ADDC   <目的操作数>,<源操作数>
DA     A
```

加法指令的指令助记图如图 2-38 所示。

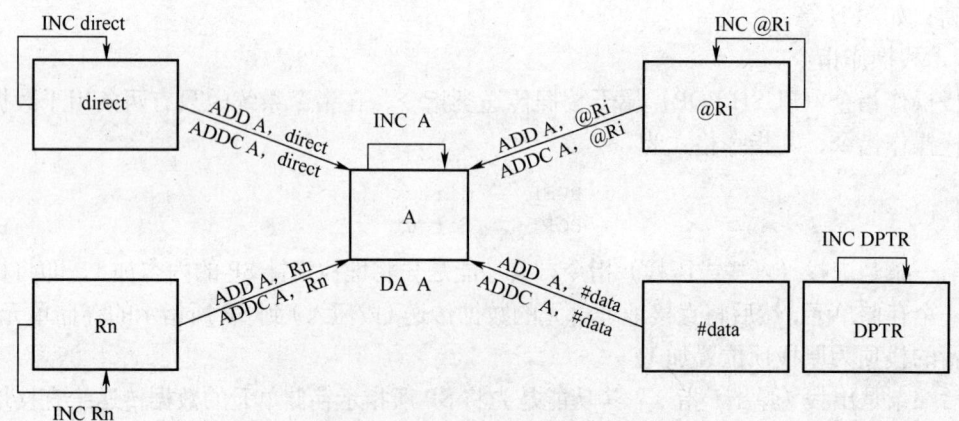

图 2-38 加法指令的指令助记图

不带进位的加法指令的功能是把源操作数和目的操作数的内容相加，其结果放在累加

器 A 中；带进位的加法指令的功能是把源操作数和目的操作数的内容相加，再加上进位标志，其结果存放在累加器 A 中；加 1 指令的功能是将操作数的内容加 "1" 后，其结果仍放回操作数本身，若原来为 0FFH，加 "1" 后将溢出为 00H，但并不影响任何标志位；十进制调整指令是对累加器中的内容（由前一条加法指令计算的结果，其操作数的内容均为压缩的 BCD 码形式）进行调整，使其变成两位 BCD 码的数。

要点：① 不论无符号数还是有符号数，单片机在运算时均采用二进制数原则直接运算，数据是否溢出依据 CY 或 OV 标志，无符号数运算时若 CY = 1 则表示数据有溢出，有符号数运算时若 OV = 1 则表示数据有溢出。

② 若需处理 1B 以上的数据做加运算时，可以借助带进位的加法指令，其使用方法可以从熟悉的十进制运算推出，即先进行低字节数据的累加，然后进行高字节数据的累加，高字节数据在累加的同时还应考虑低字节累加时产生的进位。

③ 两个压缩 BCD 码进行累加后，必须经 DA A 指令调整后才能得到压缩的 BCD 码的和。但是不能用 DA 指令处理减法操作。

下面通过一个例子来加以说明。

设 (A)=27H, (R6)=36H, (3EH)=4CH, (R1)=20H, (20H)=0F0H, (DPTR)=3F4DH
ADD    A,#30H    ;A 的值与 30H 累加后，A 的值为 57H
ADD    A,3EH     ;A 的值与 RAM3EH 的值累加后，A 的值为 0A3H，CY 的值为 0
ADDC   A,@R1     ;A 的值与间接寻址的 R1 的值累加后，再加上进位标志的值
                 ;执行指令后 A 的值为 93H，CY 的值为 1
ADDC   A,R6      ;A 的值与 R6 的值累加，再加上进位标志的值后，A 的值为 0C9H
                 ;CY 为 0
DA     A         ;十进制调整后 A 的值为 29，CY 为 1。其 BCD 值为 129

**2．减法指令**

减法指令中包括带借位的减法指令和减 1 指令，涉及的指令助记符包括 SUBB（带借位的减法）和 DEC（减 1）。采用的寻址方式有立即寻址、直接寻址、寄存器寻址和寄存器间接寻址，加 1 前面已经介绍，这里介绍其余算术运算指令。减法指令格式为

SUBB  <目的操作数>，<源操作数>

减法指令的指令助记图如图 2-39 所示。

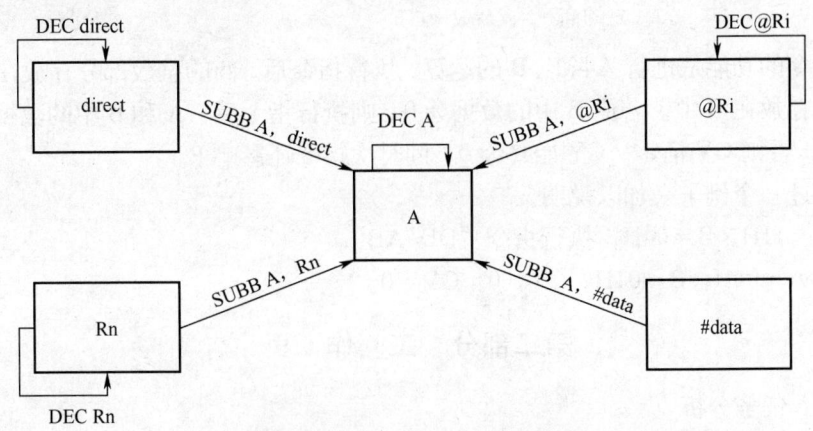

图 2-39　减法指令的指令助记图

带借位的减法指令的功能是从累加器 A 中减去源操作数的内容和进位标志的内容，其结果存放在累加器 A 中。减 1 指令的功能是把操作数的内容减"1"后，其结果仍放回到操作数本身，若原来为 00H 将溢出为 0FFH，不影响任何标志。

要点：① 没有不带借位的减法指令，若需要进行不带借位的减法操作时（第一次做减法运算），将 CY 清零即可。

② 由于 SUBB 是带借位的减法，因此每次使用需考虑前次运算操作对 CY 的影响。

③ DPTR 没有减 1 指令，即没有 DEC DPTR 指令。

下面通过一个例子来加以说明。

设 (A)=27H, (R6)=36H, (3EH)=4CH, (R1)=20H, (20H)=0F0H

```
CLR     C           ;CY 清零
SUBB    A,#30H      ;A 的值减去 30H 的值后，再减去进位标志的值，A 的值为 0F7H,
                    ;CY 的值为 1
SUBB    A,3EH       ;A 的值减去 RAM3EH 的值后，再减去进位标志的值，A 的值为 0ABH,
                    ;CY 的值为 0
SUBB    A,@R1       ;A 的值减去间接寻址的 R1 的值后，再减去进位标志的值后，A 的值
                    ;为 0BBH，CY 的值为 1
SUBB    A,R6        ;A 的值减去 R6 的值，再减去进位标志的值后，A 的值为 85H,
                    ;CY 为 0
```

### 3．乘法指令

```
MUL AB    ;A×B→BA
```

乘法指令的功能是把累加器 A 和寄存器 B 中的无符号 8 位数相乘，所得 16 位积的低字节存放在 A 中，高位字节存放在 B 中。若乘积大于 0FFH (255)，则 OV 置 1，否则 OV 清零。CY 始终为 0，同时此指令还影响 P。

下面通过一个例子来加以说明。

设 A=50H (80), B=0A0H (160)。

执行指令 MUL AB

结果为 A×B=3 200H (12 800), B=32H, A=00H, OV=1, CY=0。

### 4．除法指令

```
DIV     AB      ;A÷B 的商→A，余数→B
```

除法指令的功能是进行 A 除以 B 的运算，执行指令后，商的整数部分存放在 A 中，商的余数部分存放在 B 中。若原 B 中的数据为 0，则执行指令后，A 和 B 中的数据不变，同时 OV 置 1，否则 OV 清零。CY 始终为 0，同时次指令还影响 P。

下面通过一个例子来加以说明。

已知 A=11H，B=04H，执行指令"DIV AB"。

结果为 A=04H，B=01H，CY=0，OV=0。

## 第二部分　工　作　页

### 步骤一　任务分析

转速测量系统框图如图 2-40 所示。

项目二 超速报警系统的设计与调试

由于速度显示以 km/h 为单位,且要求实时显示当前的速度值,因此不可能每隔 1h 才测量、计算、刷新一次速度值。

采用测频法测量速度时,可以考虑利用定时器每定时 0.9s 采样 1 次霍尔送回的脉冲个数。根据设计要求的假设条件,相邻两个磁钢的行进路程为 0.2m,则通过公式——脉冲个数×0.2×4 的计算即为 3.6s 内走过的距离,也就是速度了。电动车速度小于 40km/h,脉冲个数小于 50,脉冲个数×0.8=个数×(1−0.2)。

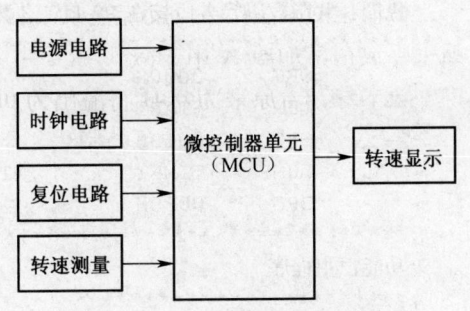

图 2-40 转速测量系统框图

**步骤二　绘制电路图**

速度测量电路的仿真图如图 2-17 所示。

**步骤三　设计流程图**

设计流程图如图 2-41 所示。

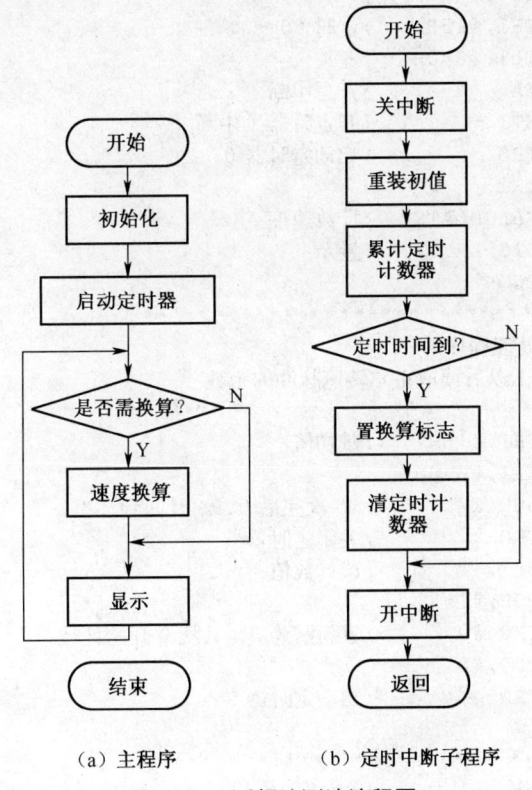

(a) 主程序　　　(b) 定时中断子程序

图 2-41 测频法测速流程图

**步骤四　编写控制程序**

```
;******************************
;文件名:EX2_10.asm,功能:测频法转速测量
;作者:XXX
```

```
;说明：共阳数码管各段接在P2口，各数码管位选接P3口
;*******************************************
        ORG     0000H
        LJMP    START
        ORG     001BH
        LJMP    TIME1           ;T1中断入口
        ORG     0030H
;*******************************************
;功能：主程序
;*******************************************
START:  MOV     SP,#60H
        MOV     DPTR,#TABLE
        MOV     40H,#0          ;显示初值
        MOV     41H,#0
        MOV     50H,#15         ;定时0.9s，即60ms×15
        MOV     52H,#0
        MOV     TMOD,#15H       ;T0为计数模式，方式1，从0开始计数；T1定时模式，定时
                                ;时间为60ms
        MOV     TH0,#0H
        MOV     TL0,#0H
        MOV     TH1,#15H        ;定时60ms
        MOV     TL1,#0A0H
        SETB    EA              ;开总中断
        SETB    ET1             ;开定时器1中断
        SETB    TR0             ;启动定时器0，1
        SETB    TR1
LOOP:   LCALL   CALCULATE       ;计数速度
        LCALL   DISPLAY         ;显示
        SJMP    LOOP
;*******************************************
;功能：定时T1中断处理程序
;说明：定时0.9s到了以后读取霍尔转速脉冲的个数
;*******************************************
TIME1:  MOV     TH1,#15H        ;赋初值
        MOV     TL1,#0A0H
        DJNZ    50H,EXIT        ;15次完后0.9s时间到
        CLR     TR0             ;关闭定时器0
        MOV     52H,TL0         ;读计数值
        MOV     50H,#15
        MOV     TH0,#0          ;重新赋为0，又从0开始计数
        MOV     TL0,#0
        SETB    TR0             ;启动定时器0
EXIT:   RETI
;*******************************************
;功能：速度计算子程序
;说明：脉冲个数×0.2m×4即单位为km/h
;脉冲个数×0.8=个数×(1-0.2)=个数-个数×2/10
;计算后的速度的个位和十位拆开。
;*******************************************
CALCULATE:
```

```
            MOV     A,52H   ;处理方法：脉冲个数×0.2m×4 即 3.6s 内走过的距离，即单位为 km/h
            MOV     B,#2    ;电动车速度小于 40km/h，脉冲个数小于 50，脉冲个数×0.8=个数×
                            (1-0.2)
            MUL     AB
            MOV     B,#10
            DIV     AB
            MOV     R1,A
            MOV     A,52H
            CLR     C
            SUBB    A,R1                ;将速度的个位和十位拆开
            MOV     55H,A
            MOV     B,#10
            DIV     AB
            MOV     40H,A
            MOV     41H,B
            RET
;***************************
;共阳极显示 40H（十位）41H（个位）
;***************************
DISPLAY:
            SETB    P3.1
            SETB    P3.0
            CLR     P3.0
            MOV     A,40H
            MOVC    A,@A+DPTR
            MOV     P2,A
            LCALL   DELAY
            SETB    P3.0
            SETB    P3.1
            CLR     P3.1
            MOV     A,41H
            MOVC    A,@A+DPTR
            MOV     P2,A
            LCALL   DELAY
            RET
;***************************
;延时 10ms
;***************************
DELAY:      MOV     R7,#50
LR1:        MOV     R6,#100
            DJNZ    R6,$
            DJNZ    R7,LR1
            RET
TABLE:      DB      0C0H,0F9H,0A4H,0B0H,99H,92H,82H,0F8H,80H,90H
            END
```

### 步骤五　系统调试

因为 Proteus 中没有霍尔传感器，所以调试时可以用 Pulse 或是信号发生器来替代。调试时可以使用 Pulse 的属性框来调节输出信号的频率及幅值，如图 2-42 所示。

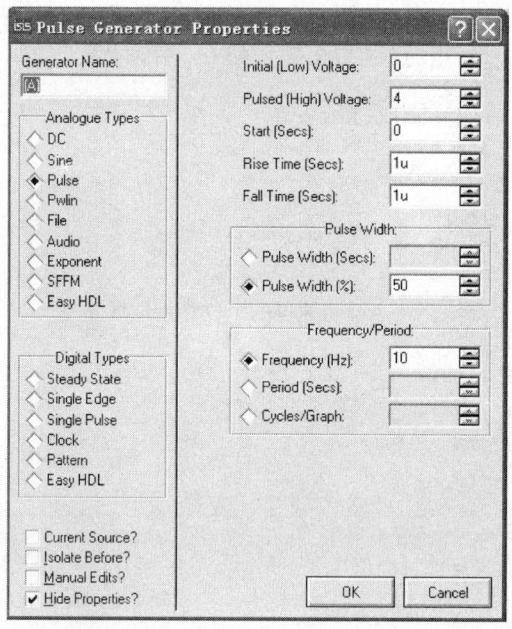

图 2-42 Pulse 属性框

例如，设置 Pulsed（High）Votltage 为 4，Frequency（Hz）为 10，那么数码管上显示的实际测量速度值应为 8km/h，仿真效果图如图 2-43 所示。

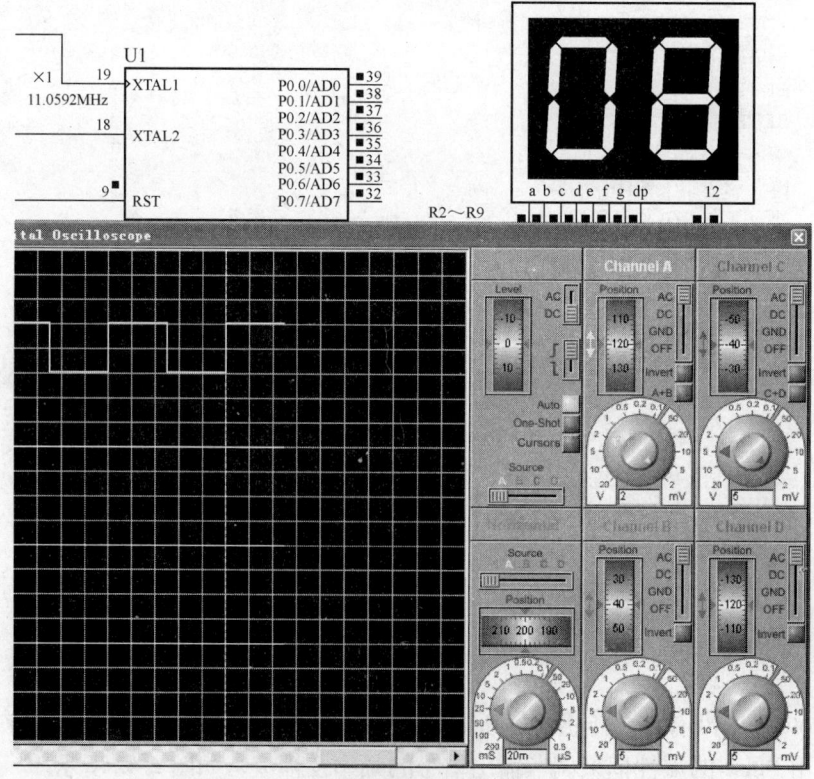

图 2-43 实测速度仿真图

项目二　超速报警系统的设计与调试

## 第三部分　练　习　页

根据前面的学习，请独立完成练习要求。

| 项目名称 | | | 任务名称 | | |
|---|---|---|---|---|---|
| 班　　级 | | 小组编号 | | 完成时间 | |
| 完成人员 | | | | 教师评价 | |
| 练习要求 | （1）在 Proteus 中设计简易秒表电路，编程实现简易秒表，时间从 0~9s 循环显示，用定时器来实现 1s 延时；<br>（2）在 Proteus 中设计简易计数器电路，编程实现计数器每 T0 输入一次，数码管显示值在当前的基础上加 1 一次，数值从 0~9s 循环显示；<br>（3）用测周法实现转速测量的要求 ||||||
| 设计工作过程 ||||||
| 任务分析 ||||||
| 结构框图 ||||||
| 关键器件选型及参数计算 ||||||
| 硬件设计 ||||||
| 软件设计 ||||||
| 系统调试 ||||||

| | |
|---|---|
| 存在的困难与问题 | |
| 注意事项 | |
| 备注： | |

## 附录 5　AT89C51 的定时器/计数器脉冲宽度测量应用

利用 T1 的门控位 GATE 测量 $\overline{INT1}$ 引脚上出现的脉冲宽度。

### 1. 设计思路

利用门控位测量脉冲宽度的方法，在基本结构里已做了详细阐述，这里以实际的例子来加以说明。上述要求的可以采用 T1 定时方式实现，由外部脉冲通过 $\overline{INT1}$ 控制计数器控制开关，每次开关通过计数器的脉冲信号是一定的，计数值乘上机器周期就是脉冲宽度。当 $\overline{INT1}$ 出现高电平时开始计数，$\overline{INT1}$ 为低电平时停止计数，读出 T1 的值。

### 2. 参考程序代码

```
;************************************
;文件名：EX2_12.asm，功能：定时器 T1 测量脉冲宽度
;作者：XXX
;说明：脉冲信号接在 P3.3
;************************************
        ORG     0000H
        LJMP    MAIN
        ORG     0030H
MAIN:   MOV     TMOD,#80H    ;GATE=1，工作方式 0、定时
        MOV     TL1,#00H     ;T1 清零
        MOV     TH1,#00H
        JB      P3.3,$       ;等待 INT1 变低
        SETB    TR1          ;启动 T1 定时
        JNB     P3.3,$       ;等待 INT1 变高
```

```
        JB    P3.3,$           ;等待INT1再次变低
        CLR   TR1              ;停止计数
        MOV   R0,TL1           ;读取计数结果TL1
        MOV   R1,TH1           ;读取计数结果TH1
        SJMP  $                ;动态暂停
        END
```

要点：由于工作方式0的最大值为 $2^{13}$（8 192），因此可以测量的脉冲宽度最宽不能超过它的最大值。

## 任务三　超限报警模块

| 项　　目 | 说　　明 |
|---|---|
| 主要内容 | （1）蜂鸣器的工作原理及应用、报警电路的设计；<br>（2）超限范围比较的方法；<br>（3）JC/JNC 位操作类指令；<br>（4）系统联调的方法；<br>（5）Keil C51 和 Proteus 软件的基本应用 |
| 学习条件 | （1）单片机系统演示样机；<br>（2）装有 Powerpoint、Keil C51 和 Proteus 等软件，能上网的计算机 |
| 学习材料 | 学习任务单、学习记录单、学习课件、参考书、笔记本 |
| 学习场地 | 教、学、做一体实训室 |
| 任务要求 | （1）设计实现通过3个按键分别设置15km/h、20km/h和25km/h三挡最高速度值，并通过数码管显示出来；<br>（2）将前面的各部分功能全部结合起来，设计实现完整的超速报警系统。系统可以通过按键设置最高速度限值，工作时显示实测当前速度，若实测值比设置值高则声光报警 |
| 兴趣拓展 | （1）理解教学案例，讨论确定超限报警系统的设计方案；<br>（2）方案汇报（PPT 形式），内容包括超限报警的形式、设计方案及设计步骤；<br>（3）理解教学案例，设计完成超限报警系统（包括电路设计和程序设计）；<br>（4）理解教学案例，设计完成超速报警系统的联调（包括限速设置、速度测量和超限报警） |

总的参考电路仿真图如图 2-44 所示。

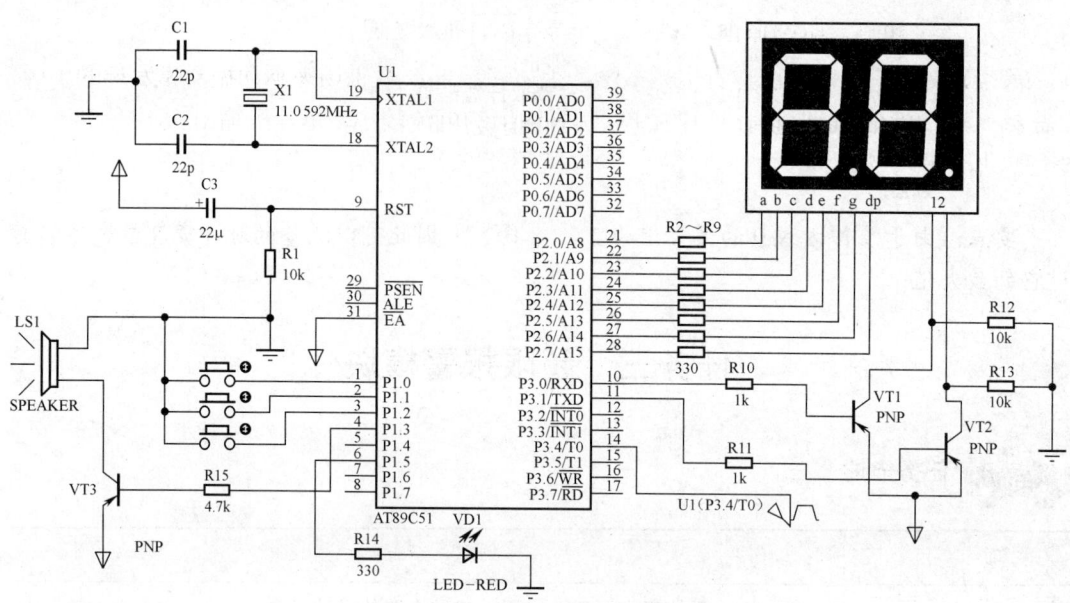

图 2-44 超限报警系统仿真图

# 第一部分 任务学习引导

## 一、蜂鸣器的工作原理及应用

蜂鸣器是一种一体化结构的电子讯响器,广泛应用于计算机、打印机、复印机、报警器、电话机等电子产品中。蜂鸣器主要分为压电式蜂鸣器和电磁式蜂鸣器两种类型。

压电式蜂鸣器主要由多谐振荡器、压电蜂鸣片、阻抗匹配器、共鸣箱、外壳等组成。多谐振荡器由晶体管或集成电路构成,当接通电源后(1.5~15V 直流工作电压),多谐振荡器起振,输出 1.5~2.5kHz 的音频信号,阻抗匹配器推动压电蜂鸣片发声。

电磁式蜂鸣器由振荡器、电磁线圈、磁铁、振动膜片及外壳等组成。接通电源后,振荡器产生的音频信号电流通过电磁线圈,使电磁线圈产生磁场,振动膜片在电磁线圈和磁铁的相互作用下,周期性地振动发声。

这里主要介绍电磁式蜂鸣器,电磁式蜂鸣器的实物图及结构图如图 2-45 所示。

(a) 电磁式蜂鸣器实物图

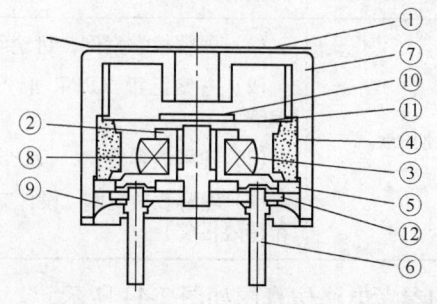
(b) 电磁式蜂鸣器结构示意图

①防水贴纸 ②线轴 ③线圈 ④磁铁 ⑤底座 ⑥引脚 ⑦外壳 ⑧铁芯
⑨封胶 ⑩小铁片 ⑪振动膜 ⑫电路板

图 2-45 电磁式蜂鸣器的外形图片及结构图

## 项目二 超速报警系统的设计与调试

1．电磁式蜂鸣器驱动原理

蜂鸣器发声原理是电流通过电磁线圈，使电磁线圈产生磁场来驱动振动膜发声的，因此需要一定的电流才能驱动，单片机 I/O 引脚输出的电流较小，单片机输出的 TTL 电平基本上驱动不了蜂鸣器，因此需要增加一个电流放大的电路。通过一个晶体管来放大驱动蜂鸣器，原理图如图 2-46 所示。

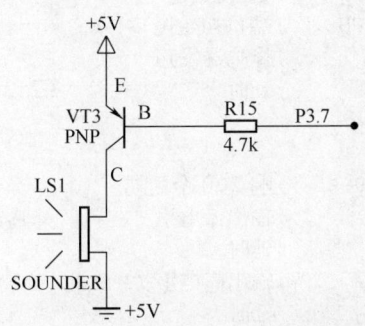

图 2-46　电磁式蜂鸣器驱动电路

如图 2-46 所示，蜂鸣器的正极接到+5V 电源，蜂鸣器的负极接到晶体管的发射极 E，晶体管的基级 B 经过限流电阻 R15 后由单片机的 P3.7 引脚控制，当 P3.7 输出高电平时，晶体管 VT1 截止，没有电流流过线圈，蜂鸣器不发声；当 P3.7 输出低电平时，晶体管导通，这样蜂鸣器的电流形成回路，发出声音。因此，可以通过程序控制 P3.7 引脚的电平来使蜂鸣器发出声音和关闭。

程序中改变单片机 P3.7 引脚输出波形的频率，就可以调整控制蜂鸣器音调，产生各种不同音色、音调的声音。另外，改变 P3.7 输出电平的高低电平占空比，则可以控制蜂鸣器的声音大小，这些都可以通过编程实验来验证。

2．蜂鸣器应用举例

下面通过几个简单的单片机驱动蜂鸣器的编程和电路设计的例子，来学习蜂鸣器的控制。

（1）通过在 P3.7 输出一个音频范围的方波，驱动实验板上的蜂鸣器发出蜂鸣声，其中 DELAY 延时子程序的作用是使输出的方波频率在人耳朵听觉能力之内的 20kHz 以下，如果没有这个延时程序，输出的频率将大大超出人耳朵的听觉能力，不能听到声音。更改延时常数，可以改变输出频率，也就可以调整蜂鸣器的音调。大家可以在实验中更改#228 为其他值，试听蜂鸣器音调的改变情况。

```
        ORG   0000H
        AJMP  MAIN        ;跳转到主程序
        ORG   0030H
MAIN:   CPL   P3.7        ;蜂鸣器驱动电平取反
        LCALL DELAY       ;延时
        AJMP  MAIN        ;反复循环
DELAY:  MOV   R7,#228     ;延时子程序，更改该延时常数可以改变蜂鸣器发出的音调
DE1:    DJNZ  R7,DE1
        RET
        END
```

(2) 各种卡车、货柜车在倒车时，会发出倒车的蜂鸣警示提示音，同时警示黄灯也同步闪烁，提醒后面的人或车辆注意。本例程可实现倒车警示功能，通过蜂鸣器发出警示音。

```
            ORG     0000H
            AJMP    START       ;跳转到初始化程序
            ORG     0030H
    START:  MOV     SP,#60H     ;SP 初始化
            MOV     P3,#0FFH    ;端口初始化
    MAIN:   ACALL   SOUND       ;蜂鸣器发声
            ACALL   YS500M      ;延时
            AJMP    MAIN

    SOUND:  MOV     R2,#200     ;响 200 个周期
    SND1:   CLR     P3.7        ;输出低电平 T1 导通，蜂鸣器响
            ACALL   YS1m        ;延时
            SETB    P3.7        ;输出高电平 T1 截止，蜂鸣器不响
            ACALL   YS1ms       ;延时
            DJNZ    R2,SND1
            MOV     P1,#0FFH    ;熄灭黄色警示灯
            RET
    YS1ms:  MOV     R0,#2       ;1ms 延时子程序
    YL1:    MOV     R1,#250     ;改变 R0 的数值可改变声音频率
            DJNZ    R1,$
            DJNZ    R0,YL1
            RET
    YS500ms: MOV    R0,#6       ;500ms 延时子程序
    YL2:    MOV R1,#200
    YL3:    MOV R2,#250
            DJNZ    R2,$
            DJNZ    R1,YL3
            DJNZ    R0,YL2
            RET
            END
```

### 二、JC/JNC 位操作类指令

JC 判进位标志为 1 转移，JNC 判进位标志为 0 转移，否则顺序执行下一条指令，指令格式如下：

```
    JC      rel
    JNC     rel
```

## 第二部分　工　作　页

### 步骤一　任务分析

在日常生活中，经常会遇到需要设置限值的问题，例如，在温控系统中，需要对温室的环境温度范围进行设置；在数控机床工作时，需要设置机床道具的进给速度；在调速系统中，需要设置电动机的运转速度。在本节任务中，要求通过 3 个按键分别设置 3 挡最高转速，以便当检测到实际电动机的运转速度比设置值大时，系统及时给出报警信号。系统框图如图 2-47 所示。

# 项目二 超速报警系统的设计与调试

按键的接口设计前面已经学习过,这里将按键设计与数码管显示设计结合起来进行系统联调,只需将按键控制和显示控制分别设计成子程序,供主程序调用即可。

报警电路在学习引导中已给出,这里可比较判断按键设置的最大值与实测的速度值哪一个大,然后判定是否报警,报警程序的设计学习引导中已给出,读者也可自己设计一些有特色的报警方式。

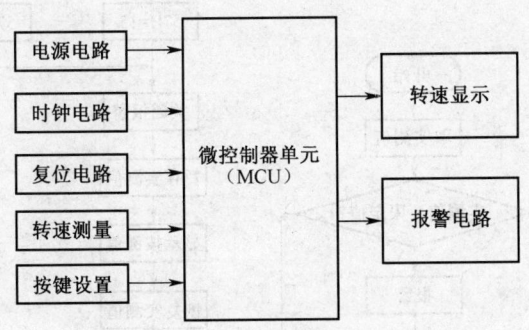

图 2-47 超限报警系统框图

**步骤二 绘制电路图**

总的超限报警系统调试图如图 2-44 所示。

**步骤三 设计流程图**

设计流程图如图 2-48 和图 2-49 所示。

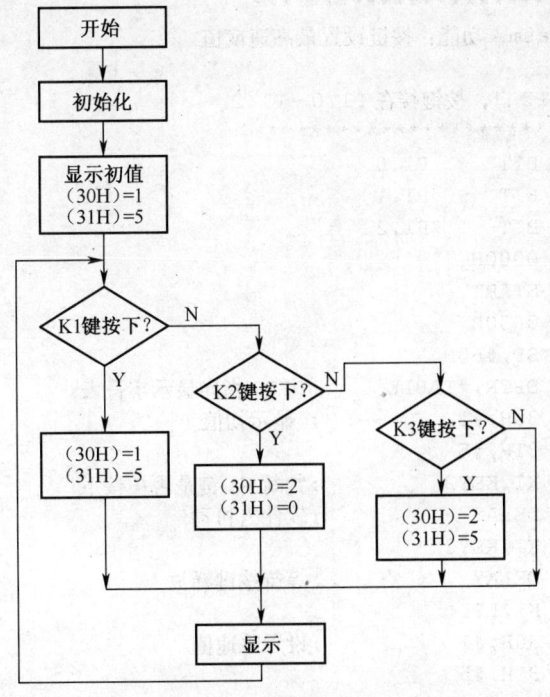

图 2-48 3个按键设置速度限值流程图

171

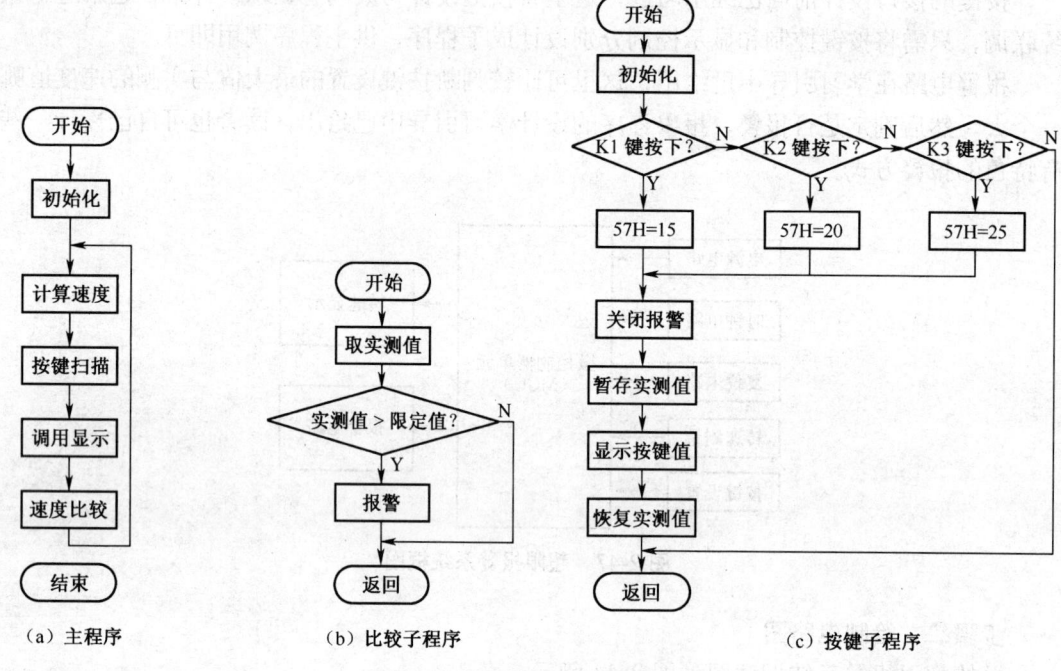

图 2-49 超速报警主要流程图

### 步骤四 编写控制程序

#### 1. 按键设置最高速度值

```
;**********************************
;文件名：EX2_13.asm,功能：按键设置最高速度值
;作者：XXX
;说明：数码管接在P2口，按键接在P1.0~P1.2
;**********************************
        K1      BIT     P1.0
        K2      BIT     P1.1
        K3      BIT     P1.2
        ORG     0000H
        LJMP    START
        ORG     0030H
START:  MOV     SP,#60H
        MOV     DPTR,#TABLE     ;DPTR指向显示字符表
        MOV     30H,#1          ;显示初值
        MOV     31H,#5
KEY1:   JB      K1,KEY2         ;判断K1键是否被按下
        LCALL   DELAY           ;软件去抖动
        JB      K1,KEY2
LP1:    LCALL   DELAY           ;等待按键释放
        JNB     K1,LP1
        MOV     30H,#1          ;设置限速值
        MOV     31H,#5
        LJMP    NEXT
KEY2:   JB      K2,KEY3         ;判断K2键是否被按下
```

```
            LCALL   DELAY
            JB      K2,KEY3
LP2:        LCALL   DELAY
            JNB     K2,LP2
            MOV     30H,#2          ;设置限速值
            MOV     31H,#0
            LJMP    NEXT
KEY3:       JB      K3,NEXT         ;判断 K3 键是否被按下
            LCALL   DELAY
            JB      K3,NEXT
LP3:        LCALL   DELAY
            JNB     K3,LP3
            MOV     30H,#2
            MOV     31H,#5
NEXT:       LCALL   DISPLAY         ;调用显示子程序
            LJMP    KEY1            ;显示子程序，动态显示方式，显示 30H、31H 单元的数
DISPLAY:
            SETB    P3.1
            SETB    P3.0
            CLR     P3.0
            MOV     A,30H
            MOVC    A,@A+DPTR
            MOV     P2,A
            LCALL   DELAY
            SETB    P3.0
            SETB    P3.1
            CLR     P3.1
            MOV     A,31H
            MOVC    A,@A+DPTR
            MOV     P2,A
            LCALL   DELAY
            RET
;******************************
;延时子程序
;延时时间为 10ms
;******************************
DELAY:      MOV     R7,#50
LR1:        MOV     R6,#100
            DJNZ    R6,$
            DJNZ    R7,LR1
            RET
TABLE:      DB      0C0H,0F9H,0A4H,0B0H,99H,92H,82H,0F8H,80H,90H
            END
```

## 2. 超限报警

```
;*********************************
;文件名：EX2_14.asm，功能：超速报警
;作者：XXX
;说明：蜂鸣器接 P1.3，报警指示灯接 P1.5
;*********************************
            ORG     0000H
```

```
                LJMP      START
                ORG       0030H
;**********************************************
;功能：主程序
;**********************************************
START:          MOV       SP,#60H
                MOV       57H,#25         ;初始限定速度为25km/h
                MOV       55H,#30         ;计算值
                MOV       58H,#10         ;闪烁周期计时计数器
                SETB      P1.5            ;声光报警关闭
                SETB      P1.3
LOOP:           LCALL     COMPAR          ;速度比较
                SJMP      LOOP
;**********************************************
;功能：比较是否超速，超速则打开声光报警
;说明：(55H)存放的实际速度值，(57H)存放的限定速度
;**********************************************
COMPAR:MOV      A,55H                     ;(55H)存放的实际值，(57H)存放的限定值
                CJNE      A,57H,LP1       ;作减法运算，当(55H)-(57H)<0时，C=1,即不超速 C=1,
                                          ;超速 C=0
LP1:            JC        LP2
                DJNZ      58H,LP3         ;实现闪烁功能
                CPL       P1.5
                CPL       P1.3
                MOV       58H,#10
                RET
LP2:            SETB      P1.5
                SETB      P1.3
LP3:            RET
;************************
;延时10ms
;************************
DELAY:          MOV       30H,#100
LR2:            MOV       31H,#200
LR1:            MOV       32H,#200
                DJNZ      32H,$
                DJNZ      31H,LR1
                DJNZ      30H,LR2
                RET
                END
```

**步骤五　系统调试**

将前面已分别实现的各功能模块一一组合起来，最终完成超速报警系统的设计与调试。
完整的超速报警系统参考代码如下：

```
;**********************************************
;文件名：EX2_15.asm，功能：超速报警系统
;作者：XXX
;说明：数码管接在P2口，按键接在P1.0~P1.2，蜂鸣器接P1.3，报警指示灯接P1.5
;每个脉冲之间代表的距离为0.2m
```

```
;************************************
        ORG     0000H
        LJMP    START
        ORG     001BH
        LJMP    INTT1           ;T1 中断入口
        ORG     0030H
;************************************
;功能：主程序
;************************************
START:  MOV     SP,#60H
        MOV     DPTR,#TABLE
        MOV     40H,#0          ;显示初值
        MOV     41H,#0
        MOV     50H,#15         ;定时 0.9s，即 60ms×15
        MOV     52H,#0
        MOV     57H,#25         ;初始限定速度为 25km/h
        MOV     58H,#10         ;闪烁周期计时计数器
        SETB    P1.5            ;声光报警关闭
        SETB    P1.3
        MOV     TMOD,#15H       ;T0 为计数模式，方式 1，从 0 开始计数；T1 定时模式，定时
                                ;时间为 60ms
        MOV     TH0,#0H
        MOV     TL0,#0H
        MOV     TH1,#15H        ;定时 60ms
        MOV     TL1,#0A0H
        SETB    EA              ;开总中断
        SETB    ET1             ;开定时器 1 中断
        SETB    TR0             ;启动定时器 0，1
        SETB    TR1
LOOP:   LCALL   CALCULATE       ;计数速度
        LCALL   SCAN            ;按键扫描
        LCALL   DISPLAY         ;显示
        LCALL   COMPAR          ;速度比较
        SJMP    LOOP
;************************************
;功能：比较是否超速，超速则打开声光报警
;说明：(55H)存放的实际速度值，(57H)存放的限定速度
;************************************
COMPAR: MOV     A,55H           ;(55H)存放的实际值，(57H)存放的限定值
        CJNE    A,57H,LP1       ;作减法运算，当(55H)-(57H)<0 时，C=1，即不超速 C=1，
                                ;超速 C=0
LP1:    JC      LP2
        DJNZ    58H,LP3         ;实现闪烁功能
        CPL     P1.5
        CPL     P1.3
        MOV     58H,#10
        RET
LP2:    SETB    P1.5
        SETB    P1.3
LP3:    RET
```

```
;*************************************************
;功能：扫描是否有按键按下，如有按键按下并处理
;说明：P1.0为K1键，限定值为15；P1.1为K2键，限定值为20；P1.2为K3键，限定值为25，
;*************************************************
SCAN:   JB      P1.0,KEY2
        LCALL   DELAY
        JB      P1.0,KEY2
        JNB     P1.0,$
        MOV     57H,#15
        SJMP    NEXT
KEY2:   JB      P1.1,KEY3
        LCALL   DELAY
        JB      P1.1,KEY3
        JNB     P1.1,$
        MOV     57H,#20
        SJMP    NEXT
KEY3:   JB      P1.2,EXT
        LCALL   DELAY
        JB      P1.2,EXT
        JNB     P1.2,$
        MOV     57H,#25
NEXT:   SETB    P1.5            ;关闭报警
        SETB    P1.3
        MOV     R7,40H          ;显示的速度值暂存
        MOV     R6,41H
        MOV     A,57H           ;设定值的十位，个位位拆开
        MOV     B,#10
        DIV     AB
        MOV     40H,A
        MOV     41H,B
        MOV     59H,#60         ;设定显示的时间
LLR:    LCALL   DISPLAY
        DJNZ    59H,LLR
        MOV     40H,R7          ;设定值显示结束，还原速度值
        MOV     41H,R6
EXT:    RET
;*************************************************
;功能：定时T1中断处理程序
;说明：定时0.9s到了以后读取霍尔转速脉冲的个数
;*************************************************
INTT1:  MOV     TH1,#15H        ;赋初值
        MOV     TL1,#0A0H
        DJNZ    50H,EXIT        ;15次完后0.9s时间到
        CLR     TR0             ;关闭定时器0
        MOV     52H,TL0         ;读计数值
        MOV     50H,#15
        MOV     TH0,#0           ;重新赋为0，又从0开始计数
        MOV     TL0,#0
        SETB    TR0             ;启动定时器0
EXIT:   RETI
```

```asm
;**************************************
;功能：速度计算子程序
;说明：脉冲个数×0.2m×4 即单位为 km/h
;脉冲个数×0.8=个数×（1-0.2）=个数-个数×2/10
;计算后的速度的个位和十位拆开。
;**************************************
CALCULATE:
        MOV     A,52H           ;脉冲个数×0.2m×4 即为  3.6s 内走过的距离，即单位为 km/h
        MOV     B,#2            ;电动车速小于 40km/h,脉冲个数小于 50,脉冲个数×0.8=个数×
                                ;（1-0.2）
        MUL     AB
        MOV     B,#10
        DIV     AB
        MOV     R1,A
        MOV     A,52H
        CLR     C
        SUBB    A,R1            ;将速度的个位和十位拆开
        MOV     55H,A
        MOV     B,#10
        DIV     AB
        MOV     40H,A
        MOV     41H,B
        RET
;************************
;共阴显示 30H（十位）31H（个位）
;************************
DISPLAY:
        SETB    P3.1
        SETB    P3.0
        CLR     P3.0
        MOV     A,40H
        MOVC    A,@A+DPTR
        MOV     P2,A
        LCALL   DELAY
        SETB    P3.0
        SETB    P3.1
        CLR     P3.1
        MOV     A,41H
        MOVC    A,@A+DPTR
        MOV     P2,A
        LCALL   DELAY
        RET
;************************
;延时 10ms
;************************
DELAY:  MOV     30H,#1
LR2:    MOV     31H,#100
LR1:    MOV     32H,#100
        DJNZ    32H,$
```

```
            DJNZ    31H,LR1
            DJNZ    30H,LR2
            RET
    TABLE:  DB      0C0H,0F9H,0A4H,0B0H,99H,92H,82H,0F8H,80H,90H
            END
```

## 第三部分  练  习  页

根据前面的学习，请独立完成练习要求。

| 项目名称 | | 任务名称 | |
|---|---|---|---|
| 班　　级 | | 小组编号 | | 完成时间 | |
| 完成人员 | | | | 教师评价 | |
| 练习要求 | (1) 用一个按键实现设置三挡最高速度限值。<br>(2) 设计一款 6 位数码管显示的 24h 制时钟，并具有修改时间的功能 | | |
| 设计工作过程 | | | |
| 任务分析 | | | |
| 结构框图 | | | |
| 关键器件选型及参数计算 | | | |
| 硬件设计 | | | |
| 软件设计 | | | |

| 系统调试 | |
|---|---|
| 存在的困难与问题 | |
| 注意事项 | |

备注：

## 附录 6  液晶显示接口设计

液晶显示器以其微功耗、体积小、显示内容丰富、超薄轻巧的诸多优点，在袖珍式仪表和低功耗应用系统中得到越来越广泛的应用。

这里介绍的字符型液晶模块是一种用 5×7 点阵图形来显示字符的液晶显示器，根据显示的容量可以分为 1 行 16 个字、2 行 16 个字、2 行 20 个字等，这里以长沙太阳人公司的 2 行 16 个字的 1602 液晶模块为例来介绍。

1. 主要技术参数

主要的技术参数如附表 6-1 所示。

附表 6-1　　　　　　　　　　　主要技术参数

| 显示容量 | 16×2 个字符（TN 型） | 模块最佳工作电压 | 5.0V |
|---|---|---|---|
| 工作电压 | 4.8～5.2V | 字符尺寸 | 2.95×4.35($W×H$)mm |
| 工作电流 | 2.0mA(5.0V) | 工作温度 | 0℃～+50℃ |
| 背光源颜色 | 黄绿 | 存储温度 | −20℃～+70℃ |
| 背光源电流 | <100mA | | |

2. 接口信号说明

长沙太阳人公司的 1602 液晶模块总共 16 引脚，各引脚符号及说明如附表 6-2 所示。

附表 6-2　　　　　　　　　接口信号说明

| 编号 | 符号 | 引脚说明 | 编号 | 符号 | 引脚说明 |
|---|---|---|---|---|---|
| 1 | VSS | 电源地 | 9 | D2 | Data I/O |
| 2 | VDD | 电源正极 | 10 | D3 | Data I/O |
| 3 | V0 | LCD 偏压输入 | 11 | D4 | Data I/O |
| 4 | RS | 数据/命令选择端（H/L） | 12 | D5 | Data I/O |
| 5 | R/W | 读写控制信号（H/L） | 13 | D6 | Data I/O |
| 6 | E | 使能信号 | 14 | D7 | Data I/O |
| 7 | D0 | Data I/O | 15 | BLK | 背光源负极 |
| 8 | D1 | Data I/O | 16 | BLA | 背光源正极 |

3．控制器接口说明（HD44780 及兼容芯片）

（1）基本操作时序

● 读状态。

输入：RS=L，RW=H，E=H　　　　　　　　输出：D0～D7=状态字

● 写指令。

输入：RS=L，RW=L，D0～D7=指令码，E=高脉冲　　　输出：无

● 读数据。

输入：RS=H，RW=H，E=H　　输出：D0～D7=数据

● 写数据。

输入：RS=H，RW=L，D0～D7=数据，E=高脉冲　　　输出：无

（2）状态字说明

状态字说明如附图 6-1 所示。

| STA7 | STA6 | STA5 | STA4 | STA3 | STA2 | STA1 | STA0 |
|---|---|---|---|---|---|---|---|
| D7 | D6 | D5 | D4 | D3 | D2 | D1 | D0 |

附图 6-1　状态字

- STA0-6 是当前数据地址指针的数值。
- STA7 是读写操作使能，1 为禁止，0 为允许。

注意：对控制器每次进行读写操作之前，都必须进行读写检测，确保 STA7 为 0。

（3）RAM 地址映射图

控制器内部带有 80X8 位（80 字节）的 RAM 缓冲区，对应关系如附图 6-2 所示。

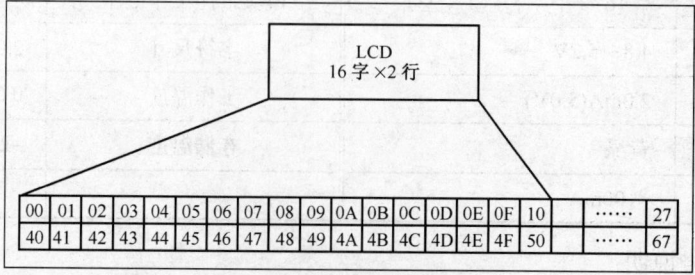

附图 6-2　RAM 地址映射图

(4) 指令说明
① 初始化设置。
- 显示模式设置如附图 6-3 所示。

| 指令码 | | | | | | | | 功能 |
|---|---|---|---|---|---|---|---|---|
| 0 | 0 | 1 | 1 | 1 | 0 | 0 | 0 | 设置 16×2 显示，5×7 点阵，8 位数据接口 |

附图 6-3 显示模式设置

- 显示开/关及光标设置如附图 6-4 所示。

| 指令码 | | | | | | | | 功能 |
|---|---|---|---|---|---|---|---|---|
| 0 | 0 | 0 | 0 | 1 | D | C | B | $D=1$ 开显示；$D=0$ 关显示<br>$C=1$ 显示光标；$C=0$ 不显示光标<br>$B=1$ 光标闪烁；$B=0$ 光标不闪烁 |
| 0 | 0 | 0 | 0 | 0 | 1 | N | S | $N=1$ 当读或写一个字符后地址指针加1，且光标加1。<br>$N=0$ 当读或写一个字符后地址指针减1，且光标减1。<br>$S=1$ 当写一个字符，整屏显示左移（$N=1$）或右移。<br>（$N=0$），以得到光标不移动而屏幕移动的效果。<br>$S=0$ 当写一个字符，整屏显示不移动 |

附图 6-4 显示开/关及光标设置

② 数据控制。
控制器内部设有一个数据地址指针，用户可通过它们来访问内部的全部 80B RAM。
- 数据指针设置如附图 6-5 所示。

| 指令码 | 功能 |
|---|---|
| 80H+地址码（0-27H，40H-67H） | 设置数据地址指针 |

附图 6-5 数据指针设置

- 读数据：见基本操作时序的说明。
- 写数据：见基本操作时序的说明。
- 其他设置如附图 6-6 所示。

| 指令码 | 功能 |
|---|---|
| 01H | 显示清屏（数据指针清零，所有显示清零） |
| 02H | 显示回车（数据指针清零） |

附图 6-6 其他设置

(5) 初始化过程（复位过程）
- 延时 15ms→写指令 38H(不检测忙信号)→延时 5ms→写指令 38H(不检测忙信号)→延时 5ms→写指令 38H（不检测忙信号）。
注意：以后每次写指令、读/写数据操作之前均需检测忙信号。
- 写指令 38H（显示模式设置）→写指令 08H（显示关闭）→写指令 01H（显示清

屏）→写指令 06H（显示光标移动设置）→写指令 0CH（显示开及光标设置）。

4．SMC1602A 参考连接

（1）AT89C51 系列总线方式

AT89C51 系列总线方式如附图 6-7 所示。

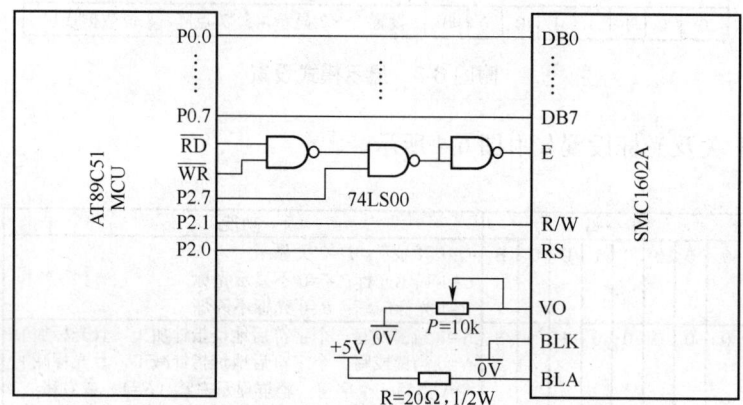

附图 6-7　AT89C51 系列总线方式

（2）AT89C51 系列模拟口线方式

AT89C51 系列模拟口线方式如附图 6-8 所示。

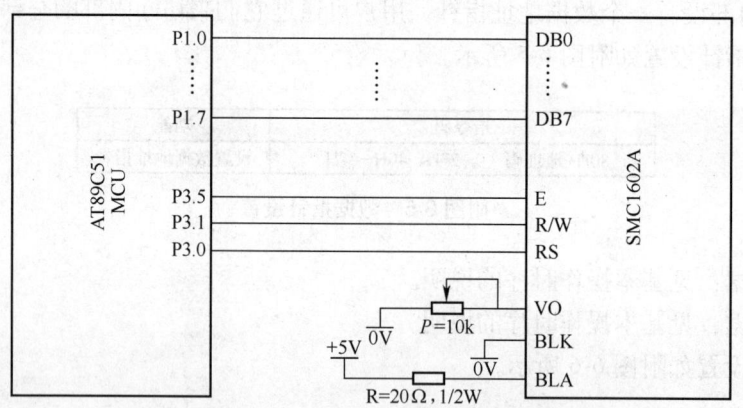

附图 6-8　AT89C51 系列模拟口线方式

5．控制器接口时序说明（HD44780 及兼容芯片）

（1）读操作时序

读操作时序如附图 6-9 所示。

（2）写操作时序

写操作时序如附图 6-10 所示。

（3）时序参数

时序图中各时序参数说明如附表 6-3 所示。

项目二 超速报警系统的设计与调试

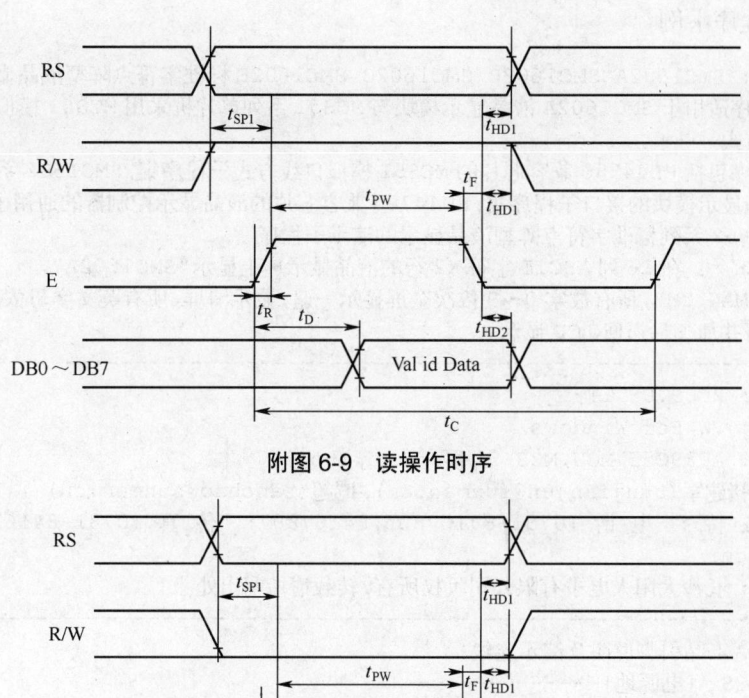

附图 6-9 读操作时序

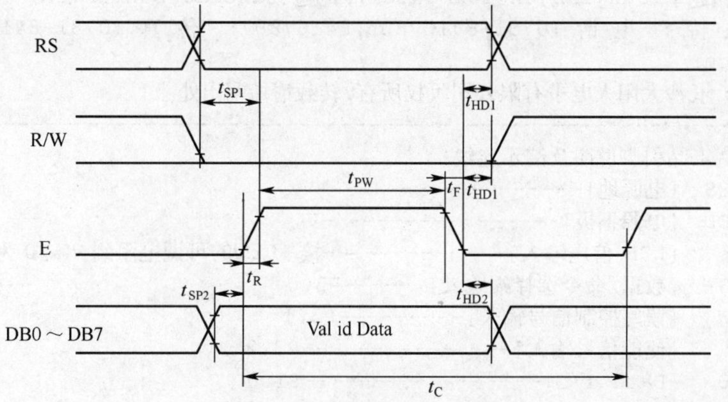

附图 16-10 写操作时序

附表 6-3　　　　　　　　时序参数

| 时 序 参 数 | 符号 | 极 限 值 | | | 单位 | 测 试 条 件 |
|---|---|---|---|---|---|---|
| | | 最小值 | 典型值 | 最大值 | | |
| E 信号周期 | $t_C$ | 400 | — | — | ns | |
| E 脉冲宽度 | $t_{PW}$ | 150 | — | — | ns | 引脚 E |
| E 上升沿/下降沿时间 | $t_R, t_F$ | — | — | 25 | ns | |
| 地址建立时间 | $t_{SP1}$ | 30 | — | — | ns | 引脚 E、RS、R/W |
| 地址保持时间 | $t_{HD1}$ | 10 | — | — | ns | |
| 数据建立时间（读操作） | tD | — | — | 100 | ns | |
| 数据保持时间（读操作） | $t_{HD2}$ | 20 | — | — | ns | 引脚 DB0～DB7 |
| 数据建立时间（写操作） | $t_{SP2}$ | 40 | — | — | ns | |
| 数据保持时间（写操作） | $t_{HD2}$ | 10 | — | — | ns | |

183

## 6. 接口程序举例

```
;应用产品：SMC1602A SMC1602B SMC1602C SMC1602E 标准字符点阵型液晶显示模块
;本演示程序适用于 SMC1602A 液晶显示模块与 MCS51 系列单片机采用 MCS51 模拟口线的
 硬件连线方式
;本演示程序包括 HD44780 兼容芯片的 MCS51 模拟口线方式子程序集,SMC1602 系列标准字符
 点阵型液晶显示模块的接口子程序集,HD44780 兼容芯片的液晶显示控制器的通用子程序集,
 以及 SMC1602 系列标准字符点阵型液晶显示的演示子程序
;演示的内容为：在 16 列 ASCII 字符 X2 行的液晶显示屏上显示"SMC1602A",
 "WWW.SUNMAN.CN",所有数字 0~9 依次全屏显示一遍,显示清屏,所有英文字母依次显示,
 依次读字符并加 1 后送回 LCD 显示
;--------------------------------------------------------------------
;创建日期：2009.08.11
;软件环境：VW For Windows
;硬件环境：AT89C52 MCU,MCS-51 系列 MCU,etc
;创建人：褚建军(chujianjun@sunman.cn),谭超(tanchao@sunman.cn)
; 技 术 支 持 ： 电 话 (0731-84167806,84167807), 传 真 (0731-84167807), 网 址
 (www.sunman.cn)
;版权信息：长沙太阳人电子有限公司版权所有,转载请指明出处
;----------------------    -------------------------------------------
;SMC1602A 产品引脚说明及演示连线
;PIN1: VSS   [电源地]--------------------Vss
;PIN2: VDD   [电源正极]------------------VDD
;PIN3: Vo    [LCD 偏压输入]--------------接 10kΩ的可调电阻到 Vss,0 为显示最深
;PIN4: RS    [数据/命令选择端输入]------P3.0
;PIN5: RW    [读写控制信号输入]---------P3.1
;PIN6: E     [使能信号输入]-------- ------P3.2
;PIN7: D0    [Data I/O]-----------------P1.0
;PIN8: D1    [Data I/O]-----------------P1.1
;PIN9: D2    [Data I/O]-----------------P1.2
;PIN10:D3    [Data I/O]-----------------P1.3
;PIN11:D4    [Data I/O]-----------------P1.4
;PIN12:D5    [Data I/O]-----------------P1.5
;PIN13:D6    [Data I/O]-----------------P1.6
;PIN14:D7    [Data I/O]-----------------P1.7
;PIN15:BLA   [背光源正极]---------------接 10Ω电阻到+5V
;PIN16:BLK   [背光源负极]---------------Vss
;-----------
;以下为产品接口引脚在演示程序中的预定义
;用户在编写应用程序时,需按自己的实际硬件连线来重新定义
RSPIN       BIT P3.0
RWPIN       BIT P3.1
EPIN        BIT P3.2              ;E 对应单片机引脚
;--------------------------------------------------------------------
;以下 CXPOS,CYPOS 变量用于指示当前操作字符的位置的预定义
;用户在编写应用程序时,需按自己的实际软件程序需要来重新定义
CXPOS       EQU 20H               ;列方向地址指针(用于 CHARLCDPOS 子程序)
CYPOS       EQU 21H               ;行方向地址指针(用于 CHARLCDPOS 子程序)
;--------------------------------------------------------------------
            ORG     0000H
```

```asm
                JMP     START
START:  MOV     SP,#60H
MAIN:   CALL    EXSAMPLE            ;调用演示程序
                JMP     MAIN
STR1:   DB      "SMC1602A",0
STR2:   DB      "WWW.SUNMAN.CN",0
EXSAMPLE:                           ;演示程序
;0.演示前的准备,LCD液晶显示控制器初始化,所有显示全清零
                CALL    LCDRESET            ;液晶显示控制器初始化
                MOV     A,#' '
                CALL    CHARFILL            ;显示清屏
;1.字符串演示：在(4,0)字符位置显示"SMC1602A"
                MOV     CXPOS,#4            ;设置当前显示位置为第5列
                MOV     CYPOS,#0            ;设置当前显示位置为第1行
                MOV     DPTR,#STR1
                ACALL   PUTSTR              ;显示字符串
                ACALL   EXDELAY             ;延时约300ms
                ACALL   EXDELAY             ;延时约300ms
;2.字符串演示：在(2,1)字符位置显示"WWW.SUNMAN.CN"
                MOV     CXPOS,#2            ;设置当前显示位置为第3列
                MOV     CYPOS,#1            ;设置当前显示位置为第2行
                MOV     DPTR,#STR2
                ACALL   PUTSTR              ;显示字符串
                ACALL   EXDELAY             ;延时约300ms
                ACALL   EXDELAY             ;延时约300ms
;3.字符填充演示：整屏显示 0..9 空格一遍
                MOV     R7,#'0'             ;初始数字为0
ESP_PA:  MOV    A,R7
                ACALL   CHARFILL            ;整屏显示为A的值
                ACALL   EXDELAY             ;延时300ms
                INC     R7
                CJNE    R7,#'9'+1,ESP_PA
                MOV     A,#' '
                ACALL   CHARFILL            ;显示清屏
                ACALL   EXDELAY             ;延时300ms
;4.字符演示：依次显示 A..Z 一遍
                MOV     R7,#'A'             ;依次显示A~Z一遍
ESP_PB:  MOV    A,R7
                ACALL   PUTCHAR             ;当前位置显示为A的值
                ACALL   CHARCURSORNEXT      ;置字符位置为下一个有效位置
                CALL    EXDELAY             ;延时300ms
                INC     R7
                CJNE    R7,#'Z'+1,ESP_PB
;5.字符演示：依次读字符并加1后送回LCD显示.
                MOV     CXPOS,#0            ;设置起始列为第1列
                MOV     CYPOS,#0            ;设置起始行为第1行
                MOV     R7,#0
ESP_PC:  ACALL  GETCHAR             ;读当前位置字符的ASCII码
                ADD     A,#1                ;将读出的ASCII码加1后送回LCD显示
                ACALL   PUTCHAR
```

```
            ACALL    CHARCURSORNEXT       ;置字符位置为下一个有效位置
            ACALL    EXDELAY              ;延时 300ms
            INC      R7
            CJNE     R7,#32,ESP_PC        ;依次读 32 个字符
            RET
EXDELAY:                                  ;演示延时子程序
            MOV      R2,#30               ;延时约 300ms
EDY_PA:     MOV      R1,#100
EDY_PB:     MOV      R0,#49
            DJNZ     R0,$
            DJNZ     R1,EDY_PB
            DJNZ     R2,EDY_PA
            RET
;----------------------------------------------------------------
;以下 CHARFILL,PUTSTR,PUTCHAR 为 HD44780 兼容芯片的液晶显示控制器的通用子程序
;----------------------------------------------------------------
;子程序名称:CHARFILL(A).
;功能:整屏显示 A 代表的 ASCII 字符.
;输入:A.
;输出:无.
;影响:R0,ACC.
;修改日期:2009.08.11
;修改人:chujianjun@sunman.cn,tanchao@sunman.cn
;----------------------------------------------------------------
CHARFILL:                                 ;整屏显示 A 代表的 ASCII 字符子程序
            MOV      CXPOS,#0             ;第 1 列字符位置
            MOV      CYPOS,#0             ;第 1 行字符位置
LFL_PA:
            ACALL    PUTCHAR              ;定位写字符
            ACALL    CHARCURSORNEXT       ;置字符位置为下一个有效位置
            MOV      R0,CXPOS
            CJNE     R0,#0,LFL_PA         ;字符位置没有回到第 1 列字符位置,则重复写字符
            MOV      R0,CYPOS
            CJNE     R0,#0,LFL_PA         ;字符位置没有回到第 1 行字符位置,则重复写字符
            RET
;----------------------------------------------------------------
;子程序名称:PUTSTR(DPTR)
;功能:在(CXPOS,CYPOS)字符位置写字符串
;输入:DPTR
;输出:无
;影响:R0,ACC,DPTR
;修改日期:2009.08.11
;修改人:chujianjun@sunman.cn,tanchao@sunman.cn
;----------------------------------------------------------------
PUTSTR:                                   ;定位写字符串子程序
            CLR      A
            MOVC     A,@A+DPTR
            JZ       PSR_LAX              ;为零表示字符串结束,退出
            ACALL    PUTCHAR              ;写 1 个字符
            ACALL    CHARCURSORNEXT       ;字符位置移到下一个
```

```
                INC     DPTR                    ;字符串指针移到下一个
                JMP     PUTSTR                  ;重新读字符串
PSR_LAX:
        RET
;----------------------------------------------------------------------
;子程序名称:PUTCHAR(A)
;功能:在(CXPOS,CYPOS)字符位置写字符
;输入:无
;输出:无
;影响:无
;修改日期:2009.08.11
;修改人:chujianjun@sunman.cn,tanchao@sunman.cn
;----------------------------------------------------------------------
PUTCHAR:        ;在(CXPOS,CYPOS)字符位置写字符子程序
                ACALL   CHARLCDPOS              ;设置(CXPOS,CYPOS)字符位置的DDRAM地址
                ACALL   LCDWD                   ;写字符
                RET
;----------------------------------------------------------------------
;子程序名称:GETCHAR(A)
;功能:在(CXPOS,CYPOS)字符位置读字符
;输入:无
;输出:A
;影响:R0
;修改日期:2009.08.11
;修改人:chujianjun@sunman.cn,tanchao@sunman.cn
;----------------------------------------------------------------------
GETCHAR:        ;在(CXPOS,CYPOS)字符位置读字符子程序
                ACALL   CHARLCDPOS              ;设置(CXPOS,CYPOS)字符位置的DDRAM地址
                ACALL   LCDRD                   ;读字符
                RET
;----------------------------------------------------------------------
;以下CHARLCDPOS,CHARCURSORNEXT,LCDRESET为HD44780兼容芯片的液晶显示控制器的
;16字符X2行的SMC1602系列标准字符点阵型液晶显示模块的接口程序
;----------------------------------------------------------------------
;子程序名称:CHARLCDPOS()
;功能:设置(CXPOS,CYPOS)字符位置的DDRAM地址
;输入:无
;输出:无
;影响:无
;修改日期:2009.08.11
;修改人:chujianjun@sunman.cn,tanchao@sunman.cn
;----------------------------------------------------------------------
CHARLCDPOS:     ;设置(CXPOS,CYPOS)字符位置的DDRAM地址
                PUSH    ACC
                ANL     CXPOS,#0FH              ;X位置范围(0~15)
                ANL     CYPOS,#01H              ;Y位置范围(0~1)
                MOV     A,CYPOS                 ;(CXPOS,CYPOS)对应DDRAM地址
                CJNE    A,#00,LPS_LAY           ;(第一行)X:第0~15个字符
                MOV     A,CXPOS                 ;DDRAM:  0~0FH
                JMP     LPS_LAX
```

```
LPS_LAY:
        MOV     A,CXPOS         ;(第二行)X：第 0~15 个字符
        ADD     A,#40H          ;DDRAM： 40~4FH
LPS_LAX:
        ORL     A,#80H          ;设置 DDRAM 地址
        ACALL   LCDWC
        POP     ACC
        RET
;----------------------------------------------------------------
;子程序名称:CHARCURSORNEXT()
;功能:置字符位置为下一个有效位置
;输入:无
;输出:无
;影响:R0
;修改日期:2009.08.11
;修改人:chujianjun@sunman.cn,tanchao@sunman.cn
;----------------------------------------------------------------
CHARCURSORNEXT:                 ;置字符位置为下一个有效位置子程序
        INC     CXPOS           ;字符位置加 1
        ANL     CXPOS,#0FH      ;字符位置 CXPOS 的有效范围为(0~15)
        MOV     R0,CXPOS
        CJNE    R0,#0,CSN_LAX   ;CXPOS 为 0 表示要换行
        INC     CYPOS
        ANL     CYPOS,#01H      ;字符位置 CYPOS 的有效范围为 0~1
CSN_LAX:
        RET
;----------------------------------------------------------------
;子程序名称:LCDRESET()
;功能:液晶显示控制器初始化
;输入:无
;输出:无
;影响:R0,ACC
;修改日期:2009.08.11
;修改人:chujianjun@sunman.cn,tanchao@sunman.cn
;----------------------------------------------------------------
LCDRESET:       ;SMC1602 系列液晶显示控制器初始化子程序
        MOV     A,#38H          ;1602 的显示模式字为 38H
        ACALL   LCDWC           ;显示模式设置第一次
        ACALL   DELAY3MS        ;延时 3ms
        ACALL   LCDWC           ;显示模式设置第二次
        ACALL   DELAY3MS        ;延时 3ms
        ACALL   LCDWC           ;显示模式设置第三次
        ACALL   DELAY3MS        ;延时 3ms
        ACALL   LCDWC           ;显示模式设置第四次
        ACALL   DELAY3MS        ;延时 3ms
        MOV     A,#08H          ;显示关闭
        ACALL   LCDWC
        MOV     A,#01H          ;清屏
        ACALL   LCDWC
        ACALL   DELAY3MS        ;延时 3ms
```

```
        MOV     A,#06H          ;显示光标移动设置
        ACALL   LCDWC
        MOV     A,#0CH          ;显示开及光标设置
        ACALL   LCDWC
        RET
DELAY3MS:                       ;延时 3ms 子程序
        MOV     R1,#15
DL3_PA: MOV     R2,#100
        DJNZ    R2,$
        DJNZ    R1,DL3_PA
        RET
;------------------------------------------------------------------
;以下 LCDWC,LCDWD,LCDRD 为 HD44780 兼容芯片的 MCS51 模拟口线方式的基本子程序,
;LCDWAITIDLE 为内部子程序
;------------------------------------------------------------------
;子程序名称:LCDWC(A)
;功能:送控制字到液晶显示控制器
;输入:A
;输出:无
;影响:R0
;修改日期:2009.08.11
;修改人:chujianjun@sunman.cn,tanchao@sunman.cn
;------------------------------------------------------------------
LCDWC:  ;送控制字子程序
        ACALL   LCDWAITIDLE     ;HD44780 液晶显示控制器忙检测
        CLR     RSPIN           ;RS=0  RW=0  E=高脉冲
        CLR     RWPIN
        MOV     P1,A
        SETB    EPIN
        NOP
        CLR     EPIN
        RET
;------------------------------------------------------------------
;子程序名称:LCDWD(A).
;功能:送数据到液晶显示控制器.
;输入:A.
;输出:无.
;影响:R0.
;修改日期:2009.08.12
;修改人:chujianjun@sunman.cn,tanchao@sunman.cn
;------------------------------------------------------------------
LCDWD:                          ;送数据子程序
        ACALL   LCDWAITIDLE     ;HD44780 液晶显示控制器忙检测
        SETB    RSPIN           ;RS=1  RW=0  E=高脉冲
        CLR     RWPIN
        MOV     P1,A
        SETB    EPIN
        NOP
        CLR     EPIN
        RET
```

```asm
;-------------------------------------------------------------------
;子程序名称:LCDRD().
;功能:读数据到液晶显示控制器.
;输入:无.
;输出:A.
;影响:R0.
;修改日期:2009.08.12
;修改人:chujianjun@sunman.cn,tanchao@sunman.cn
;-------------------------------------------------------------------
LCDRD:                              ;读数据子程序
        ACALL   LCDWAITIDLE         ;HD44780液晶显示控制器忙检测
        MOV     P1,#0FFH
        SETB    RSPIN               ;RS=1  RW=0  E=高脉冲
        SETB    RWPIN
        SETB    EPIN
        NOP
        MOV     A,P1
        CLR     EPIN
        RET
;-------------------------------------------------------------------
;子程序名称:LCDWAITIDLE()
;功能:忙检测
;输入:无
;输出:无
;影响:R0
;修改日期:2009.08.12
;修改人:chujianjun@sunman.cn,tanchao@sunman.cn
;-------------------------------------------------------------------
LCDWAITIDLE:    ;忙检测子程序
        PUSH    ACC                 ;正常读写操作之前必须检测LCD控制器状态
        MOV     P1,#0FFH            ;状态字的D7位为0表示LCD控制器空闲,可以进行
                                    ;读写操作
        CLR     RSPIN               ;RS=0  RW=1  E=高电平
        SETB    RWPIN
        SETB    EPIN
        MOV     R0,#20
WTD_PA: NOP
        JNB     P1.7,WTD_LAX        ;D7=0 表示LCD控制器空闲,则退出检测
        DJNZ    R0,WTD_PA           ;D7=1 表示LCD控制器忙,则继续检测若忙时间超过
                                    ;100μs,则表示LCD控制器硬件出错,退出检测
        NOP                         ;用户可在此设置错误代码,或仿真时设置断点
WTD_LAX:
        CLR     EPIN
        POP     ACC
        RET
```

微控制器及其应用

# 项目三　电动自行车调速系统的设计与调试

　　电动自行车（以下简称电动车）具有环保节能、价格便宜、低噪声、使用便利等特点，因此获得了越来越广泛的应用。控制器是电动车电气系统的核心，不但对电动车的随车能量实施管理，而且通过接收的各种信号，对电动机的运转进行调控。目前，大多数电动车控制器的生产厂家所采用的控制器电路原理基本相似，即直流电动机大都采用脉冲宽度调制（PWM）的方式调速。在本项目中，通过 3 个实现电动机调速与过流保护的典型工作任务，来学习 A/D、电机驱动、PWM 调速原理等知识。

　　1．项目内容

　　设计完成电动车调速系统。利用单片机采集调速手柄的输入信号，根据输入信号的大小来调节电动机的转速。项目设计的电路主要由 AT89C51 单片机最小系统、调速信号采集电路、电动机驱动电路、电流采样放大电路等部分组成。通过完成仿真图和程序设计并完成调试的全过程，使大家掌握并行和串行 A/D 与单片机的接口设计方法；掌握常用电动机驱动电路，电动机 PWM 调速原理；掌握电动机过电流保护的硬件和软件实现方法。

　　2．项目任务

　　任务一　调速信号采集模块

　　任务二　直流电动机驱动模块

　　任务三　电动机过流保护模块

## 任务一　调速信号采集模块

任务描述

| 项　　目 | 说　　明 |
|---|---|
| 主要内容 | （1）并行 A/D 接口设计；<br>（2）串行 A/D 接口设计；<br>（3）Keil C51 和 Proteus 软件的基本应用 |
| 学习条件 | （1）单片机系统演示样机；<br>（2）装有 Powerpoint、Keil C51 和 Proteus 等软件，能上网的计算机 |
| 学习材料 | 学习任务单、学习记录单、学习课件、参考书、笔记本 |

续表

| 项 目 | 说 明 |
| --- | --- |
| 学习场地 | 教学做一体实训室 |
| 任务要求 | 将调速手柄输入的模拟信号转换为单片机能够识别并处理的数字信号。要求在 Proteus 平台中绘制调速信号采集电路的仿真图,在 Keil C51 平台中编辑并调速信号采集程序,有条件的可将代码下载到实验板上观察实际的效果。<br>设计一个调速信号采集电路,并将 A/D 转换后的 8 位数字量通过两位数码管以 16 进制的形式显示出来 |
| 兴趣拓展 | 设计一个简易数字电压表,要求能测量 0~5V 之间的直流电压值,结果用四位数码管显示,显示单位为 mV |

电动车的行车速度是通过电动车上的调速手柄来调节的,调速手柄输出的是模拟电压信号,电压范围从 1.0~4.2V。根据调速手柄输出的电压信号的大小来调节电动机 PWM 信号占空比的大小,可以达到速度调节的目的。因此本任务的要求之一是实现将调速手柄输入的模拟信号转换为单片机能够识别并处理的数字信号。要求在 Proteus 平台中绘制调速信号采集电路的仿真图,在 Keil C51 平台中编辑并调速信号采集程序,有条件的读者可将代码下载到实验板上观察实际的运行效果。

A/D 转换后的数字量存储在单片机内部数据存储器中,如果该数字量没有显示出来则无法判断 A/D 转换程序是否正确。因此,本任务的要求之二是设计一个调速信号采集电路,并将 A/D 转换后的 8 位数字量通过两位数码管以 16 进制的形式显示出来。

## 第一部分  任务学习引导

### 一、并行 A/D 接口设计

1. ADC0809 引脚功能和基本特性

ADC0809 是采用 CMOS 工艺制造的双列直插式单片 8 位 A/D 转换器。分辨率 8 位,精度 7 位,带 8 个模拟量输入通道,有通道地址译码锁存器,输出带三态数据锁存器。

ADC0809 采用 DIP-28 封装,引脚如图 3-1 所示。

各引脚功能如下。

IN7~IN0——模拟量输入通道。

ADDA~ADDC——地址线。为通道端口选择线,A 为低地址,C 为高地址,其地址状态与通道对应关系如表 3-1 所示。

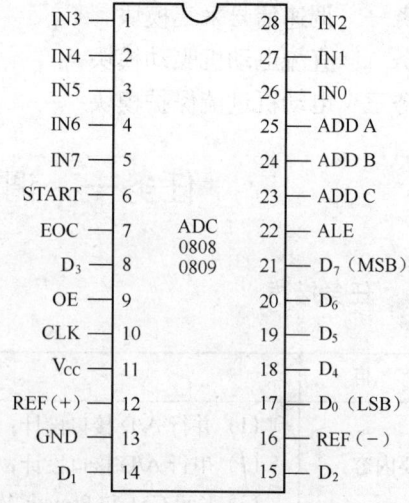

图 3-1  ADC0809 引脚图

## 项目三 电动自行车调速系统的设计与调试

表 3-1　　　　　　　　　地址码与输入通道的对应关系

| 地 | 址 | 码 | 对应的输入通道 | 地 | 址 | 码 | 对应的输入通道 |
|---|---|---|---|---|---|---|---|
| C | B | A |  | C | B | A |  |
| 0 | 0 | 0 | IN0 | 1 | 0 | 0 | IN4 |
| 0 | 0 | 1 | IN1 | 1 | 0 | 1 | IN5 |
| 0 | 1 | 0 | IN2 | 1 | 1 | 0 | IN6 |
| 0 | 1 | 1 | IN3 | 1 | 1 | 1 | IN7 |

ALE——地址锁存允许信号。对应 ALE 上跳沿，ADDA～ADDC 地址状态送入地址锁存器中。

START——转换启动信号。START 上升沿时，复位 ADC0809；START 下降沿时启动芯片，开始进行 A/D 转换；在 A/D 转换期间，START 应保持低电平。

$D_0 \sim D_7$——数据输出线。为三态缓冲输出形式，可以和单片机的数据线直接相连。

OE——输出允许信号。用于控制三态输出锁存器向单片机输出转换得到的数据。$OE$=0，输出数据线呈高阻；$OE$=1，输出转换得到的数据。

CLK——时钟信号。ADC0809 的内部没有时钟电路，所需时钟信号由外界提供，因此有时钟信号引脚。通常使用频率为 500kHz 的时钟信号。

EOC——转换结束信号。$EOC$=0，正在进行转换；$EOC$=1，转换结束。使用中该状态信号即可作为查询的状态标志，又可作为中断请求信号使用。

Vcc——+5V 电源。

REF（+）、REF（-）——参考电源。参考电压用来与输入的模拟信号进行比较，作为逐次逼近的基准。其典型值为+5V（$V_{ref}(+)$=+5V, $V_{ref}(-)$=-5V）。

GND——地。

2．ADC0809 的结构及转换原理

ADC0809 内部结构框图如图 3-2 所示，由 8 路模拟开关及地址锁存器和译码器、8 位 A/D 转换器和三态输出锁存器 3 部分组成。

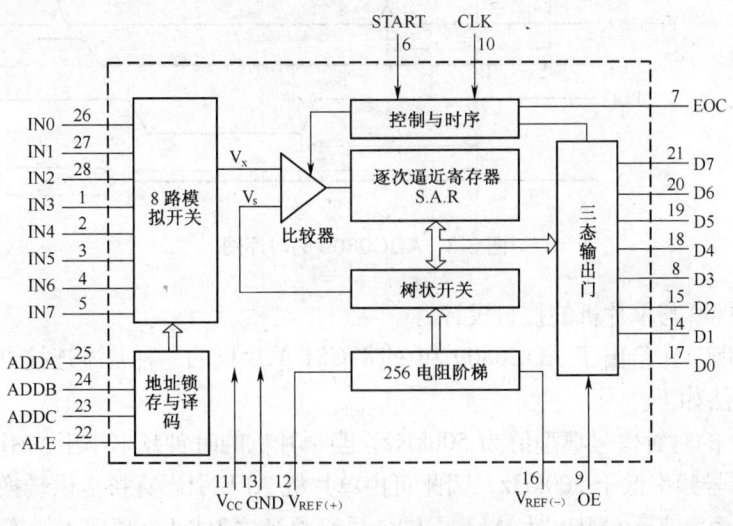

图 3-2　ADC0809 的内部结构

193

(1) 8 路模拟开关及地址锁存与译码器：8 路模拟开关用于一路与 8 位 A/D 转换器接通。地址锁存和译码器在 ALE 信号的作用下锁存 ADDA、ADDB、ADDC 上的 3 位地址信息，经译码控制某一路输入模拟信号与 A/D 转换器部分接通。

(2) 8 位 A/D 转换器：为逐次逼近式，由 256Ω 电阻分压器、模拟开关阵译码器、电压比较器逐次逼近寄存器 SAR、逻辑控制和定时电路组成，其中 256Ω 电阻分压器和模拟开关阵译码器组成了一个 D/A 转换器。REF（+）和 REF（-）是电阻分压器的基准电压输入端。CLOCK 是时钟输入信号，必须外接。A/D 转换器由 START 信号控制。转换结束后控制电路将转换结果送入三态输出锁存器，并使 EOC 信号有效。

(3) 三态输出寄存器：用于锁存转换的数字量结果。当 OE 有效时，就可以从三态输出寄存器读取转换结果了。

3．ADC0809 的时序

ADC0809 的时序如图 3-3 所示。从图中可以看出转换过程以及各信号之间的关系。首先输入地址选择信号，在 ALE 信号的作用下，地址信号被锁存并产生译码信号，选中一路模拟量输入，然后输入启动转换开始信号 START（不应小于 100ns），启动 A/D 转换。转换结束时发出转换结束信号 EOC，数据送三态门锁存，在允许输出控制信号 OE 的作用下，再将转换结果输出到外部数据总线。

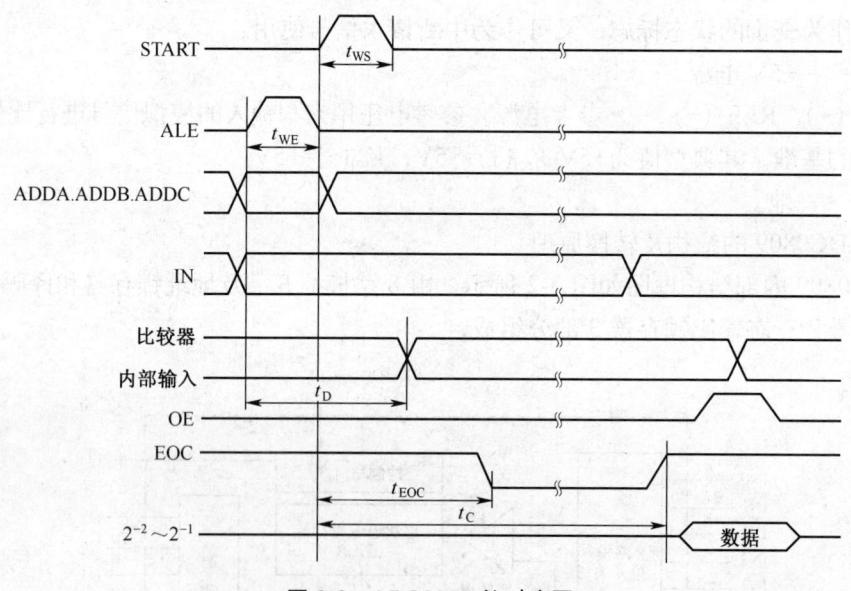

图 3-3　ADC0809 的时序图

4．ADC0809 与单片机的接口设计

如图 3-4 所示，给出了 ADC0809 和 AT89C51 单片机的一种基本连接电路。主要功能信号的处理方法如下。

ADC0809 的时钟信号典型值为 500kHz，当单片机的时钟频率小于 6MHz 时，单片机 ALE 引脚的信号频率低于 500kHz，因此可由单片机 ALE 引脚直接提供转换时钟信号。当单片机的时钟频率高于 6MHz 时，ALE 引脚信号必须经过 2 或 4 分频后才能连接到 ADC0809

的 CLK 引脚上。图中单片机的晶振频率为 12MHz，ALE 引脚信号经过 2 分频后为 500kHz，直接连接到 ADC0809 的 CLK 引脚上。

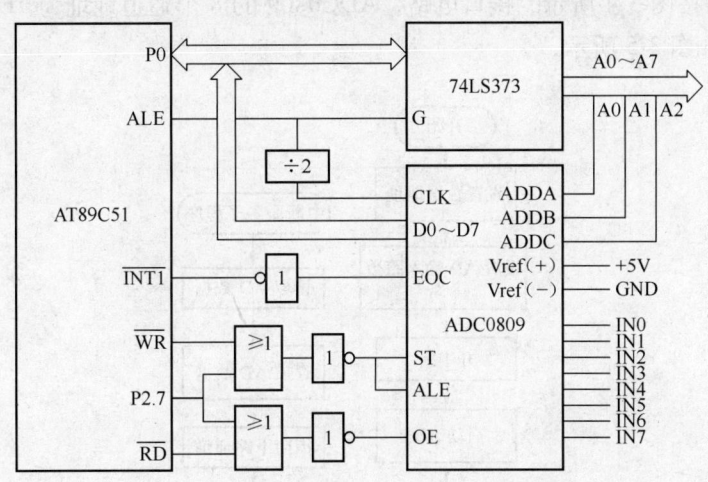

图 3-4 ADC0809 与单片机接口电路图

P2.7 与 /RD 、/WR 的组合实现对 ADC0809 的控制，当 P2.7 为低电平时，才能对 ADC0809 进行操作。启动转换信号 START 与 ALE 相连，当单片机读 ADC0809 的转换结果时，先送出地址，/WR 为低电平，通过或非门后使 ADC0809 的 START 与 ALE 引脚信号有效。地址选通后读取转换结果，/RD 为低电平，通过或非门后使 ADC0809 的 OE 有效。

因此，ADC0809 的通道选择和数据传输都经过 P0 口，ADDA～ADDC 与地址总线的 A0~A2 连接，考虑到单片机 P2.7 引脚的控制作用，且设置无关地址位为 1，则模拟通道 IN0~IN7 的地址依次为 7FF8H～7FFFH。

选通 IN0 的地址信号如下。

| P2.7 | P2.6 | P2.5 | P2.4 | P2.3 | P2.2 | P2.1 | P2.0 | P0.7 | P0.6 | P0.5 | P0.4 | P0.3 | P0.2 | P0.1 | P0.0 |
|------|------|------|------|------|------|------|------|------|------|------|------|------|------|------|------|
| 0 | 1 | 1 | 1 | 1 | 1 | 1 | 1 | 1 | 1 | 1 | 1 | 1 | 0 | 0 | 0 |
| 控制位 | 无关位均匀 1 | | | | | | | | | | | | 通道选择位 | | |

| 通道选择 | 通道 |
|---------|------|
| 000 | 通道 0 |
| 001 | 通道 1 |
| 010 | 通道 2 |
| 011 | 通道 3 |
| 100 | 通道 4 |
| 101 | 通道 5 |
| 110 | 通道 6 |
| 111 | 通道 7 |

转换结束信号 EOC 信号经过反相器后送到单片机的中断 1，因此可以通过该引脚，以中断的方式告知单片机进行转换后数据的传送。

启动 A/D 转换并且读取转换结果的程序很简单，通过以下两条指令就能实现。

```
MOV     DPTR,#7FF8H         ;选中通道 0
MOVX    A,@DPTR             ;信号有效，输出转换后的数据到 A 累加器
```

### 5. 应用实例

设有一个 8 路模拟量输入的巡回监测系统，采样数据依次存放在外部 RAM 0A0H~0A7H 单元中，按图 3-4 所示的接口电路，ADC0809 的 8 个通道地址为 7FF8H~7FFFH。其程序流程图如图 3-5 所示。

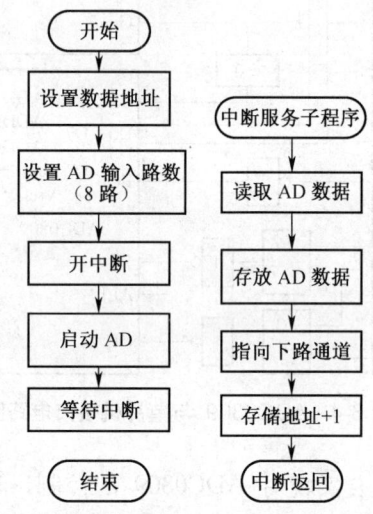

图 3-5　ADC0809 使用实例流程图

其数据采样的初始化程序和中断服务程序（假定只采样一次）如下。

初始化程序：

```
            MOV     R0,#0A0H        ;数据存储区首地址
            MOV     R2,#08H         ;8 路计数器
            SETB    IT1             ;边沿触发方式
            SETB    EA              ;中断允许
            SETB    EX1             ;允许外部中断 1 中断
            MOV     DPTR,#7FF8H     ;A/D 转换器地址
LOOP:       MOVX    @DPTR,A         ;启动 A/D 转换
            SJMP    $               ;等待中断
```

中断服务程序：

```
INT_0:      MOVX    A,@DPTR         ;数据采样
            MOVX    @R0,A           ;存数
            INC     DPTR            ;指向下一模拟通道
            INC     R0              ;指向数据存储器下一单元
            DJNZ    R2,INT_0
            MOV     R2,#08H
ADEND:      RETI
```

### 二、串行 A/D 接口设计

ADC0834 是美国国家半导体公司生产的一种 8 位分辨率、4 通道 A/D 转换芯片。由于其体积小，兼容性强，性价比高而深受单片机爱好者及企业的欢迎。

## 项目三 电动自行车调速系统的设计与调试

1．ADC0834 引脚功能和基本特性

（1）引脚功能

ADC0834 是 4 通道串行 A/D 转换器，ADC0834 的引脚图如图 3-6 所示。功能描述见表 3-2。

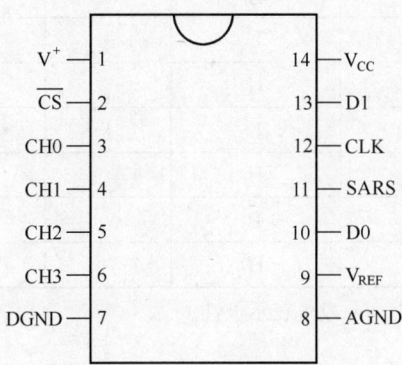

图 3-6　ADC0834 的引脚图

表 3-2　　　　　　　　　　　ADC0834 引脚功能

| 序　号 | 引脚名称 | 描　述 | 序　号 | 引脚名称 | 描　述 |
|---|---|---|---|---|---|
| 1 | V+ | 齐纳稳压管连接端 | 10 | DO | 数据输出 |
| 2 | /CS | 片选信号 | 11 | SARS | SARS 状态输出 |
| 3~6 | CH0~CH3 | 通道 0~3 | 12 | CLK | 时钟输入 |
| 7 | DGND | 数字地 | 13 | DI | 数据输入 |
| 8 | AGND | 模拟地 | 14 | $V_{CC}$ | 电源 |
| 9 | $V_{REF}$ | 参考电压 | | | |

（2）基本特性

ADC0834 是 4 通道、8 位分辨率的串行数据接口 ADC，输入通道多路开关采用数字逻辑控制，输入输出兼容 TTL 和 MOS 电平，单 5 V 电压供电，与微处理器接口非常方便。时钟频率范围为 10~600 kHz。在 250 kHz 时钟下，转换时间为 32μs，总不可调整误差为 ±1LSB。

ADC0834 输入电压有单端（SGL）和差分（DIF）两种方式。单端为对地输入，差分输入则需要分配输入端子正负极性，当正极性输入端电压小于负极性端时，输出为全"0"。控制器（单片机）通过串行数据链路，采用软件来控制通道选择和输入配置（见表 3-3）。采用串行通信方式的优点是：不需要增大 ADC 电路的尺寸就可以再增加新的功能，而且可以将 ADC 与传感器一起放置，消除了模拟信号传送带来的干扰。

表 3-3　　　　　　　　　　ADC0834 地址控制逻辑表

| 地址位 | | | 通道号 | | | |
|---|---|---|---|---|---|---|
| SGL/$\overline{\text{DIF}}$ | ODD/$\overline{\text{EVEN}}$ | SELECT BIT1 | CH0 | CH1 | CH2 | CH3 |
| L | L | L | + | − | | |
| L | L | H | | | + | − |
| L | H | L | − | + | | |
| L | H | H | | | − | + |
| H | L | L | + | | | |
| H | L | H | | | + | |
| H | H | L | | + | | |
| H | H | H | | | | + |

注：H 为高电平，L 为低电平，—或 + 表示极性。

**2．ADC0834 操作时序图**

ADC0834 的操作时序如图 3-7 所示。

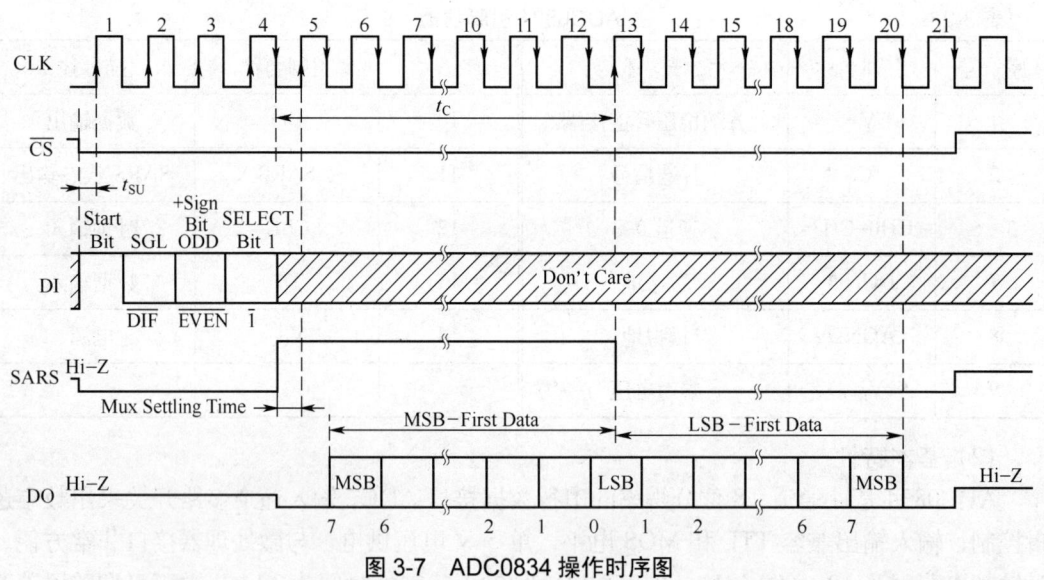

图 3-7　ADC0834 操作时序图

ADC0834 转换前，应先置 $\overline{\text{CS}}$ 有效，且在整个转换过程中 $\overline{\text{CS}}$ 必须保持低电平。DI 线上的数据在时钟 CLK 上升沿写入 ADC 的地址移位寄存器，第 1 位是开始位，随后为 3 位分配字，即单端/差分位、奇/偶位和选择位，其控制逻辑参见图 3-7。

参照图 3-7，ADC0834 的转换流程是：当开始位移位进入模拟开关寄存器时，输入通道即被选定，并启动 A/D 转换，SARS 相应变为高电平，表示正在进行转换，在转换期间 DI 变为无效。

随后 ADC0834 自动插入一个时钟周期，作为通道的建立时间，而 DO 则从高阻态退出，变为低电平。伴随着 ADC0834 内部逐次比较，DO 相应地从最高位（MSB）开始依次送出比较结果。在 8 个时钟周期以后，A/D 转换结束，SARS 变为低电平。然后 ADC0834 按照低（LSB）在前的顺序，从 DO 输出转换结果。

转换结束后，当 $\overline{CS}$ 变为高电平后，ADC0834 内部寄存器全部清零，输出电路变为高阻态。如果需要启动下一次转换，$\overline{CS}$ 必须从高电平变为低电平，并从 DI 送入地址信息。ADC0834 的启动和转换可以由软件自由控制。根据 ADC0834 的工作时序图，其转换过程如下。

**片选**：置 $\overline{CS}$ 为低（保证 $\overline{CS}$ 有一个从高到低的跳变），该电平能使所有的逻辑功能有效，$\overline{CS}$ 引脚在整个转换过程中应保持低电平。此时 DO 端为高阻，DI 端等待指令。

**起始**：向 DI 端输出第一个逻辑高，表示起始位。由于 DI 端的数据移入多路器地址移位寄存器是在每个时钟的上升跳变时发生的，因此每次向 DI 端置入一位数据时，应在 CLK 端输出一个从 "0" 到 "1" 的跳变。

**配置**：接下来的 3 位是配置位，用以选择输入通道及输入方式。连续 3 个时钟的上升沿将 3 位配置位移入移位寄存器。

**转换**：当启始位、3 位配置位移入移位寄存器后，转换便开始，即在第 4 个时钟的下降沿转换开始。同时 DI 端转为高阻状态，DO 端脱离高阻状态，为输出数据做准备。

**读取**：在第 5 个脉冲的下降沿单片机即可读取 DO 端的数据，第 5～12 个脉冲，共读取 8 位数据，读取的顺序是从高到低（D7D6 D5D4D3D2D1D0）。ADC0834 在输出以最高位（MSB）开头的数据流后，又以最低位（LSB）开头重输出一遍数据流，最低位共用。如果需要，可以接着向 CLK 端输出第 12～19 个脉冲，以读取 7 位数据（D1D2D3D4D5D6D7）；如果不需要，可以省去第 13～20 个脉冲，直接结束这一次转换周期，即置 $\overline{CS}$ 高电平。

3．ADC0834 与单片机接口设计

ADC0834 与单片机接口电路如图 3-8 所示。

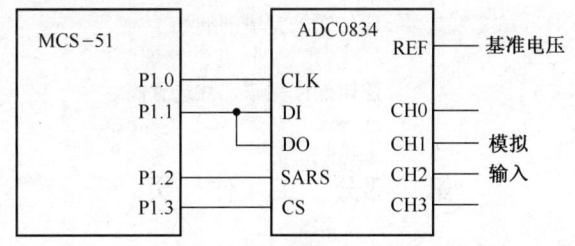

图 3-8 ADC0834 与单片机接口电路

单片机与 ADC0834 的串行接口是：P1.0 模拟串行时钟，连接 CLK；P1.1 与数据输入 DI 和数据输出 DO 连接；P1.2 与 SAR 状态线 SARS 连接；P1.7 作为片选 $\overline{CS}$ 控制。由于 DI 输入数据时 DO 为高阻状态，而 DO 输出数据时对 DI 也没有影响，因此可把这两端连接在同一条 I/O 线上。

按照 ADC0834 的操作时序，可完成单片机编程。若要求采集通道 CH2 输入的单端电压信号，程序主要流程是：首先将 P1.7 置为低电平，使片选 $\overline{CS}$ 有效；然后通过 P1.0 输出 CLK 信号，P1.1 在时钟上升沿向 DI 依次按位输出 1（START）101（地址分配字）；检测 P1.2 即 SARS 状态，等待 A/D 转换结束；当 P1.2 变为低电平时，P1.1 在时钟上升沿从 DO 读入 8 位转换结果，低位在前；最后置 P1.7 为高电平，完成一次 A/D 转换。

4．参考程序

该系统在工作时，单片机将通过编程产生串行时钟，并按时序发送与接收数据位，以完成通道方式/通道数据的写入和转换结果的读出，参考程序如下。

```
;*********************************
;AD 转换子程序
;转换完成的数字量在累加器 A 中
;*********************************
ADCON:  MOV     A,50H       ;通道选择放在 50H 单元中
        SETB    CS          ;片选引脚为高电平所有数据传送终止
        CLR     CLK         ;清时钟总线
        CLR     DIO
        CLR     CS          ;片选引脚为低电平逻辑控制有效
        MOV     R7,#4       ;发送通道选择命令
LP1:    RLC     A           ;将最高位传送给进位 C
        MOV     DIO,C       ;位传送至数据总线
        SETB    CLK         ;时钟上升沿发送数据有效
        CLR     CLK         ;清时钟总线
        DJNZ    R7,LP1      ;位传送未完毕则继续
        MOV     R7,#8       ;接受 8 位数据
        SETB    CLK         ;第 5 个上升沿
        SETB    DIO         ;将 DIO 口由输出口转换为输入口
LP2:    CLR     CLK         ;第 5 个下降沿，开始接收数据
        NOP
        MOV     C,DO        ;数据总线上的数据读入 C 中
        RLC     A           ;将 C 中的数据传送如 A 中
        SETB    CLK
        DJNZ    R7,LP2      ;位传送未完毕则继续
        CLR     CLK
        SETB    CS          ;逻辑操作完毕，片选置高
        RET
```

## 第二部分　工　作　页

**步骤一　任务分析**

经过前面的学习，已经掌握了外接串行 A/D 的硬件和软件设计。因此，要完成调速信号采集并显示数字量的设计要求可以采用外接 A/D 芯片。调速信号采集模块的系统框图如图 3-9 所示。

**步骤二　电路设计参数计算**

把连续时间信号转换为与其相对应的数字信号的过程称之为 A/D（模数）转换过程。一般在进行 A/D 转换前，需要将模拟信号经抗频混滤波器预处理，变成带限信号，再经

A/D 转换成为数字信号，最后送入单片机完成信号处理。

A/D 转换包括了采样、量化、编码等过程。

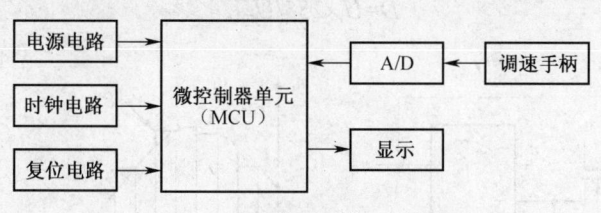

图 3-9　调速信号采集系统框图

（1）采样-保持

采样是对模拟信号进行周期性地抽取样值的过程，就是把随时间连续变化的信号转换成在时间上断续、在幅度上等于采样时间内模拟信号大小的一串脉冲。采样原理图及波形图如图 3-10 所示。

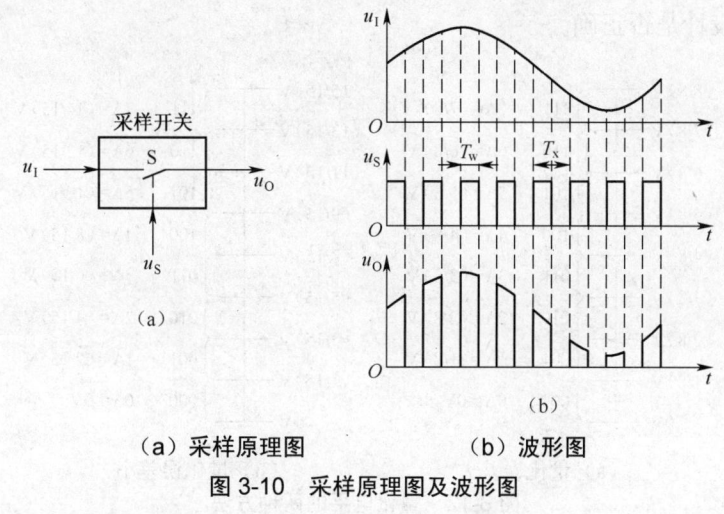

（a）采样原理图　　　　（b）波形图

图 3-10　采样原理图及波形图

采样定理：为了能不失真地恢复原模拟信号，采样频率应不小于输入模拟信号频谱中最高频率的两倍，即

$$f_s \geqslant 2f_{max}$$

由于 A/D 转换需要一定的时间，因此在每次采样结束后，应保持采样电压值在一段时间内不变，直到下一次采样开始。这就要在采样后加上保持电路，实际采样-保持是做成一个电路，其电路图如图 3-11 所示。

（2）量化与编码

用数字量表示输入模拟电压的大小时，首先要确定一个单位电压值，然后与单位电压值比较，取比较的整数倍值表示，这一过程就是量化。如果这个整倍数值用二进制数表示，就称为二进制编码，它就是 A/D 转换输出的数字信号。量化电平的两种方法如图 3-12 所示。

例如，在调速信号采集系统设计中 A/D 为分辨率 8 位，参考电压 $U_{ref}$ 为 5V，输入电压

为 $U_i$，转换后得到的数字量为 D。转换完成后的数字量与输入的模拟量之间成一定的比例关系，它们之间的关系为

$$D=U_i \times 255/U_{ref}。$$

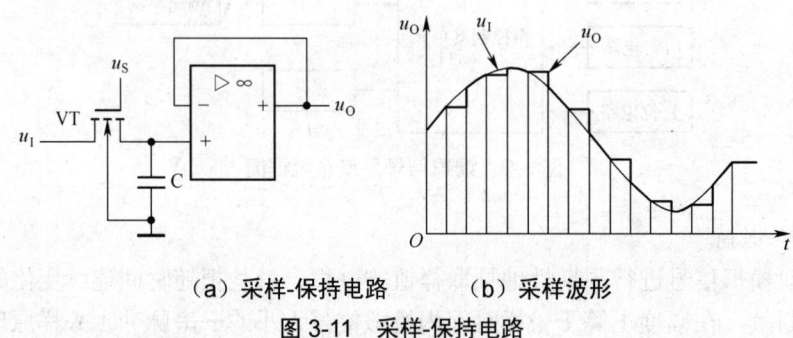

（a）采样-保持电路　　（b）采样波形

图 3-11　采样-保持电路

硬件和软件设计完成后，可以根据数字量与模拟量之间的比例关系是否满足上式来判断硬件和软件设计是否正确。

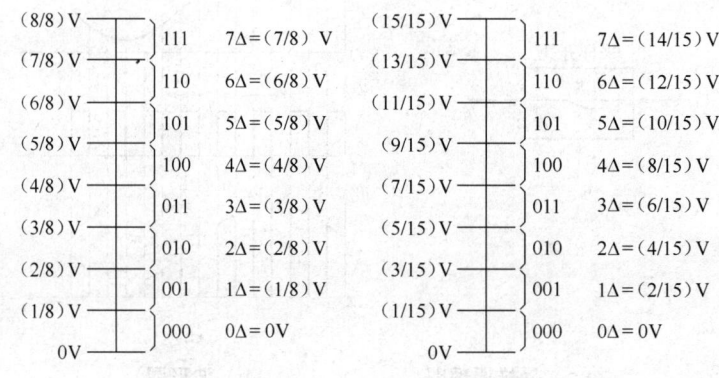

（a）量化误差大　　　　（b）量化误差小

图 3-12　量化电平的两种方法

### 步骤三　绘制电路图

电动车上使用的调速转把多为霍耳转把。转动转把，改变了霍耳元件周围的磁场强度，也就改变了霍耳转把的输出电压。其中最常用的转把是输出 1.0～4.2V 的电压。在 Proteus 仿真中，采用电位器调节电压，使其输出电压为 1.0～4.2V，模拟调速手柄的输出。输出电压输入 ADC0834 的 CH0 通道中，转换成数字量。

根据设计要求，完成的电路仿真图如图 3-13 所示。

### 步骤四　设计流程图

调速信号采集及显示软件流程图如图 3-14 所示。

要检测调速手柄的输入信号，当调速信号改变时，单片机能够在第一时间检测到并处理，因此在程序设计中采用循环结构，在循环内一直将调速手柄输入的电压信号转换为数字量，并且将转换好的数字量以十六进制的形式用两位数码管显示出来。

项目三 电动自行车调速系统的设计与调试

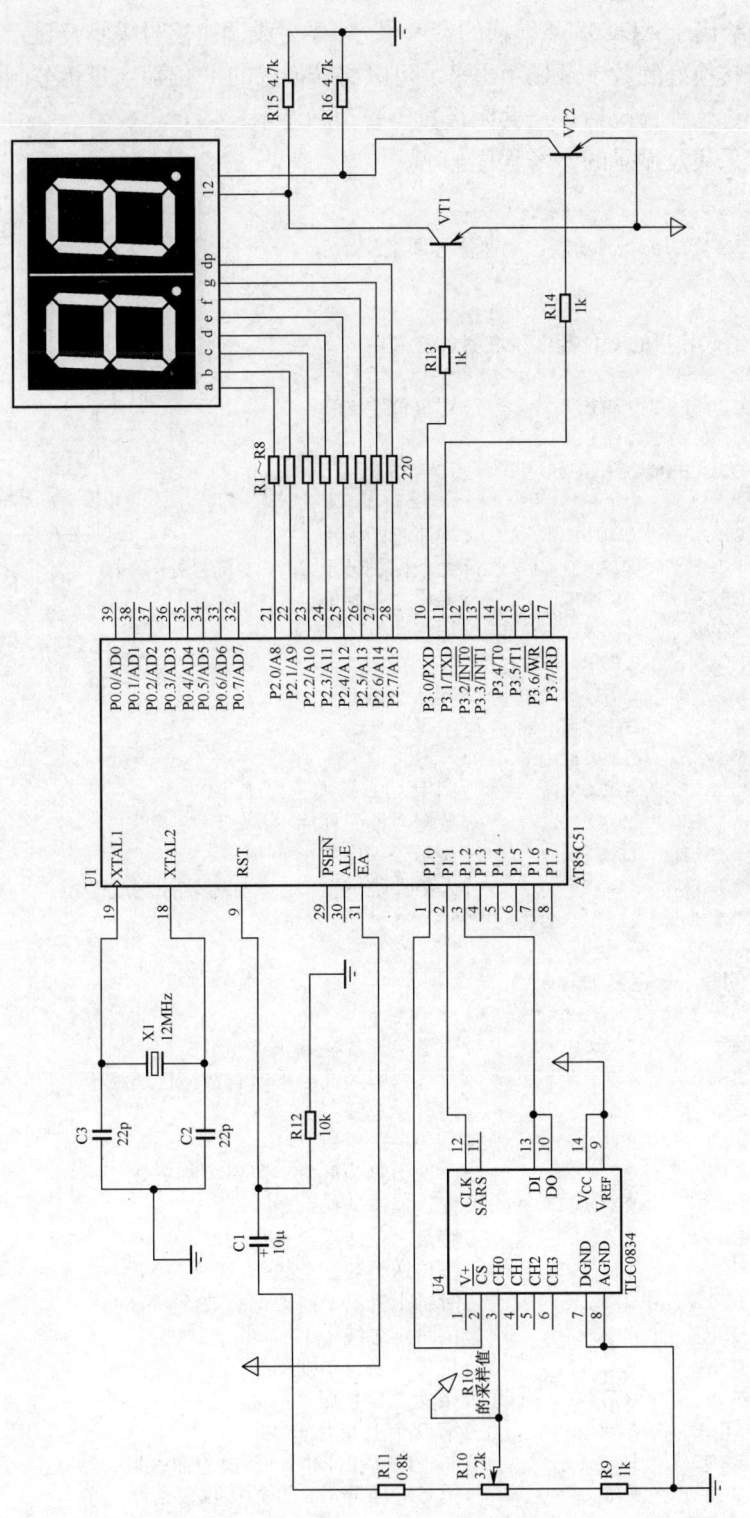

图 3-13 速信号采集模块

### 步骤五 编写控制程序

前面已经给出了 ADC0834 转换的参考程序，要完成调速信号采集及显示系统的设计还要考虑如何将转换好的数字量显示出来。可以将转换好的 8 位数字量拆分到两个内部数据存储器中，经过软件译码后，送共阳极数码管动态显示。

调速信号采集及显示的参考程序如下。

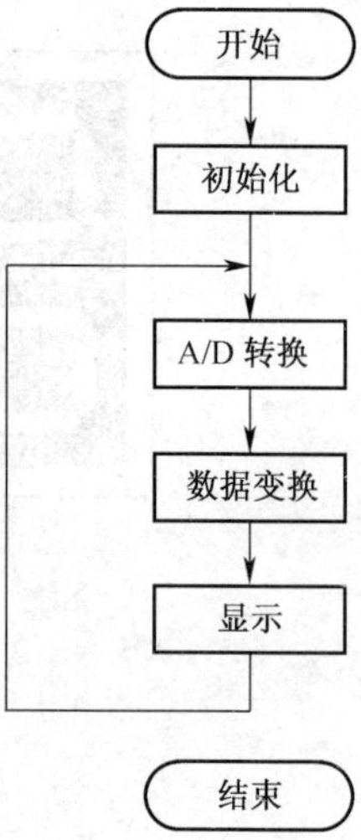

图 3-14 速信号采集及显示流程图

```
;****************************************
;文件名：EX3_1.asm，功能：调速信号采集及显示
;作者：XXX
;作者：XXX
;说明：A/D 转换后的 8 位数字量在累加器 A 中
;****************************************
        CS  BIT  P1.0        ;端口位定义
        CLK BIT  P1.1
        DIO BIT  P1.2
;****************************************
        ORG   0000H          ;程序起始地址
        LJMP  START          ;无条件跳转至 START 标号处
        ORG   0030H          ;主程序起始地址
START:  MOV   SP,#5FH        ;堆栈初始化
        MOV   DPTR,#TABLE
        MOV   50H,#0C0H      ;选择通道 0
        MOV   30H,#07H
        MOV   31H,#0CH
LOOP:   LCALL ADCON          ;调用 A/D 转换子程序
        LCALL CHANGE         ;数据变换子程序
        LCALL DISPLAY        ;显示子程序
        SJMP  LOOP           ;无条件跳转至 LOOP 标号处，构成循环
;****************************************
;AD 转换子程序
;转换完成的数字量在累加器 A 中
;****************************************
ADCON:  MOV   A,50H          ;通道选择放在 50H 单元中
        SETB  CS             ;片选引脚为高电平所有数据传送终止
        CLR   CLK            ;清时钟总线
        CLR   DIO
        CLR   CS             ;片选引脚为低电平逻辑控制有效
        MOV   R7,#4          ;发送通道选择命令
LP1:    RLC   A              ;将最高位传送给进位位 C
        MOV   DIO,C          ;位传送至数据总线
        SETB  CLK            ;时钟上升沿发送数据有效
        CLR   CLK            ;清时钟总线
        DJNZ  R7,LP1         ;位传送未完毕则继续
        MOV   R7,#8          ;接受 8 位数据
        SETB  CLK            ;第 5 个上升沿
        SETB  DIO            ;将 DIO 口由输出口转换为输入口
LP2:    CLR   CLK            ;第 5 个下降沿，开始接收数据
        NOP
        MOV   C,DIO          ;数据总线上的数据读入 C 中
```

```
            RLC     A               ;将 C 中的数据传送如 A 中
            SETB    CLK
            DJNZ    R7,LP2          ;位传送未完毕则继续
            CLR     CLK
            SETB    CS              ;逻辑操作完毕，片选置高
            RET
;************************************
;数字量拆分子程序
;************************************
CHANGE: MOV     40H,A           ;转换好的数字量放 40H 单元暂存
        ANL     A,#0FH          ;将高 4 位清零，低 4 位保留
        MOV     30H,A           ;十六进制的个位存放在 30H 单元
        MOV     A,40H           ;40H 单元暂存的数字量送给累加器
        ANL     A,#0F0H         ;将低 4 位清零，高 4 位保留
        SWAP    A               ;高低半字节交换
        MOV     31H,A           ;十六进制的十位存放在 31H 单元
        RET
;************************************
;显示子程序
;************************************
DISPLAY:
        SETB    P3.0            ;十位位数码管未选中
        CLR     P3.1            ;选中个位数码管；

        MOV     A,30H           ;十六进制数的个位
        MOVC    A,@A+DPTR       ;软件译码
        MOV     P2,A            ;送 P0 口显示
        LCALL   DELAY           ;延时 10ms 稳定发光
        SETB    P3.1
        CLR     P3.0
        MOV     A,31H           ;十六进制数的十位
        MOVC    A,@A+DPTR       ;软件译码
        MOV     P2,A            ;送 P0 口显示
        LCALL   DELAY           ;延时 10ms 稳定发光
        RET
;************************************
;延时子程序
;************************************
DELAY:  MOV     32H,#50
LR1:    MOV     33H,#100
        DJNZ    33H,$
        DJNZ    32H,LR1
        RET
TABLE:  DB      0C0H,0F9H,0A4H,0B0H,99H,92H,82H,0F8H,80H,90H,88H,83H
        DB      0C6H,86H,8EH
                                ;上表为共阳极数码管显示字形码
        END                     ;程序结束
```

### 步骤六 仿真效果

在 Keil C51 中编辑好上面这段程序，编译代码，生成可执行文件，在 Proteus 中装载入生成的可执行文件，可以看到如图 3-15 所示的仿真效果。

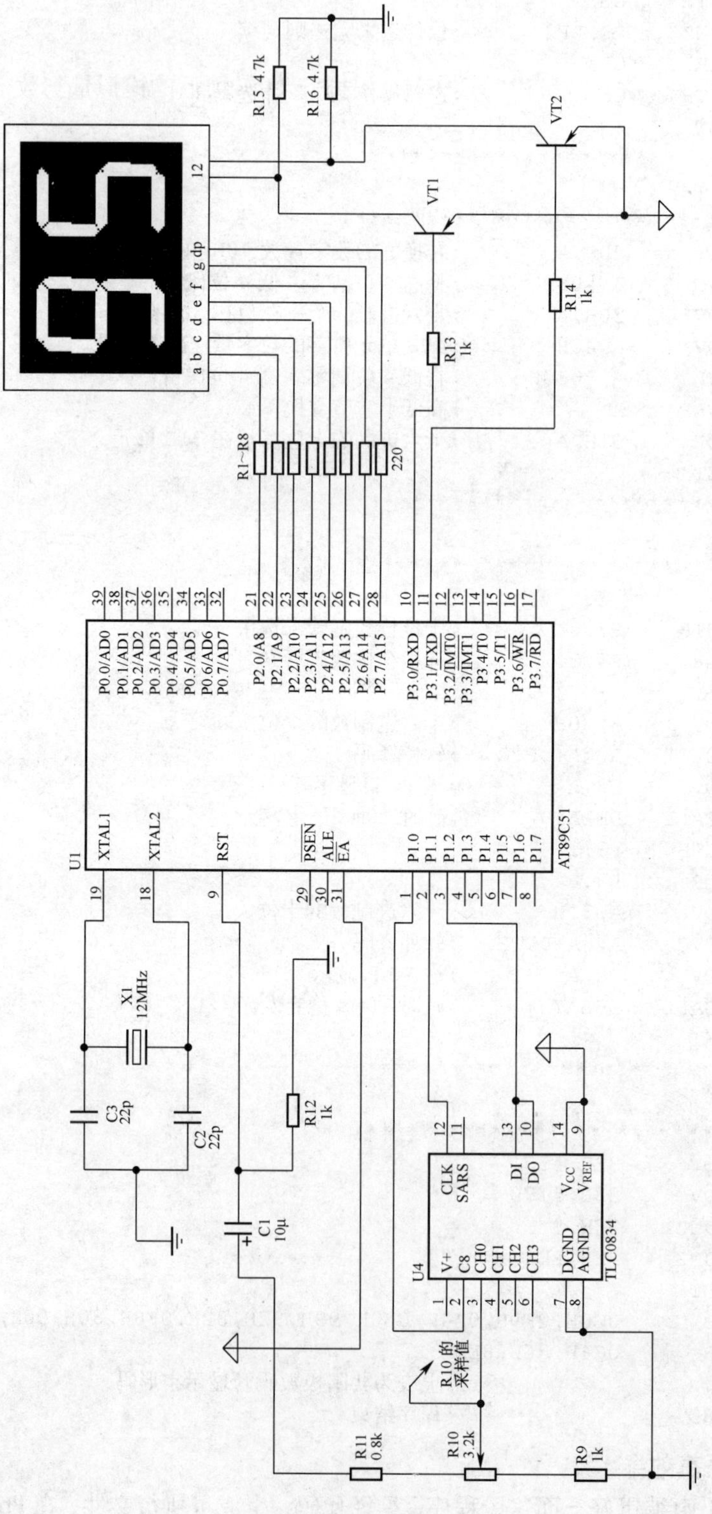

图 3-15 调速信号采集仿真效果图

## 项目三 电动自行车调速系统的设计与调试

在 Proteus 中点击运行,可以看到图 3-15 的仿真效果,当改变电位器 R10 的中间抽头位置时,显示的数字也根据中间抽头输出电压的变化而变化。从图中可以看出,此时中间抽头的输出电压用电压探针测得为 2.92V,根据 A/D 转换后的模拟量与数字量之间的关系式 $D=U_i\times255/U_{ref}$ 来计算数字量的大小,其中 $U_{ref}$ 为 5V,$U_i$ 为 2.92V,将参数代入公式计算得到数字量 $D$=149=95H。由此可见计算出来的数字量与 A/D 转换后得到的数字量相同,这样可以验证设计的程序是正确的。

## 第三部分 练 习 页

根据前面的学习,请独立完成练习要求。

| 项目名称 | | | 任务名称 | | |
|---|---|---|---|---|---|
| 班　　级 | | 小组编号 | | 完成时间 | |
| 完成人员 | | | 教师评价 | | |
| 练习要求 | 利用 A/D 完成电压表的设计,输入电压为 0~5V,用 10kΩ电位器模拟输入电压,通过两位数码管(包含小数点后一位)将当前的电压值显示出来 | | | | |
| 设计工作过程 | | | | | |
| 任务分析 | | | | | |
| 结构框图 | | | | | |
| 关键器件选型及参数计算 | | | | | |
| 硬件设计 | | | | | |

微 控制器及其应用

| | |
|---|---|
| 软件设计 | |
| 系统调试 | |
| 存在的困难与问题 | |
| 注意事项 | |
| 备注: | |

项目三　电动自行车调速系统的设计与调试

## 任务二　直流电动机驱动模块

任务描述

| 项　　目 | 说　　明 |
|---|---|
| 主要内容 | （1）电动机驱动电路设计；<br>（2）功率管驱动电路设计；<br>（3）直流电动机调速原理；<br>（4）软件模拟 PWM 信号 |
| 学习条件 | （1）单片机系统演示样机；<br>（2）装有 Powerpoint、Keil C51 和 Proteus 等软件，能上网的计算机 |
| 学习材料 | 学习任务单、学习记录单、学习课件、参考书、笔记本 |
| 学习场地 | 教、学、做一体实训室 |
| 任务要求 | 电动车当前行驶的速度由调速手柄来调节，本任务是根据调速手柄输入信号的大小来调节电动机的速度。当调速手柄输入电压增大时电动机速度也跟随着增大 |
| 兴趣拓展 | 通过两个按键输入来调节 PWM 信号输出的脉宽，按键每按一下 PWM 脉宽信号的占空比增加 1%，另一个按键每按一下 PWM 脉宽信号的占空比减少 1% |

## 第一部分　任务学习引导

### 一、电动机驱动电路

不同用途的电动车，其控制功能不同，直流电动机控制主电路的拓扑结构也不相同。主要可分为单管驱动、半桥驱动和全桥驱动。

1. 单管驱动电路

图 3-16 所示就是由一个开关管构成的电动机驱动电路。其特点是结构非常简单。由于这种结构中电动机的电枢电流不能反向流动，因此电动机只能单方向旋转且不能工作在制动状态。

在 PWM 周期的 $0 \sim t_{on}$ 区间，VT1 导通，电枢绕组与电源接通，电流按指数规律上升，同时，因电流增加而向电枢绕组电感蓄能；在 PWM 周期的 $t_{on} \sim T$ 区间，VT1 截止，电源断开，电枢绕组电感通过二极管 VD1 释放能量，使绕组中继续有电流按下降指数规律流动。因此，也称二极管 VD1 为续流二极管。从图 3-17 中可以看出直流电动机电枢电压波形为脉冲方式，电流波形为连续波浪方式，因此电流有波动。电流的波动将导致电动机输出转矩的波动。显然，采用提高 PWM 频率的方法可以大大地减小电流波动，而使转矩的波动减小。

2. 半桥驱动电路

由于无制动的单管驱动电路电流不能反向流动，因此不能产生制动作用，其性能受到影响。为了产生制动作用，必须增加一个开关管，为反向电流提供通路。图 3-18 所示为直流电动机半桥驱动电路。系统增加了一个开关管,只有在制动时起作用。

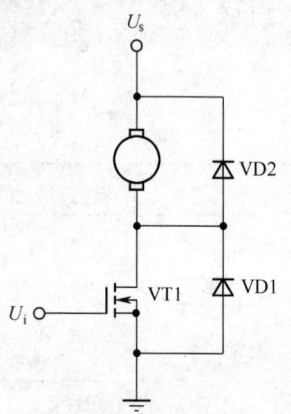

图 3-16 直流电动机单管驱动电路

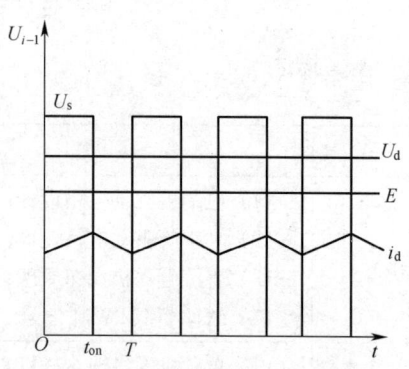

图 3-17 枢电压和电流波形图

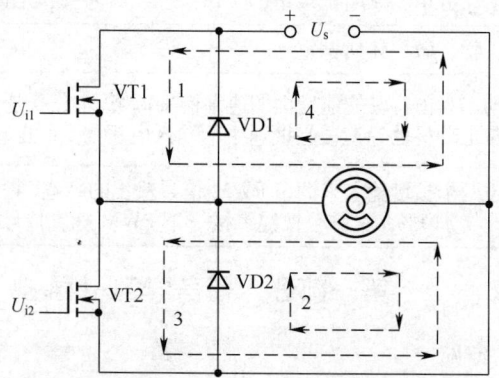

图 3-18 直流电动机半桥驱动电路

开关管 VT1、VT2 的 PWM 信号电平方向相反。在每个 PWM 周期的 $0 \sim t_{on}1$（高电平）区间，VT1 导通，VT2 截止，电流的线路和方向为图 3-18 中虚线 1，电动机工作在电动状态。在每个 PWM 周期的 $t_{on}1 \sim T$（低电平）区间，VT1 截止，电源被切断，电枢绕组的自感电动势使电流经过续流二极管 VD2 形成回路，如图 3-18 所示的虚线 2。注意，此时虽然开关管 VT2 的控制信号为高电平，由于续流二极管 VD2 的钳位作用，使开关管 VT2 截止。

在制动时，由于控制信号的 PWM 信号的占空比不断减小，使电枢电压的平均值也随着降低。但是由于机电惯性，电动机的转速和反电动势还来不及变化，因而造成电枢电压的平均值小于电动机的反电动势，电枢中的电流反向流动，产生制动转矩。在每个 PWM 周期的 $0 \sim t_{on}$（高电平）区间，电枢绕组的反向电流经过续流二极管 VD1 将能量回馈给电源，电流的线路和方向为图 3-18 所示的虚线 4，电动机工作在再生发电制动状态。在每个 PWM 周期的 $t_{on} \sim T$（低电平）区间，VT2 在控制信号作用下导通，电流经过 VT2 形成回路，电流的线路和方向为图 3-18 所示的虚线 3，电动机处于能耗制动状态。

3．H 桥驱动电路

直流电动机驱动使用最广泛的就是 H 形全桥式电路，这种驱动电路能方便地实现直流

## 项目三 电动自行车调速系统的设计与调试

电动机的四象限运行，分别对应正转、正转制动、反转、反转制动。H 桥电机驱动电路如图 3-19 所示。

H 形全桥式驱动电路的 4 只开关管都工作在斩波状态。M1、M4 为一组，M2、M3 为一组，这两组状态互补，当一组导通时，另一组必须关断。当 M1、M4 导通时，M2、M3 关断，电动机两端加正向电压实现电动机的正转或反转制动；当 M2、M3 导通时，M1、M4 关断，电动机两端为反向电压，电动机反转或正转制动。

实际控制中，需要不断地使电动机在 4 个象限之间切换，即在正转和反转之间切换，也就是在 M1、M4 导通且 M2、M3 关断，到 M1、M4 关断且 M2、M3 导通这两种状态间转换。这种情况理论上要求两组控制信号完全互补，但是由于实际的开关器件都存在导通和关断时间，绝对的互补控制逻辑会导致上下桥臂的直通短路。为了避免直通短路且保证各个开关管动作的协同性和同步性，两组控制信号理论上要求互为倒相，而实际必须相差一个足够长的死区时间，这个校正过程既可通过硬件实现，即在上下桥臂的两组控制信号之间增加延时，也可通过软件实现。

图 3-19 所示 4 只开关管为续流二极管，可为线圈绕组提供续流回路。当电机正常运行时，驱动电流通过主开关管流过电机。当电动机处于制动状态时，电动机工作在发电状态，转子电流必须通过续流二极管流通，否则电机就会发热，严重时甚至烧毁。

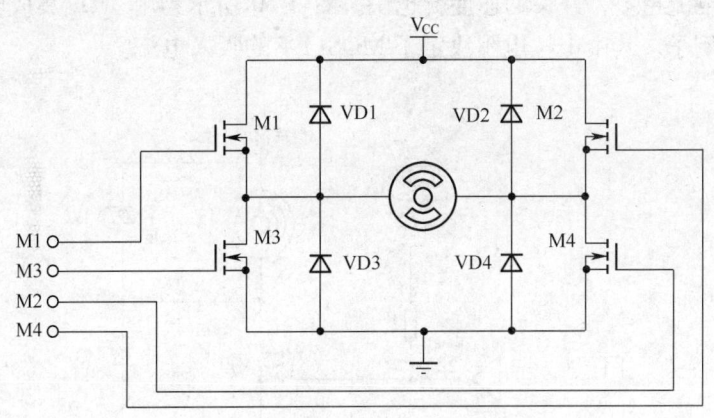

图 3-19　直流电动机 H 桥驱动电路

### 二、功率管驱动电路

电动车上所使用的直流电动机功率一般为 150～1000W。在这个功率范围内，一般采用功率场效应管（MOSFET）作为开关器件来驱动电机。

由于 MOSFET 管开关速度快、易并联、所需驱动功率低等优点，目前已成为开关电源最常用的功率开关器件之一。而驱动电路的好坏直接影响开关电源工作的可靠性及性能指标。一个好的 MOSFET 驱动电路的要求如下。

① 开关管开通瞬时，驱动电路应能提供足够大的充电电流使 MOSFET 栅源极间电压迅速上升到所需值，保证开关管能快速开通且不存在上升沿的高频振荡。

② 开关管导通期间驱动电路能保证 MOSFET 栅源极间电压保持稳定使可靠导通。

③ 关断瞬间驱动电路能提供一个尽可能低阻抗的通路供 MOSFET 栅源极间电容电压

的快速泄放，保证开关管能快速关断。

④ 关断期间驱动电路最好能提供一定的负电压避免受到干扰产生误导通。

⑤ 另外要求驱动电路结构简单可靠，损耗小，最好有隔离。

功率场效应管与双极型晶体管不同，是一个电压驱动型器件。因此可以有多种驱动形式，通常最简单和最方便的方法是通过 TTL 集成电路、CMOS 集成电路和专用集成电路芯片驱动。

1．基于 TTL 集成电路驱动的直流电动机调速电路

MOSFET 是电压型驱动器件，因此，小功率的 TTL 电路可以驱动一般的 MOSFET。但是，普通的 TTL 集成电路的高电平输出最低是 3.5V，而功率场效应管的开启电压是 2~4V；用普通 TTL 直接驱动功率场效应管，驱动电压还显得低一些，所以采用集电极开路的 OC 门 TTL 集成电路来驱动。

为了提高 TTL 驱动的输出电平，可以通过一个上拉电阻接到+5V 电源上。不过为了保证能有足够高的电平驱动 MOSFET，并使它导通，实际上是把上拉电阻接到+10~+15V 电源上。

功率场效应管的输入电容在 MOSFET 导通和关断时要充电和放电。TTL 集成电路的驱动要为此提供条件。吸入（充电）和拉出（放电）电流对 MOSFET 的开关速度影响很大，吸入和拉出的电流越多，开关的速度就越快。图 3-20 所示为用 TTL 集成电路驱动功率场效应管的电路例子，其中上拉电阻决定了 MOSFET 的吸入电流。

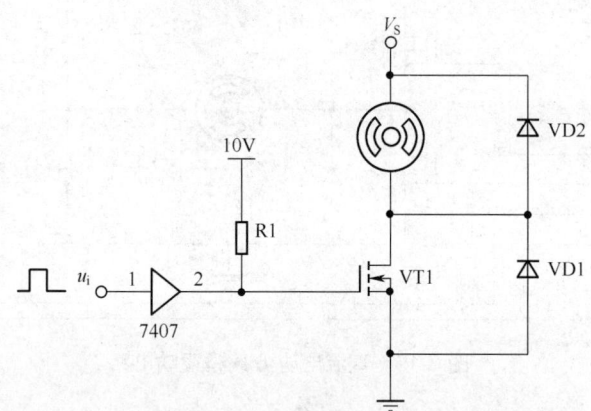

图 3-20  MOSFET 的 TTL 驱动电路

有时，为了保证功率场效应管有更快的开关速度，在 TTL 与 MOSFET 之间加一级晶体管，如图 3-21（a）所示，晶体管可以加速功率场效应管的导通速度，并减少功耗。在栅源极之间并联一只 5.1~20kΩ 的电阻 R3，以提高 MOSFET 的耐压、du/dt 耐量和抗干扰能力，必要时还要并联两只反串的稳压管。图 3-22（b）所示的晶体管接成互补式，它们可以提高功率场效应管的导通速度和关断速度。此外，在驱动信号与晶体管之间加隔离是常用的做法，一般用隔离变压器或光耦作为隔离元件。

2．CMOS 集成电路的驱动

由于大多数功率场效应管是用 VMOS 或 TMOS 工艺制成，因此可以用 CMOS 集成电

路直接驱动功率场效应管。直接驱动功率场效应管有一个最明显的优点，即可以采用 10～15V 的电源。这就使 CMOS 集成电路有 10V 以上的高电平输出，因此可以驱动功率场效应管充分导通。这样，用 CMOS 直接驱动功率场效应管无需加上拉电阻，使电路简单。但是，CMOS 集成电路带负载的能力较低，因此会影响功率场效应管的开关速度。如图 3-22 所示是将 6 个 CMOS 缓冲器并联一起，来加大驱动电流驱动功率场效应管。尽管如此，由于 6 个 CMOS 缓冲器是集成在一块 MC14050 内，因此整个驱动电路仍然是比较简单的。

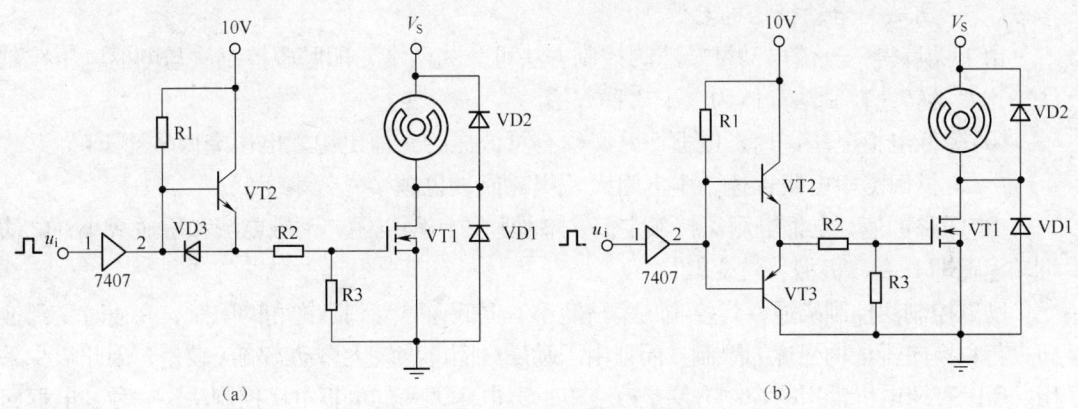

图 3-21 TTL 和晶体管驱动 MOSFET

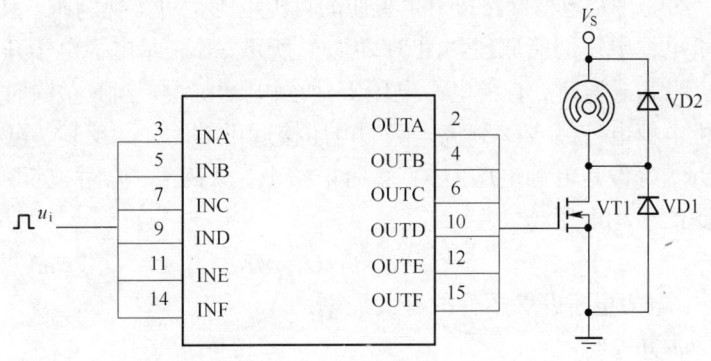

图 3-22 CMOS 驱动 MOSFET

**3．专用集成电路的驱动**

专用驱动集成电路体积小、电路简单、可靠、应用广泛。能用于 MOSFET 驱动的集成电路很多，典型的有 IR 公司的 IR21 系列、Unitrode 公司的 UC3704～3715 系列；Harris 公司的 HA4080 系列；Maxim 公司的 MAX612C 和 4427C 系列；MOTOROLA 公司的 MC3415X 系列；Telcom 公司的 TC4421～4429C 系列以及三菱公司的 M579 系列等。

### 三、直流电动机的调速原理

与交流电动机相比，直流电动机的结构复杂，成本高，运行维护困难。但是直流电动机具有良好的调速性能、较大的起动转矩和过载能力强等许多优点，因此在许多行业中仍有应用。

众所周知，直流电动机的转速 $n$ 的表达式为

$$n = \frac{U - IR}{K\phi}$$

式中：$U$——电枢端电压；

$I$——电枢电流；

$R$——电枢电路总电阻；

$\phi$——每极磁通；

$K$——电动机结构参数。

由上式可得，直流电动机转速的控制方法可分为两类，即励磁控制法与电枢电压控制法。这两类转速控制法具体为以下 3 种方法。

① 降低电枢电压调速，电枢回路必须有可调压的直流电源，电压降低转速下降。

② 电枢回路串电阻调速，串电阻大，损耗能量也越多，效率变低。

③ 弱磁调速，电枢电压保持额定值，增加励磁回路电阻，励磁电流和磁通减小，电动机转速随即升高，机械特性变软。

励磁控制法控制磁通，其控制功率虽然小，但低速时受到磁饱和的限制，高速时受到换向火花和换向器结构强度的限制；而且由于励磁线圈电感较大，动态响应较差，因此很少采用。所以直流电机常用的控制方法是改变电枢端电压调速的电枢电压控制法。一种是电枢回路串电阻 R 调速，调节电阻 R 即可改变电枢端电压，以此来调节电机转速。这种方法能量损耗多，效率低。另一种是电枢回路接有可调压的直流电源，可实现调速，且效率高。

直流电动机电枢电压调速原理如图 3-23（a）所示，S 表示电力电子开关器件，VD 表示续流二极管。当 S 导通时，直流电源电压 $U_s$ 加到电动机上；当 S 关断时，直流电源与电机脱开，电动机电枢电流经 VD 续流，两端电压接近于零。如此反复，电枢端电压波形如图 3-23（b）所示，好像是电源电压 $U_s$ 在 $t_{on}$ 时被接上，又在 $T - t_{on}$ 时被斩断，故称"斩波"。

电动机得到的平均电压为

$$U_d = (t_{on}/T) \times U_s = \rho U_s$$

式中，$T$——电力电子开关器件的开关周期；

$t_{on}$——开通时间；

$\rho$——占空比。

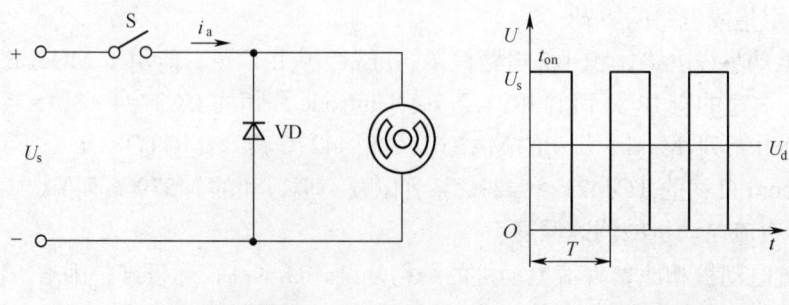

(a) 电枢电压调压原理图　　　　　　　(b) 电枢端电压波形

图 3-23　直流电动机调速原理图

根据对输出电压平均值进行调制方式的不同而划分,有 3 种控制方式如下。

$T$ 不变,变 $t_{on}$——脉冲宽度调制(PWM);

$t_{on}$ 不变,变 $T$——脉冲频率调制(PFM);

$t_{on}$ 和 $T$ 都可调——混合型。

由于后两种方法在调速时改变了控制脉冲的周期(或频率),当控制脉冲的频率与系统的固有频率接近时,将会引起振荡,因此常采用定频调宽法(PWM)来改变占空比从而改变直流电动机电枢两端电压。

PWM 是通过控制固定电压的直流电源开关频率,来改变负载两端的电压,进而达到控制要求的一种电压调整方法。在 PWM 驱动控制的调整系统中,按一个固定的频率接通和断开电源,并根据需要改变一个周期内"接通"和"断开"时间的长短。通过改变直流电机电枢上电压的"占空比"改变平均电压的大小,从而控制电动机的转速。因此,PWM 又被称为"开关驱动装置"。在脉冲作用下,当电动机通电时,速度增加;电动机断电时,速度逐渐减少。只要按一定规律,改变通电、断电的时间,即可让电动机转速得到控制。

设电动机始终接通电源时,电动机的转速最大为 $V_{max}$,设占空比为 $\rho = t_{on}/T$,则电动机的平均速度为

$$V_a = V_{max} \cdot \rho$$

式中,$V_a$——电动机的平均速度;

$V_{max}$——电动机全通电时的速度(最大);

$\rho = t_{on}/T$——占空比。

在 PWM 调速系统中占空比 $\rho$ 是一个重要参数,在电源电压 $U_d$ 不变的情况下,电枢端电压的平均值取决于占空比 $\rho$ 的大小,改变 $\rho$ 的值可以改变电枢端电压的平均值从而达到调速的目的。严格地讲,平均速度与占空比 $\rho$ 并不是严格的线性关系,在一般应用中,可以将其近似地看成线性关系。

### 四、软件模拟 PWM 信号

在许多单片机的测控系统中,需要 PWM 功能实现直流电动机的调速控制。对此有两种控制方式:选用具有 PWM 功能的单片机,或是采用软件模拟的方法实现 PWM 输出。

对于前者来说,虽然现在已经出现了不少具有 PWM 功能的新型单片机,但价格一般都比较高,并且开发器的价格也比较高。因而,用软件模拟实现 PWM 输出的应用还非常广泛,下面介绍直接应用 AT89C51 单片机用软件的方法模拟输出 PWM 信号。

采用 100 个机器周期为 PWM 波形的基本周期(AT89C51 采用 12MHz 的晶体,即 PWM 波形的周期为 100μs,其频率为 10kHz),采用定频调宽的方法。定时器 T0 确定 PWM 波的频率,T1 确定高电平的时间,这样改变 T1 的初值就可以改变占空比。调速手柄输出的电压经 A/D 转换后输入单片机,单片机根据输入电压值的大小计算出 PWM 信号的占空比。根据占空比和 PWM 信号周期计算出 T1 的初值。电动机的驱动电路如图 3-20 所示,PWM 信号从 P3.7 引脚输出经过 7407 缓冲后直接控制 VD1 管。当开关管 VD1 的栅极输入高电平时,开关管导通,直流电动机电枢绕组两端有电压 $U_s$,当开关

管 VD1 的栅极输入低电平时，开关管截止，直流电动机电枢绕组两端电压为 0。利用 VD1 管的通、断调节直流电机电枢绕组两端的平均电压值，实现对电机转速的调节。软件模拟 PWM 输出的流程图如图 3-24 所示。

参考程序：

```
;定时器 0 中断程序
TIME0:
        SETB    P3.7
        MOV     TH0,#0FFH
        MOV     TL0,#09BH
        MOV     TH1,30H
        MOV     TL1,31H
        SETB    TR0
        SETB    TR1
        RETI
;定时器 1 中断程序
TIME1:
        CLR     P3.7
        CLR     TR1
        RETI
```

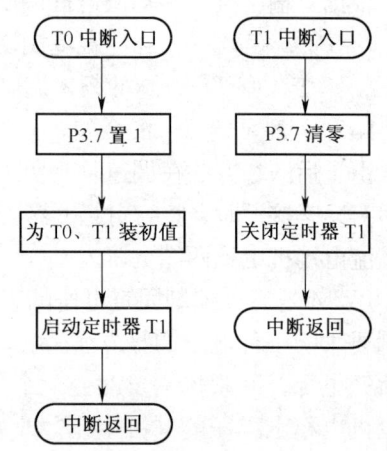

图 3-24 软件模拟 PWM 输出的流程图

说明：定时器 T1 的初值在主程序中计算，并放在 30H 和 31H 单元。

## 第二部分 工 作 页

**步骤一 任务分析**

本模块的基本设计要求为完成电动机的驱动设计，能通过调速手柄输入模拟电压的大小来调节直流电动机的转速，当转动调速手柄使输入的模拟电压增大时，电动机的转速也增大。

采用 AT89C51 单片机作为主控芯片，而 PWM 信号产生的方法采用软件仿真的方法。由于电动车中的电动机在行驶时只有向前行进一个方向，因此在设计电动机驱动时采用单管驱动的方式。电动机的驱动系统框图如图 3-25 所示。

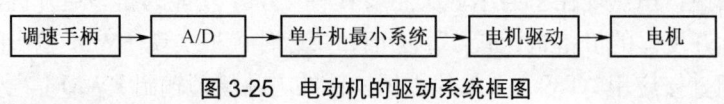

图 3-25 电动机的驱动系统框图

**步骤二 绘制电路图**

根据任务分析后，可以画出如图 3-26 所示的直流电动机驱动及调速仿真图。输出 PWM 信号的占空比可通过示波器来观察。

# 项目三 电动自行车调速系统的设计与调试

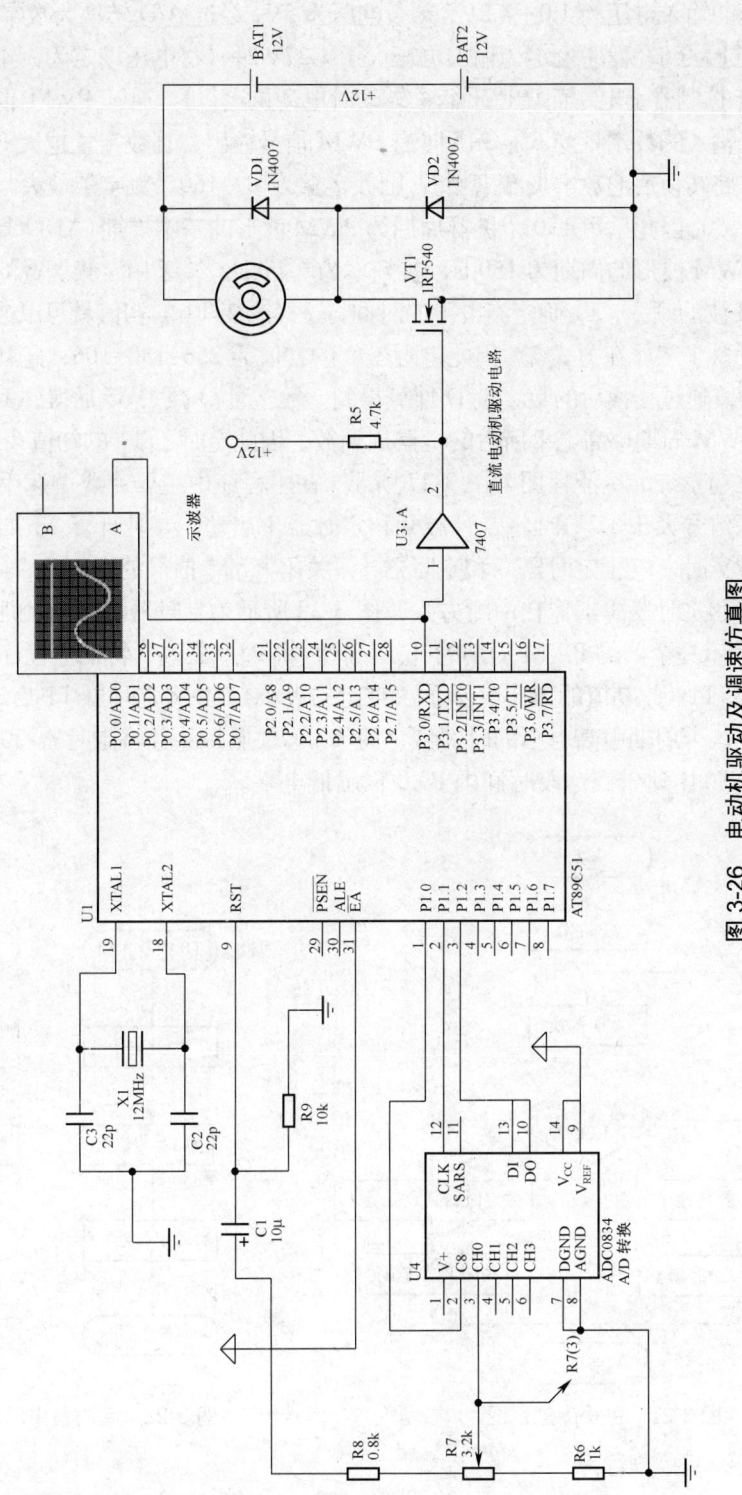

图 3-26 电动机驱动及调速仿真图

### 步骤三 设计流程图

调速手柄的输入电压为 1.0~4.2V,参考电压为 5V,经过 A/D 转换为数字量为 51~215。1.27V 的数字量为 65,程序设定为输入电压大于 1.27V 时(将电压设定为大于 1.27V 而不是 1.0V 可以防止控制器上电,而调速手柄未转动时电动机运行),通过 PWM 信号控制电动机的运行,所以输入的数字量为 65~215 时有 PWM 信号输出,且数字量越大 PWM 信号的占空比也越大。将转换后的数字量减去 65,则数字量为 0~150。数字量最大与最小之间的差距为 215-65=150。因此采用 150 个机器周期为 PWM 波形的基本周期(AT89C51 采用 12MHz 的晶体,即 PWM 波形的周期为 150μs,其频率为 6.25kHz),采用定频调宽的方法。定时器 T0 确定 PWM 波的频率,T1 确定高电平的时间,这样改变 T1 的初值就可以改变占空比。定时器 0 和定时器 1 工作在方式 2,因此定时器 0 的初值为 256-150=106,此初值固定不变。定时器 1 的初值通过转换后的数字量 D 计算得到。数字量 D 减去 65 后得到 D1,D1 的大小也就是一个 PWM 周期中高电平所占的机器周期数。因此定时器 T1 的初值为 256-D1。

电动机驱动系统的主流程图如图 3-27 所示,在主程序中主要完成调速手柄电压信号的采集,当电压信号大于 1.2V 时将定时器 0 和定时器 1 启动,并且计算 T1 的初值。当电压信号小于 1.27V 时,停止定时器 0 和定时器 1,关闭 PWM 信号的输出。

定时器 0 和定时器 1 工作在中断方式,图 3-28 所示为定时器的中断处理程序流程图。进入 T0,即表示一个新的 PWM 周期的开始,此时将 P3.0 置高,将在主程序中计算得到的 T1 的初值装入 T1(此初值的大小表示了占空比的大小),并将定时器 T1 启动。进入 T1 中断,即表示在这个周期中高电平的时间到,将 P3.0 置低,并且将定时器 T1 关闭。在 T1 中断处理完,T0 中断未到这段时间内 P3.0 输出低电平。

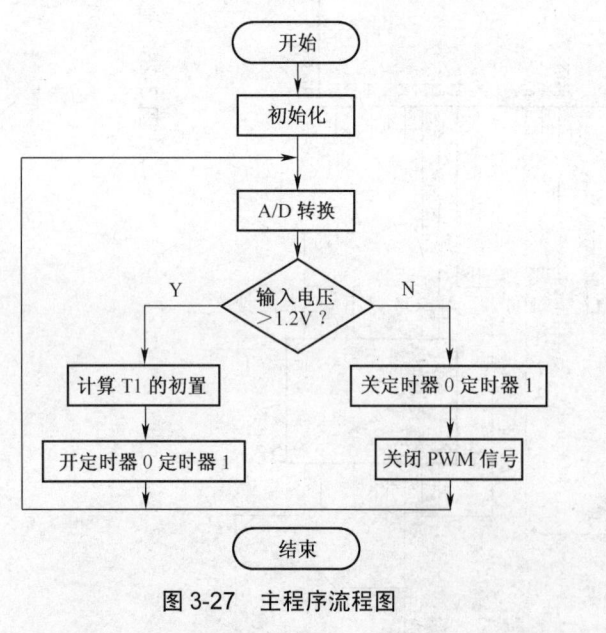

图 3-27 主程序流程图

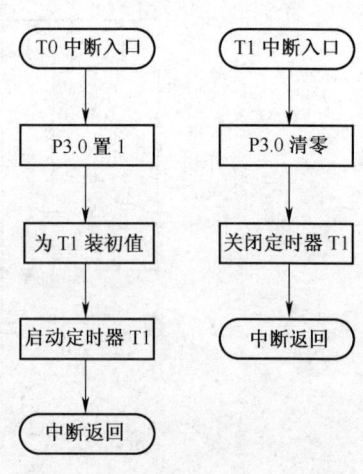

图 3-28 定时器中断处理流程图

### 步骤四 编写控制程序

```
;************************************
;文件名:EX3_5.asm,功能:直流电动机驱动
```

```asm
;作者：XXX
;*********************************
        CS      BIT     P1.0        ;端口位定义
        CLK     BIT     P1.1
        DIO     BIT     P1.2
;*********************************
        ORG     0000H               ;程序起始地址
        LJMP    START               ;无条件跳转至START标号处
        ORG     000BH
        LJMP    T0IRQ
        ORG     001BH
        LJMP    T1IRQ
        ORG     0030H               ;主程序起始地址
START:  MOV     SP,#5FH             ;堆栈初始化
        MOV     50H,#0C0H
        MOV     TMOD,#22H           ;定时器0、1工作在方式2
        MOV     TH0,#106            ;PWM周期为150个机器周期
        MOV     TL0,#106
        MOV     TH1,#0FFH
        MOV     TL1,#0FFH
        SETB    EA                  ;开总中断
        SETB    ET0                 ;开定时器0中断
        SETB    ET1                 ;开定时器1中断
        CLR     TR0                 ;定时器0关闭
        CLR     TR1                 ;定时器1关闭
        CLR     P3.0                ;电动机停止
LOOP:   LCALL   ADCON               ;调用A/D转换子程序
        MOV     40H,A
        CJNE    A,#65,NEXT          ;当输入大于1.2V时启动定时器
NEXT:   JNC     NEXT1
        CLR     TR0
        CLR     TR1
        CLR     P3.0
        SJMP    LOOP
NEXT1:  SETB    TR0
        SETB    TR1
        LCALL   CALCU               ;计算T1的初值
        SJMP    LOOP                ;无条件跳转至LOOP标号处，构成循环
;*********************************
;AD转换子程序
;转换完成的数字量在累加器A中
;*********************************
ADCON:  MOV     A,50H               ;通道选择放在50H单元中
        SETB    CS                  ;片选引脚为高电平所有数据传送终止
        CLR     CLK                 ;清时钟总线
        CLR     DIO
        CLR     CS                  ;片选引脚为低电平逻辑控制有效
        MOV     R7,#4               ;发送通道选择命令
LP1:    RLC     A                   ;将最高位传送给进位C
        MOV     DIO,C               ;位传送至数据总线
```

```
        SETB    CLK             ;时钟上升沿发送数据有效
        CLR     CLK             ;清时钟总线
        DJNZ    R7,LP1          ;位传送未完毕则继续
        MOV     R7,#8           ;接受8位数据
        SETB    CLK             ;第5个上升沿
        SETB    DIO             ;将DIO口由输出口转换为输入口
LP2:    CLR     CLK             ;第5个下降沿,开始接收数据
        NOP
        MOV     C,DIO           ;数据总线上的数据读入C中
        RLC     A               ;将C中的数据传送如A中
        SETB    CLK
        DJNZ    R7,LP2          ;位传送未完毕则继续
        CLR     CLK
        SETB    CS              ;逻辑操作完毕,片选置高
        RET
;**********************************
;定时器T1初值计算子程序
;计算完后的初值存放在30H单元
;**********************************
CALCU:  MOV     A,40H           ;A/D转换后的值在40H中
        CLR     C
        SUBB    A,#65           ;将转换后的值减去65(1.2V对应的数字量)
        MOV     40H,A
        MOV     A,#255
        CLR     C
        SUBB    A,40H
        INC     A
        MOV     30H,A           ;计算T1的初值
        RET
;**********************************
;定时器0中断
;**********************************
T0IRQ:
        SETB    P3.0            ;开始新的一个PWM周期,P3.0置高
        MOV     TH1,30H         ;重新装载T1的初值
        MOV     TL1,30H
        SETB    TR0
        SETB    TR1
        RETI
;**********************************
;定时器1中断
;**********************************
T1IRQ:  CLR     P3.0            ;高电平时间到,将P3.0置低
        CLR     TR1
        RETI
        END                     ;程序结束
```

**步骤五 仿真效果**

在Keil C51中编辑好上面这段程序,编译代码,生成可执行文件,在Proteus中装载入生成的可执行文件,可以看到如图3-29所示的仿真效果。

# 项目三 电动自行车调速系统的设计与调试

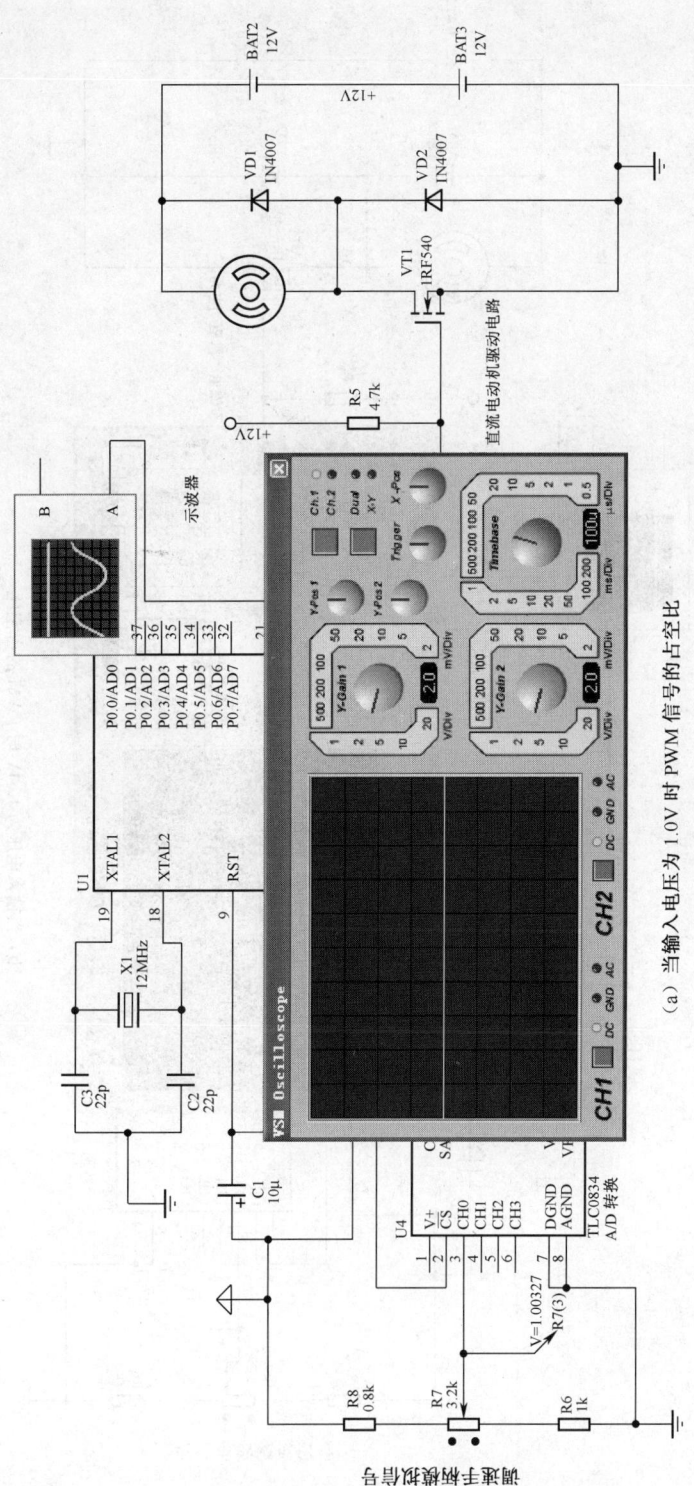

(a) 当输入电压为 1.0V 时 PWM 信号的占空比

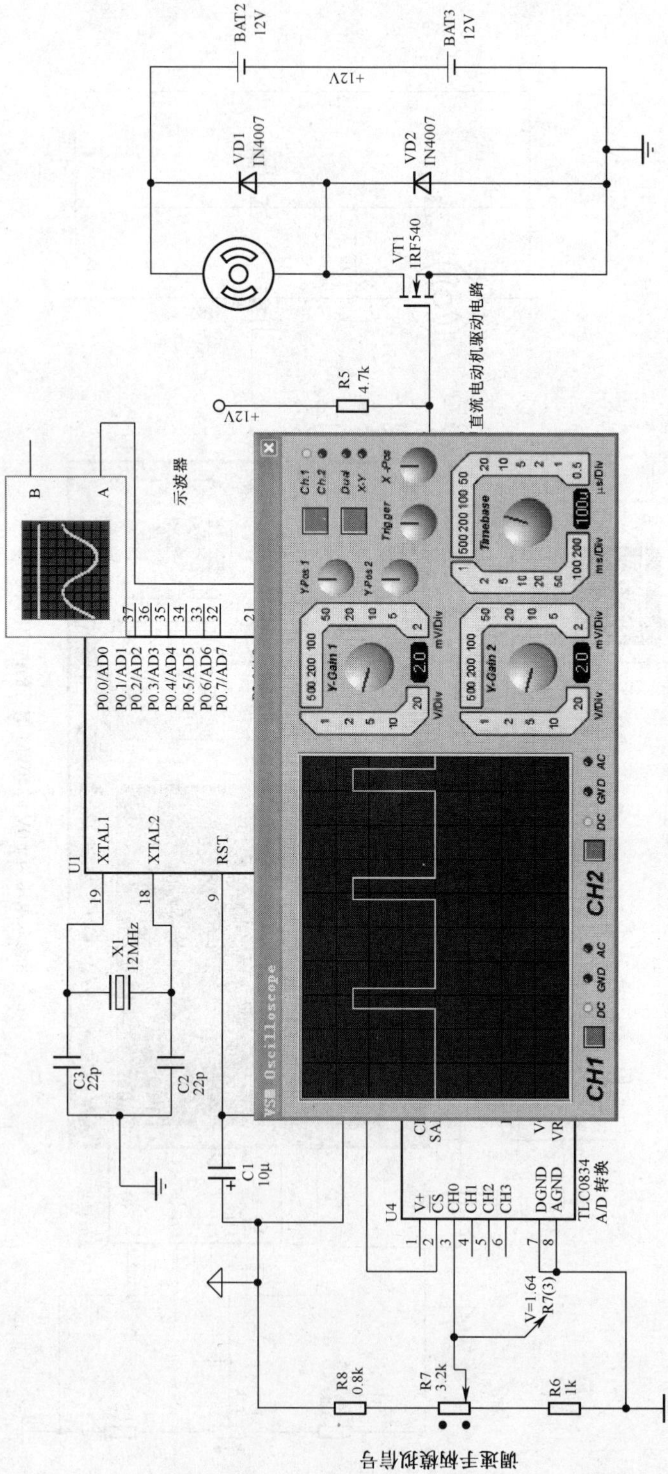

(b) 当输入电压为 1.64V 时 PWM 的占空比

## 项目三　电动自行车调速系统的设计与调试

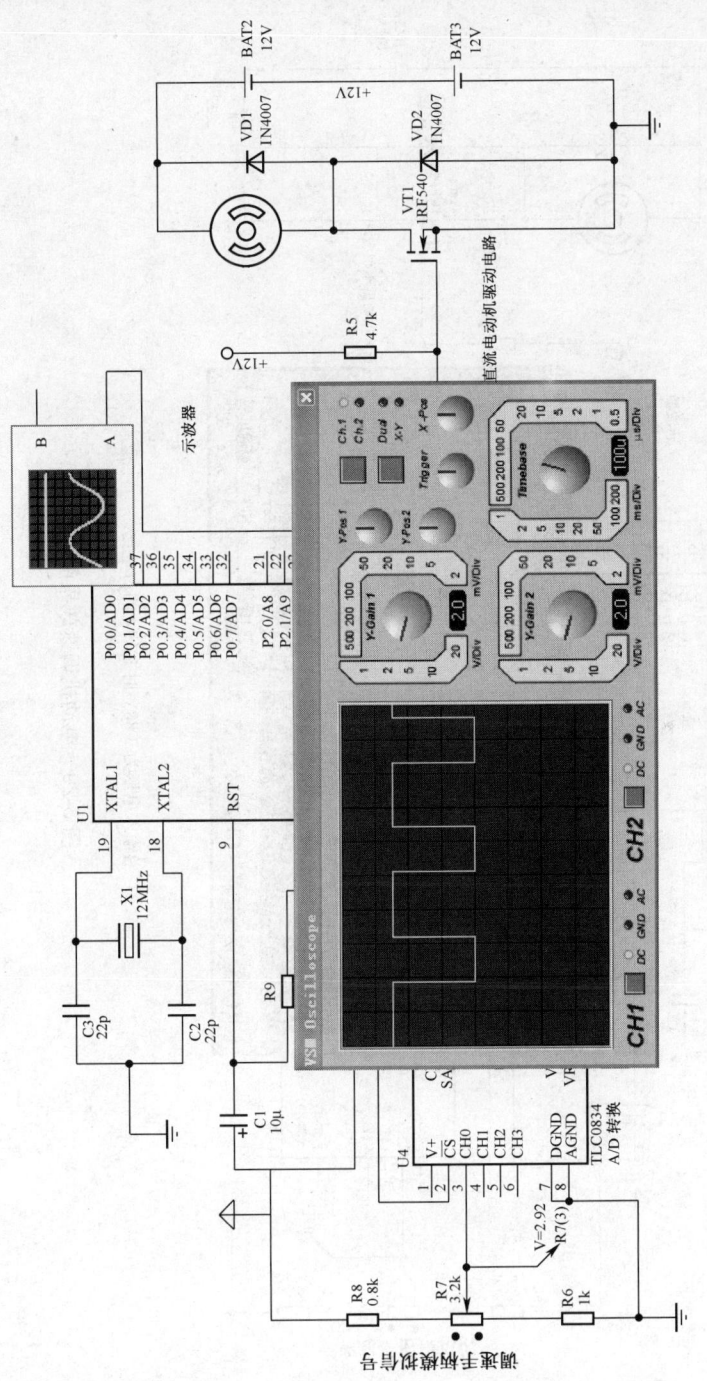

(c) 当输入电压为 2.92V 时 PWM 的占空比

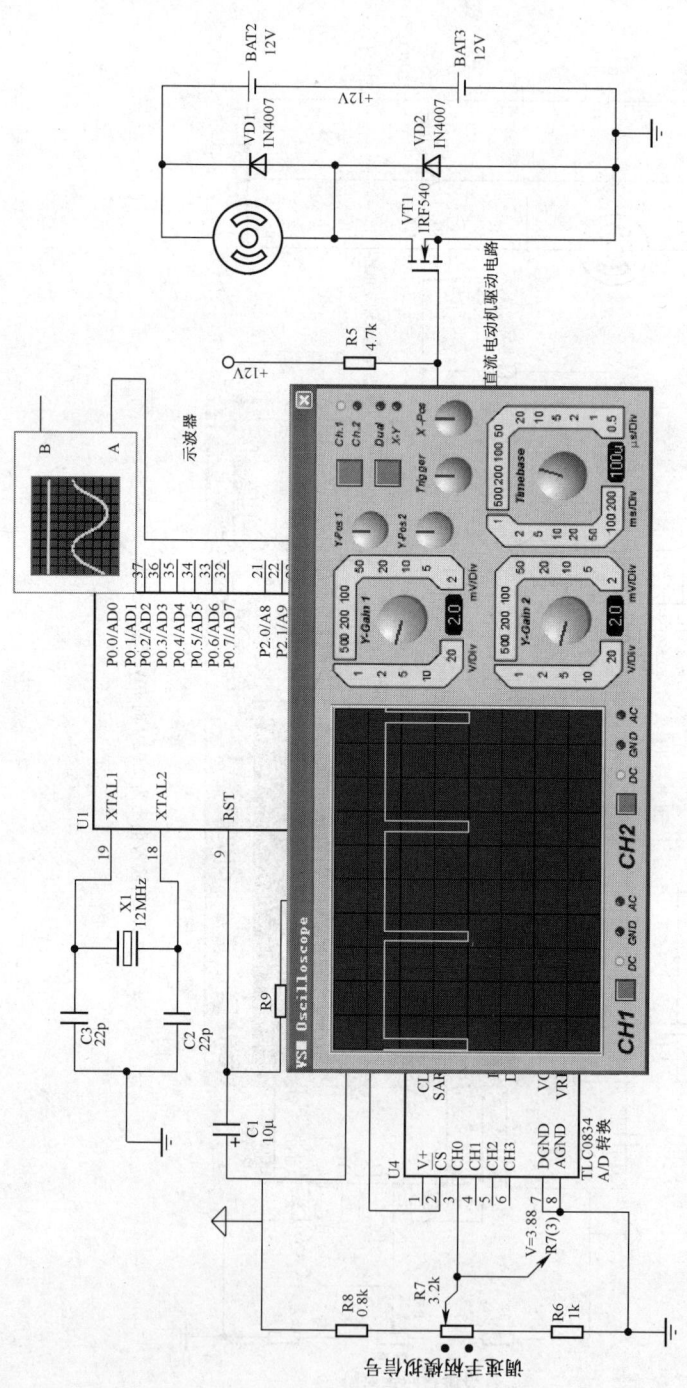

(d) 当输入电压为 3.88V 时 PWM 的占空比

图 3-29　电动机调速效果图

项目三 电动自行车调速系统的设计与调试

从仿真图可以看出，当调速手柄输入的电压增大时，PWM 信号的占空比也增大，电动机的转速也跟随 PWM 信号占空比的增大而增大。

## 第三部分 练 习 页

根据前面的学习，请独立完成练习要求。

| 项目名称 | | | 任务名称 | | |
|---|---|---|---|---|---|
| 班 级 | | 小组编号 | | 完成时间 | |
| 完成人员 | | | | 教师评价 | |
| 练习要求 | 前面介绍了由 AT89C51 单片机模拟输出 PWM 信号的方法，该方法中需要使用两个定时器，当系统需要定时器另作他用时，该方法不能采用。现在要求采用一个定时器实现 PWM 信号的输出 | | | | |
| 设计工作过程 | | | | | |
| 任务分析 | | | | | |
| 结构框图 | | | | | |
| 关键器件选型及参数计算 | | | | | |
| 硬件设计 | | | | | |
| 软件设计 | | | | | |

| 系统调试 | |
|---|---|
| 存在的困难与问题 | |
| 注意事项 | |
| 备注： | |

## 任务三　电动机过电流保护模块

 任务描述

| 项　目 | 说　明 |
|---|---|
| 主要内容 | 电动机过电流保护的常用方法 |
| 学习条件 | （1）单片机系统演示样机；<br>（2）装有 Powerpoint、Keil C51 和 Proteus 等软件，能上网的计算机 |
| 学习材料 | 学习任务单、学习记录单、学习课件、参考书、笔记本 |
| 学习场地 | 教、学、做一体实训室 |
| 任务要求 | 电动机过电流会发热，过电流值过大，对电动机的电池和控制器，电动机以及系统的可靠性和工作寿命都有直接影响。本任务的设计要求是检测电动机流过的电流，当电流超过一定值时，减小 PWM 信号的占空比或关闭 PWM 信号，以便使电流保持在安全范围内 |
| 兴趣拓展 | 用其他方法实现过流保护 |

# 项目三　电动自行车调速系统的设计与调试

## 第一部分　任务学习引导

电动车 3 大核心部件是电动机、控制器和电池。电动机是电动自行车的主要动力驱动部分，也就是电动车的心脏。电动机长期在高温下工作或者温度高到一定程度将会导致电动机烧毁。如果是特大过电流，将直接烧断电动机的内部绕组。所以在设计电动机驱动时要考虑到电动机的过电流保护。电动机的过电流保护有硬件保护和软件保护两种措施。

### 1. 硬件过电流保护

（1）在电动机内加过流熔丝

电动机在严重超载或电压波动较大时往往产生过电流，为防止绕组严重过电流损坏，在电动机的公共端串入过电流熔丝，一旦电流过大熔丝立即熔断，从而保护电动机绕组。这种熔丝是一次性的，一旦熔断需拆开电动机更换熔丝或短路熔丝可以使电动机重新使用，主要应用在电风扇、排气扇中的小型电动机，电动机的功率一般为 40～100W。

（2）双金属片碟形保护器

如前所述，由于碟形保护器的双金属片下有电阻丝，电阻丝又串在电动机的公共端，当电动机电流过载时，电热丝通过的电流变大，电热丝产生的热量加热双金属片，使双金属片温度迅速上升，其状态由上凸变为下凹，从而切断电路，起到保护作用。

（3）电动机内加入条形双金属片保护器

条形双金属片是由结合在一起的两层不同的金属组成，如图 3-30 所示。图 3-30 的上层金属 A 是主动层（由对温度感应敏感的合金材料制成），热膨胀系数大；下层金属 B 是被动层，热膨胀系数小，常温下，两层金属的长度相等，呈平直状触点 K 接通。当电动机电流过载时，温度升高，上面的主动层受热延展，但又受到

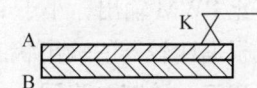

图 3-30　条形双金属片保护器结构

下面被动层的制约，由于被动层的弹性模量较大，这时主动层上产生的压应力和被动层上产生的拉应力不等，在双金属片截面上形成力矩，产生弯曲变形，使原来接通的触点 K 断开。电动机停止工作后随着热量的外散，当电动机的温度降低到一定值时，双金属片又会恢复到初始状态，使触点 K 接通，电动机又继续运转。因此，它是可复位式的保护器。

### 2. 软件过电流保护

在单片机控制的电动机调速电路中，电动机的电流通过串接在电源主电路中的过电流保护取样电阻（一般取样电阻的阻值很小，为 0.01Ω）获得，通过取样电阻转换为电压信号，电压信号再经过放大器进行放大。放大后的电压信号可通过 LM358 与一固定电压值进行比较，当电流过大时，LM358 输出低电平，从而关断 PWM 信号。或者，放大后的电压信号经过 A/D 转换成数字量后输入到单片机，单片机通过计算判断是否为过电流，并根据过电流值的大小，做不同的处理。通过这两种方法实现在软件的过电流保护。

## 第二部分 工 作 页

### 步骤一 任务分析

此模块的基本任务为完成电动机过电流保护的硬件和软件设计。要实现过电流保护,首先对流过电动机的电流进行检测,将检测到的电流与电动机上限电流相比较,如果超过上限电流则关闭PWM信号的输出。那么本节任务的系统设计方案框图如图3-31所示。

图3-31 电动机过电流保护系统框图

### 步骤二 电路设计参数计算

电动车的电动机采用额定电压 $U$ 为DC24V,额定功率 $P$ 为200W的永磁式直流电动机,如果效率 $\eta$ 以80%计算,其额定电流 $I=P/(U\times\eta)$ 约为10A左右。电动机的限流值设定为电动机额定工作电流的2.5倍,即25A。当电流达到限流值时,关闭PWM信号,从而减小电动机电流,实现对电动机的限流保护。

电动机电流的大小通过电阻串接在电动机回路的电阻(0.01Ω)两端的压降来反映,经放大器LM358(电压增益为10)放大,放大后的上限值为10×(25A×0.01Ω)=2.5V。通过LM358构成比较器,将放大后的采样电压值与2.5V比较,当大于2.5V时,处于过电流状态,停止PWM输出,小于2.5V是可以正常工作。比较器的输出连接到单片机的I/O口,单片机根据比较器的输出状态来判断电动机是否存在过电流。

### 步骤三 绘制电路图

电路图的仿真图如图3-32所示。

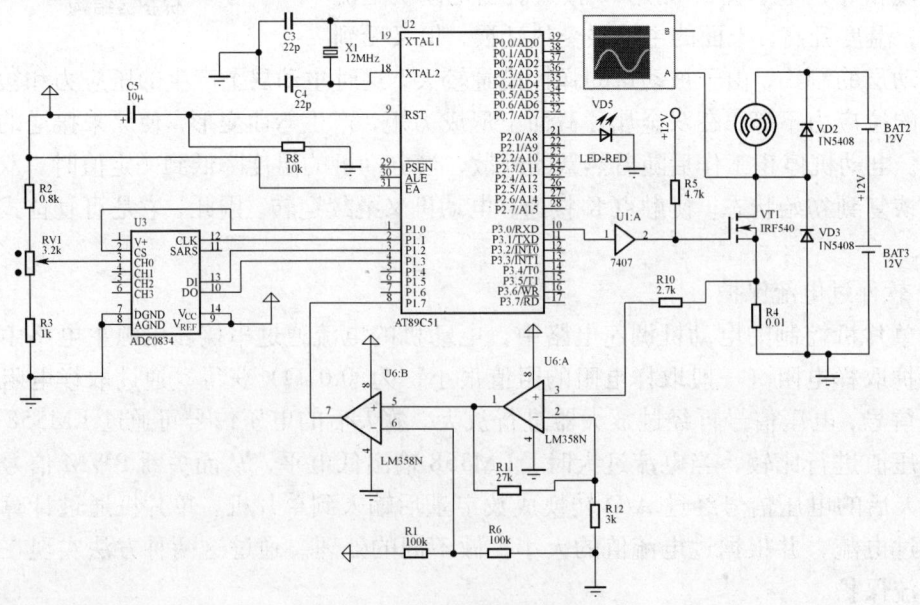

图3-32 过电流保护仿真图

电动机的电流通过电阻 R4 转换为电压值，并采用运算放大器 U6:A 同相放大 10 倍，放大后的电压通过 U6:B 构成比较器，与 R1、R6 分压得到的 2.5V 相比较，当大于 2.5V 时，比较器输出为高电平，当小于 2.5V 时，比较器输出低电平。

**步骤四　设计流程图**

当调速手柄输入的电压大于 1.27V 时，先判断电动机是否处于过电流状态，当处于过电流状态时，关闭 PWM 输出，当不处于过电流状态时，正常输出 PWM 信号。

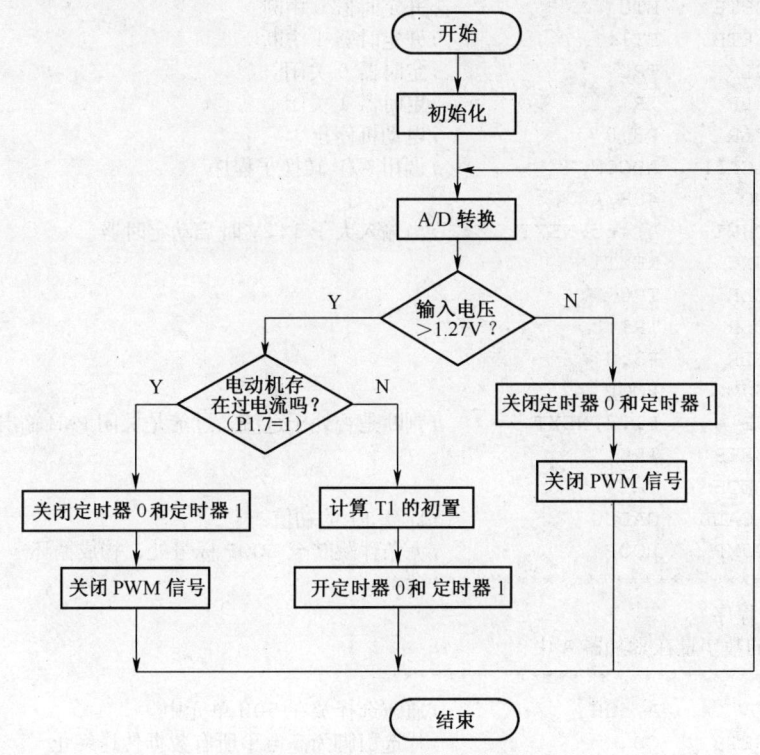

图 3-33　过电流保护流程图

**步骤五　编写控制程序**

```
;************************************
;文件名：EX3_6.asm，功能：带电动机过电流保护的电动机调速程序
;作者：XXX
;************************************
        CS      BIT     P1.0        ;端口位定义
        CLK     BIT     P1.1
        DIO     BIT     P1.2
;************************************
        ORG     0000H               ;程序起始地址
        LJMP    START               ;无条件跳转至 START 标号处
        ORG     000BH
        LJMP    T0IRQ
        ORG     001BH
        LJMP    T1IRQ
        ORG     0030H               ;主程序起始地址
```

```
START:  MOV    SP,#5FH              ;堆栈初始化
        MOV    50H,#0C0H
        MOV    TMOD,#22H            ;定时器 0、1 工作在方式 2
        MOV    TH0,#96              ;PWM 周期为 150 个机器周期
        MOV    TL0,#96
        MOV    TH1,#0FFH
        MOV    TL1,#0FFH
        SETB   EA                   ;开总中断
        SETB   ET0                  ;开定时器 0 中断
        SETB   ET1                  ;开定时器 1 中断
        CLR    TR0                  ;定时器 0 关闭
        CLR    TR1                  ;定时器 1 关闭
        CLR    P3.0                 ;电动机停止
LOOP:   LCALL  ADCON                ;调用 A/D 转换子程序
        MOV    40H,A
        CJNE   A,#65,NEXT           ;当输入大于 1.2V 时启动定时器
NEXT:   JNC    NEXT1
        CLR    TR0
        CLR    TR1
        CLR    P3.0
        SJMP   LOOP
NEXT1:  JB     P1.7,NEXT            ;判断是否处于过流,过流是关闭 PWM 输出
        SETB   TR0
        SETB   TR1
        LCALL  CALCU                ;计算 T1 的初值
        SJMP   LOOP                 ;无条件跳转至 LOOP 标号处,构成循环
;*********************************
;AD 转换子程序
;转换完成的数字量在累加器 A 中
;*********************************
ADCON:  MOV    A,50H                ;通道选择放在 50H 单元中
        SETB   CS                   ;片选引脚为高电平所有数据传送终止
        CLR    CLK                  ;清时钟总线
        CLR    DIO
        CLR    CS                   ;片选引脚为低电平逻辑控制有效
        MOV    R7,#4                ;发送通道选择命令
LP1:    RLC    A                    ;将最高位传送给进位 C
        MOV    DIO,C                ;位传送至数据总线
        SETB   CLK                  ;时钟上升沿发送数据有效
        CLR    CLK                  ;清时钟总线
        DJNZ   R7,LP1               ;位传送未完毕则继续
        MOV    R7,#8                ;接受 8 位数据
        SETB   CLK                  ;第 5 个上升沿
        SETB   DIO                  ;将 DIO 口由输出口转换为输入口
LP2:    CLR    CLK                  ;第五个下降沿,开始接收数据
        NOP
        MOV    C,DIO                ;数据总线上的数据读入 C 中
        RLC    A                    ;将 C 中的数据传送如 A 中
        SETB   CLK
        DJNZ   R7,LP2               ;位传送未完毕则继续
```

## 项目三 电动自行车调速系统的设计与调试

```
            CLR     CLK
            SETB    CS                      ;逻辑操作完毕,片选置高
            RET
;**************************************
;定时器 T1 初值计算子程序
;计算完后的初值存放在 30H 单元
;**************************************
CALCU:      MOV     A,40H                   ;A/D 转换后的值在 40H 中
            CLR     C
            SUBB    A,#65                   ;将转换后的值减去 65(1.2V 对应的数字量)
            MOV     40H,A
            MOV     A,#255
            CLR     C
            SUBB    A,40H
            MOV     30H,A                   ;计算 T1 的初值
            RET
;**************************************
;定时器 0 中断
;**************************************
T0IRQ:
            SETB    P3.0                    ;开始新的一个 PWM 周期,P3.0 置高
            MOV     TH1,30H                 ;重新装载 T1 的初值
            MOV     TL1,30H
            SETB    TR0
            SETB    TR1
            RETI
;**************************************
;定时器 1 中断
;**************************************
T1IRQ:      CLR     P3.0                    ;高电平时间到,将 P3.0 置低
            CLR     TR1
            RETI
            END                             ;程序结束
```

### 第三部分 练 习 页

根据前面的学习,请独立完成练习要求。

| 项目名称 | | 任务名称 | | |
|---|---|---|---|---|
| 班　　级 | | 小组编号 | | 完成时间 | |
| 完成人员 | | | 教师评价 | |
| 练习要求 | 对电动机电流进行测量,当超过额定电流的 2 倍时,减小 PWM 信号的占空比,当超过额定电流的 3 倍时,关闭 PWM 信号的输出 | | | |
| 设计工作过程 | | | | |
| 任务分析 | | | | |

| | |
|---|---|
| 结构框图 | |
| 关键器件选型及参数计算 | |
| 硬件设计 | |
| 软件设计 | |
| 系统调试 | |
| 存在的困难与问题 | |
| 注意事项 | |
| 备注： | |

## 附录7　AT89C51串行接口

### 一、串行通信的分类

由于串行通信是在一根传输线上既要传送数据信息又要传送联络控制信息，为了区分传送的是数据信息还是控制信息，串行通信有固定的数据格式要求，即异步和同步数据格式，相应地，就有异步通信和同步通信两种通信方式。

1. 异步通信

异步通信是以字符为信息单位传送的。每个字符即为一帧数据，可以随机出现在数据流中，即发送端发出的每个字符在数据流中出现的时间是任意的，接收端预先并不知道。通过规定字符帧格式，接收端就知道发送端何时开始发送数据，何时数据发送完。

字符帧格式如附图7-1所示，由起始位、数据位、奇偶校验位和停止位等4部分组成。

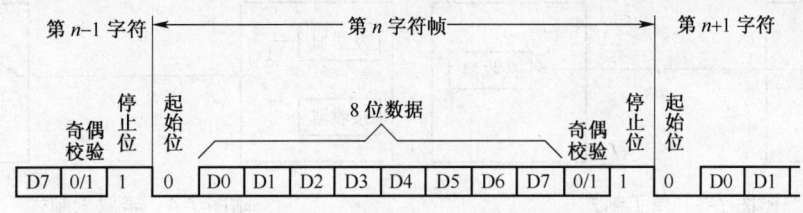

附图7-1　异步通信的字符帧格式

各部分功能如下。

① 起始位：占1位，始终为逻辑0低电平，用于向接收设备表示发送端开始发送一帧信息。

② 数据位：根据情况可取5位、6位、7位或8位，低位在前高位在后。

③ 奇偶校验位：占1位，用于表征串行通信中采用奇校验还是偶校验。

④ 停止位：为逻辑"1"高电平，通常可取1位、1.5位或2位，向接收端表示一帧数据已传送结束。

通信过程中，发送端逐帧发送信息，接收端逐帧接收信息。相邻字符帧之间可以无空闲位，也可以有空闲位，具体由用户根据需要设定。

2. 同步通信

同步通信以数据块为信息单位传送，每帧信息包括成百上千个字符，每个字符也由5~8位组成，其格式如附图7-2所示。同步字符位于帧开头，可以是1~2字符，采用两个同步字符的称双同步方式。采用一个同步字符，称单同步方式。校验字符有1~2个，位于帧末尾，用于接收端对接收到的数据字符的正确性校验。

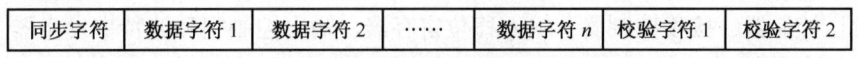

附图7-2　同步通信的字符帧格式

同步通信中字符帧内部位与位之间传送是同步的，字符与字符之间传送也是同步的，对同步时钟要求非常严格。

同步传送的优点是可得到较高的传送速率，通常可到 56Mbit/s 或更高。缺点是要求发送时钟和接收时钟保持严格同步，硬件较复杂。

## 二、串行通信的制式

串行通信中，数据通常是在两个站之间传送的。按照数据流的方向可分成单工/半双工和全双工 3 种制式。

1．单工制式

使用一根传输线，由发送器传送至接收器，如附图 7-3 所示。

2．半双工制式

使用同一根传输线既作接收又作发送，虽然数据可以在两个方向上传送，但某一时刻，只能有一端发送数据，如附图 7-4 所示。

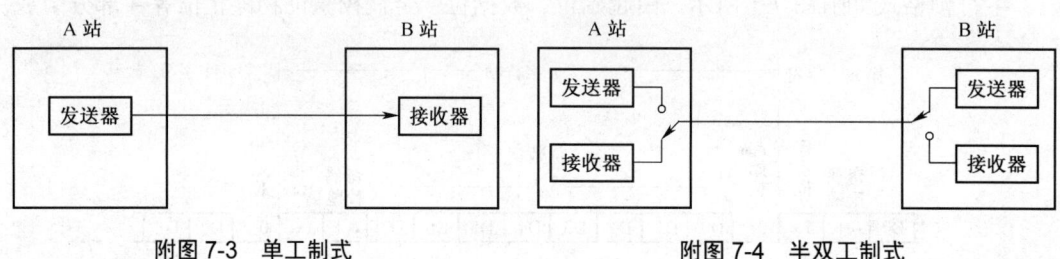

附图 7-3　单工制式　　　　　　　附图 7-4　半双工制式

3．全双工制式

使用两根不同的传输线传送，通信双方能在同一时刻进行发送和接收操作，这种方式即为全双工制式，如附图 7-5 所示。

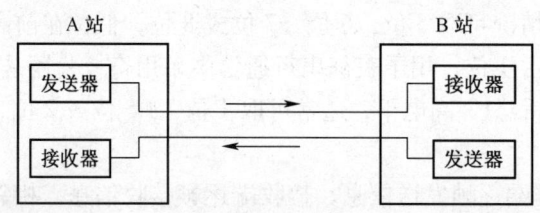

附图 7-5　全双工制式

## 三、AT89C51的串口结构

AT89C51 单片机内部有一个可编程全双工串行通信接口，可作为 UART（Universal Asynchronous Receiver/Transmitter，通用异步接收/发送器），也可作同步移位寄存器。接下来讨论该接口的内部结构、工作方式及波特率。

该串行通信接口由两个物理上独立的串行数据发送/接收缓冲器 SBUF（占用同一地址，99H）、发送控制器、接收控制器、输入移位寄存器、输出控制门和波特率发生器 T1 组成，如附图 7-6 所示。

其中，波特率发生器由定时器 T1 承担，为串行发送或接收提供移位时钟；接收器是双缓冲结构，在前一个字节被从接收缓冲器（SBUF）读出之前，第二个字节即开始被接收（串行输入至移位寄存器），但是在第二字节接收完毕而前一个字节 CPU 未读取时，会丢失前一个字节的内容。

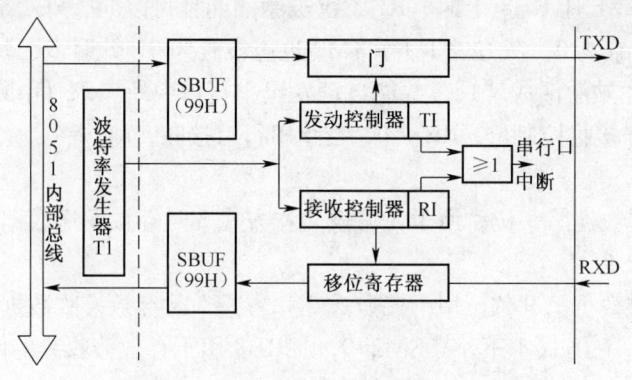

附图 7-6  串行通信接口内部结构示意简图

串行通信中，不论发送还是接收数据，都由特殊功能寄存器 SBUF 与累加器 A 之间的传送操作来完成。发送时，向 SBUF 发"写"命令（执行 MOV SBUF,A 指令），向发送缓冲器 SBUF 装载并开始由 TXD（P3.1，串行数据发送端）引脚向外发送一帧数据，发送完毕后使发送中断标志 TI=1。在接收中断标志 RI=0 的条件下，置允许接收位 REN=1 就启动接收，一帧数据进入输入移位寄存器，并装载到接收缓冲器 SBUF 中，并是 RI=1。执行"读"命令（MOV A,SBUF 指令），由接收缓冲器 SBUF 取出信息通过内部总线送给 CPU。

1．串行口的控制寄存器

MCS-51 对串口的控制是通过对 SCON 和 PCON 两个特殊功能寄存器的操作来实现。

（1）串行口控制寄存器 SCON

SCON 用以设定串行口的工作方式、接收/发送控制以及设置状态标志。字节地址为 98H，可位寻址，其格式为

| D7 | D6 | D5 | D4 | D3 | D2 | D1 | D0 |
|----|----|----|----|----|----|----|----|
| SM0 | SM1 | SM2 | REN | TB8 | RB8 | TI | RI |

① SM0 和 SM1：工作方式选择位，用于设定串行口工作方式，详细定义如附表 7-1 所示。

附表 7-1  串行口工作方式

| SM0 | SM1 | 工作方式 | 说　明 | 波 特 率 |
|-----|-----|---------|--------|---------|
| 0 | 0 | 0 | 8 位同步移位寄存器 | $f_{osc}$[①]/12 |
| 0 | 1 | 1 | 10 位异步收发 | 可变，由定时器控制 |
| 1 | 0 | 2 | 11 位异步收发 | $f_{osc}$/64 或 $f_{osc}$/32 |
| 1 | 1 | 3 | 12 位异步收发 | 可变，由定时器控制 |

[①] $f_{osc}$ 为主机频率

② SM2：多机通信控制位。主要用于方式 2 和方式 3 下使用。在方式 2 或方式 3 下，若 SM2=0，串行口以单机发送或接收方式工作，TI 和 RI 以正常方式被激活，但不会引起中断请求；若 SM2=1 且 RB8=1 时，RI 不仅被激活而且可以向 CPU 请求中断。在方式 0 时，SM2 不用，设置为 0。在方式 1 下，SM2 也应设置为 0，此时 RI 只有在接收电路接收到停止位"1"时才被激活成"1"，并能自动发出串行口中断请求（中断开放）。

③ REN：允许接收控制位。REN=0，禁止串行口接收；REN=1，允许串行口接收。由软件置位或清零。

④ TB8：发送数据第 9 位。用于在方式 2 和方式 3 时存放发送数据第 9 位。由软件置位或清零。

⑤ RB8：接收数据第 9 位。用于在方式 2 和方式 3 时存放接收数据第 9 位（奇偶位或地址/数据标识位）。在方式 1 下，若 SM2=0，则 RB8 用于存放接收到的停止位。方式 0 下，不使用 RB8。

⑥ TI：发送中断标志位。在方式 0 下，发送电路发送完第 8 位数据时，TI 由硬件置位；在其他方式下，TI 在发送电路开始发送停止位时置位。不管是什么方式，都需要由软件清零。

⑦ RI：接收中断标志位。在方式 0 下，RI 在接收电路接收到第 8 位数据时由硬件置位；在其他方式下，RI 总是在接收电路接收到停止位的中间位置时置位的。由软件清零。

(2) 电源控制寄存器 PCON

字节地址为 87H，不能位寻址。其格式为

| D7 | D6 | D5 | D4 | D3 | D2 | D1 | D0 |
| --- | --- | --- | --- | --- | --- | --- | --- |
| SMOD | | | | GF1 | GF0 | PD | IDL |

PCON 中与串行通信有关的仅 D7 位，即 SMOD。SMOD 为波特率倍增位。在串行口方式 1、方式 2、方式 3 时，串行通信波特率与 $2^{SMOD}$ 成正比，即在 SMOD=1 时，波特率提高一倍。

2．串行接口的工作方式

MCS-51 单片机的串行接口有方式 0、方式 1、方式 2 和方式 3 等 4 种工作方式。

(1) 工作方式 0

在工作方式 0 下，串行接口作为同步移位寄存器用，数据由 RXD 端输入，同步移位脉冲由 TXD 端输出。发送或接收的是 8 位数据，低位在先。

发送操作在 TI=0 下进行，CPU 通过 MOV SBUF, A 指令给"SBUF（发送）"送出发送字符后，即从 RXD 线上发出 8 位数据。8 位数据发送完后，TI 由硬件置位，在中断开放的情况下，可向 CPU 请求中断。CPU 响应中断后先用软件对 TI 清零，然后再给"SBUF（发送）"送下一个欲发送字符，并重复上述过程。发送操作时，相当于一个并入串出的移位寄存器。

接收过程在 RI=0 和 REN=1 的条件下启动。串行数据由 RXD 线输入。接收电路接收到 8 位数据后，RI 自动置"1"并发出串行口中断请求（若中断开放）。CPU 查询到 RI=1 或响应中断后便可通过"MOV A, SBUF"指令把"SBUF（接收）"中的数据送入累加器 A。RI 也由软件复位。

提示：AT89C51 的串行接口工作在方式 0 下的主要用途是通过连接外部同步移位寄存器，以扩张一个并行 I/O 口。

(2) 工作方式 1

在工作方式 1 下，串行接口被设定为 10 位异步通信方式。字符帧格式如附图 7-7 所示，包括 1 位起始位，1 位停止位和 8 位数据位。

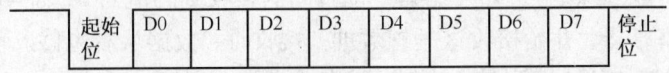

附图 7-7　工作方式 1 下的字符帧格式

TI=0 时，执行 MOV SBUF，A 指令开始发送，发送电路自动在 8 位发送字符前后分别添加 1 位起始位和停止位，并在移位脉冲作用下在 TXD 线上一次发送一帧信息，发送完后自动维持 TXD 线为高电平。TI 由硬件在发送停止位时置位。

接收操作在 RI=0 且 REN=1 条件下进行。接收电路以所选波特率的 16 倍速率采样 RXD，检测到 RXD 端输入电平发生负跳变时（起始位），内部 16 分频计数器复位，并将 1FFFH 写入输入移位寄存器。计数器的 16 个状态把传送一位数据的时间 16 等份，在每个时间的 7、8、9 三个计数状态位，检测器采样 RXD 端电平，接收的值是三次采样中至少两次相同的值（三中取二原则）。如果在第一位时间内接收到的值不为 0，则复位接收电路，重新搜索 RXD 端输入电平的负跳变；若接收到的值为 0，说明起始位有效，则将其移入输入移位寄存器，并开始接收该帧数据的其余信息，仍然以三中取二的原则来确定所采样数据的值。在接收到第 9 位数据位（停止位）时，接收电路在同时满足 RI=0 且 SM2=0 或接到的停止位为 1 时，把接收到的 8 位数据存入"SBUF（接收）"，把停止位送入 RB8，使 RI=1 并发出串行接口中断请求（若中断开放）。如果条件不满足，则这次接收到的数据会被舍去，不装入"SBUF（接收）"中。

(3) 工作方式 2 和工作方式 3

工作方式 2 和工作方式 3 均为 11 位进行异步收发，两者的差异在于通信波特率不同，工作方式 2 的波特率由 $f_{osc}$ 经 32 或 16 分频得到，工作方式 3 的波特率由定时器 T1 或 T2 的溢出率经 32 分频提供。TXD 为数据发送端，RXD 为数据接收端，传送的一帧数据格式如附图 7-8 所示。包括 1 起始位、1 停止位、8 位数据位、1 位附加的第 9 位（发送时为 SCON 中的 TB8，接收时为 RB8），第 9 位可由用户安排，可以是奇偶校验位，也可以是其他控制位。

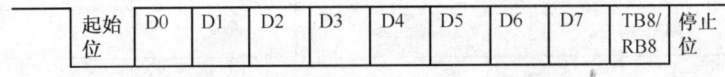

附图 7-8　工作方式 2、3 数据帧格式

由于工作方式 2 和工作方式 3 有 9 位有效数据位，因此发送时除要把 8 位待发送数据装入"SBUF（发送）"外，还要把第 9 位数据位预先装入 SCON 中的 TB8 中，可用"SETB TB8"或"CLRTB8"指令中的一条装入。

第 9 位数据位的值装入 TB8 后，用一条以 SBUF 为目的的传送指令把发送数据装入 SBUF 启动发送过程。一帧数据发送完后，硬件对 TI 置位，CPU 便可以通过查询 TI 来以同样的方法发送下一帧数据。

接收操作在 RI＝0 且 REN＝1 条件下进行。接收电路以所选波特率的 16 倍速率采样 RXD，检测到 RXD 端输入电平发生负跳变时（起始位），内部 16 分频计数器复位，并将 1FFFH 写入输入移位寄存器。计数器的 16 个状态把传送一位数据的时间 16 等份，在每个时间的 7、8、9 三个计数状态位，检测器采样 RXD 端电平，接收的值是三次采样中至少两次相同的值（三中取二原则）。如果在第一位时间内接收到的值为 0，说明起始位有效，将其移入输入移位寄存器，开始接收这一帧数据。接收时，数据从右边移入输入移位寄存器，1 从左边移出，在起始位 0 移到最左边时，控制电路进行最后一次移位。当 RI＝0 且 SM2＝0（或接到的第 9 位数据为 1）时，接收到的数据装入 SBUF 和 RB8（接收数据的第 9 位），置 RI＝1，并向 CPU 请求中断（若中断开放）。如果条件不满足，则数据会丢失，且不置位 RI，一位时间后继续搜索 RXD 的负跳变。

3．波特率

波特率是串行通信中的重要指标，反映了串行传送数据的速率，单位是 bit/s (bit per second)。对于 AT89C51 单片机的串行接口来说，工作方式不同，其波特率也不同。用户应根据实际情况选择适当的工作方式及波特率。

（1）工作方式 0 的波特率

在工作方式 0 下，串行接口的波特率固定为 $f_{osc}/12$（$f_{osc}$ 为主机频率）。

（2）工作方式 2 的波特率

在工作方式 2 下，串行接口的波特率为 $2^{SMOD}/64 \times f_{osc}$，即在 PCON 中的 SMOD 位为 1 时，波特率为 $1/32 \times f_{osc}$，SMOD 位为 0 时，波特率为 $1/64 \times f_{osc}$。

（3）工作方式 1 或工作方式 3 的波特率

这两种工作方式的波特率都是由定时器的溢出率决定的，计算公式为 $2^{SMOD}/32 \times$ 定时器 T1 溢出率，其中定时器 T1 的溢出率定义为 $f_{osc}/\{12 \times (2^k - 初值)\}$。

T1 作为波特率发生器时，最典型的用法是使 T1 工作在自动装入的 8 位定时器方式下（即工作方式 2），此时的波特率为 $2^{SMOD} \times f_{osc}/[32 \times 12 \times (256-TH1)]$。常用的串行接口波特率以及各参数的关系如附表 7-2 所示。

附表 7-2　　　　　常用波特率和定时器 T1 的初值关系表

| 波 特 率 | $f_{osc}$(MHz) | SMOD | 定时器 T1 | | |
|---|---|---|---|---|---|
| | | | C/$\overline{T}$ | 模　式 | 初　值 |
| 工作方式 0 | 1M | 12 | × | × | × |
| 工作方式 2 | 375k | 12 | 1 | × | × |
| 工作方式 1 或 工作方式 3 | 62.5k | 12 | 1 | 0 | 2 | FFH |
| | 19.2k | 11.059 2 | 1 | 0 | 2 | FDH |
| | 9 600 | 11.059 2 | 0 | 0 | 2 | FDH |
| | 4 800 | 11.059 2 | 0 | 0 | 2 | FAH |
| | 2 400 | 11.059 2 | 0 | 0 | 2 | F4H |
| | 1 200 | 11.059 2 | 0 | 0 | 2 | E8H |

## 项目三 电动自行车调速系统的设计与调试

### 四、应用实例

**1. 基于工作方式 0 的循环彩灯**

当 MCS-51 单片机的串行接口工作于工作方式 0 时，相当于一个同步移位寄存器，通过外接 8 位串行输入和并行输出的同步移位寄存器（74LS164 或 CD4094）实现串行数据变换为并行数据输出；通过外接 8 位并行输入和串行输出的同步移位寄存器（74LS165 或 CD4014）实现并行变串行。

在前面的章节中，学到了用 P1 口作为输出口，编写程序控制 P1 口的各发光二极管依次轮流点亮，每次点亮的时间为 0.5s。在该例中，控制 8 只彩灯，占用了 8 个端口，在端口资源紧张的情况下，就要考虑通过端口的扩张，现举例加以说明。

**【例 1】** 采用 CD4094 进行端口扩张的电路原理图如附图 7-9 所示，试编写程序实现从 D1 到 D8 循环点亮，每次点亮时间为 0.5s。

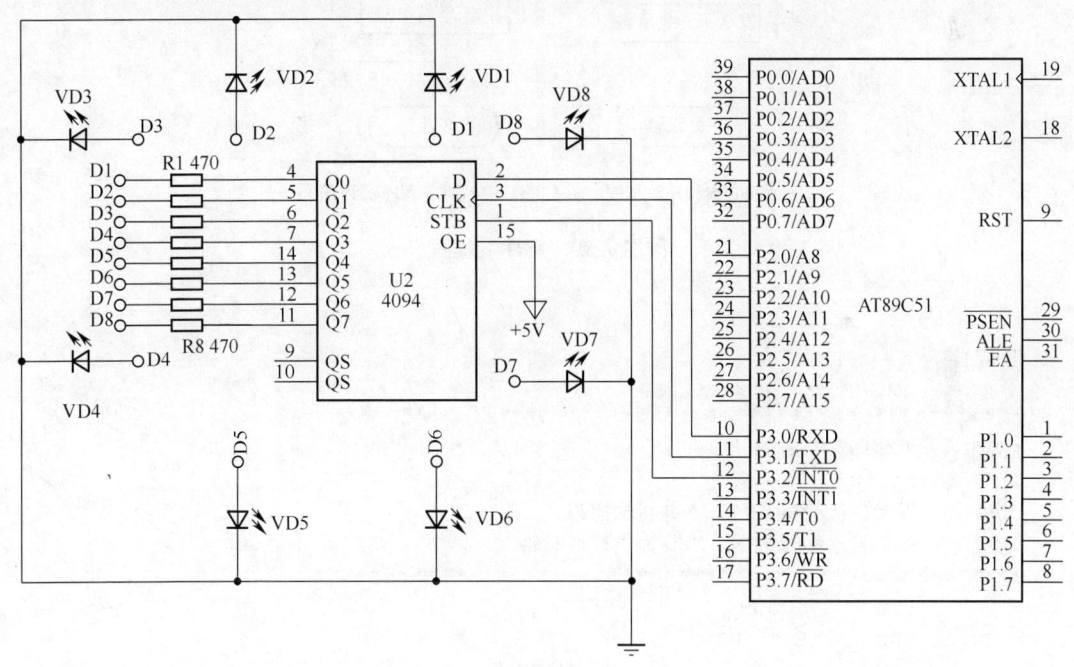

附图 7-9　4094 扩展的循环彩灯电路图

分析：4094 是 8 位串行输入（D 端，2 脚）并行输出的同步移位寄存器。CLK 为同步脉冲输入端。STB 为控制端，若 STB = 0，则 8 位并行数据输出端关闭，但允许串行数据从 D 端输入；若 STB = 1，则 D 输入端关闭，但允许 8 位数据并行输出。

（1）流程图

通过分析电路图，设置流程图如附图 7-10 所示。

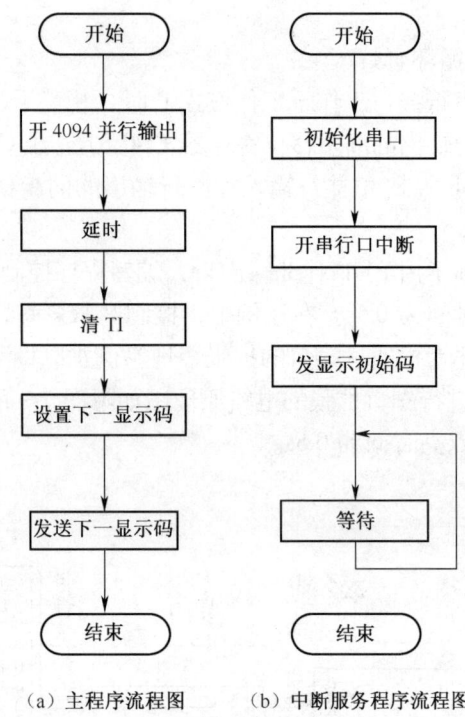

(a) 主程序流程图　　　(b) 中断服务程序流程图

附图 7-10　程序流程图

(2) 编码

源程序：

```
;****************************************************
;文件名：4094彩灯.ASM
;作　者：zjliu
;说　明：发光二极管接CD4094并行输出口，
;        RXD发送串行数据，TXD提供移位时钟
;****************************************************
        STB     0000H
        ORG     BIT P3.2
        LJMP    MAIN            ;转向主程序
        ORG     0023H
        AJMP    S16             ;转向中断服务程序

        ORG     0100H
;主程序
MAIN:   MOV     SCON,#00H       ;串行口初始化为工作方式0
        MOV     IE,#90H         ;开串行口中断
        CLR     STB             ;禁止CD4094并行输出
        MOV     A,#80H          ;起始显示码送A
        MOV     SBUF,A          ;8051串行输出
LOOP:   AJMP    LOOP            ;等待串行接口输出完毕
;中断服务程序
S16:    SETB    STB             ;点亮发光二极管
```

```
            ACALL   DELAY       ;延时 0.5s
            CLR     TI          ;清发送中断标志
            RR      A           ;准备点亮下一位
            CLR     STB         ;灭显示
            MOV     SBUF, A     ;串行口输出
            RETI
;延时子程序
DELAY:      MOV     R0, #100    ;置 R0 循环初始值
    DL1:    MOV     R1, #144    ;置 R1 循环初始值
    DL2:    MOV     R2, #16     ;置 R2 循环初始值
            DJNZ    R2, $       ;R2 减 1 不为 0,则循环执行此指令,否则顺序执行下一条指令
            DJNZ    R1, DL2     ;R1 减 1 不为 0,则跳转至标号 DL2,否则顺序执行下一条指令
            DJNZ    R0, DL1     ;R0 减 1 不为 0,则跳转至标号 DL1,否则顺序执行下一条指令
            RET                 ;延时子程序返回
            END                 ;程序结束
```

### 2．双单片机串行口通信程序设计

实际应用中，常常需要单片机与单片机、单片机与计算机、单片机与其他嵌入式系交换信息。现举例说明单片机与单片机之间如何通过串行接口进行数据交换。

【例 2】已知某一系统中有两片 AT89C51 单片机，一片用于数据采集，所采集的 10 个数据存于起始地址为 40H 的内部 RAM 中，一片用于数据处理，接收的结果也存放于 40H 开始的内部 RAM 中，试画出两片 AT89C51 单片机采用串行接口连接的电路原理图并编写通信子程序。

分析：AT89C51 单片机有一个全双工可编程串行接口，具有 UART 功能，该串行接口的数据发送端为 TXD，数据接收端为 RXD，只需要对串行接口的控制寄存器和波特率作适当设置，便可在程序控制完成数据收发。两片 AT89C51 的连接原理简图如附图 7-11 所示，U1 为主机（数据采集），U2 为从机（数据处理）。U1 的 TXD、RXD 分别与 U2 的 RXD、TXD 相连，这种方式利用单片机自身的 TLL 电平直接传输信息，

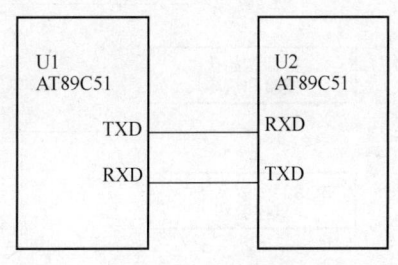

附图 7-11　两单片机串口通信电路简图

其传输距离一般不超过 5m。在较远距离通信时，通常采用 RS-232C 标准电平进行点到点连接。在使用 RS-232C 时，注意 TTL 电平与 RS-232C 电平的转换，一般采用 MAX232 芯片。

软件设计如下。

（1）通信协议：两片单片机能够实现良好的通信，往往需要做一些约定，比如说，如何建立连接，连接是否建立成功，传输速率情况等。这种约定也就是通信协议。本例协议内容如下。

① 波特率为 9 600bit/s，采用主从式通信，即主机（U1）发送从机（U2）接收，串行接口工作于方式 1。

② 握手过程：当 U1 发送时，先发送联络信号"F1"，U2 接收到后回答一个"F2"的应答信号，表示同意接收；若未收到，则继续呼叫。

③ 数据传输过程：U1 在收到 U2 发回的应答信号"F2"后便开始发送数据。

④ 校验过程：采用"和校验"方式，数据块发送完后便发送"校验和"信号，U2 在

接收到"校验和"后与计算出的"校验和"作比较，若两者相等，说明传输正确，U2 回答"00H"，若不相等，U2 回答"FFH"，请求重发。

⑤ U1 接收到"00H"，通信结束，接收到"FFH"，重新发送数据。

(2) 程序流程图

程序流程图如附图 7-12 所示。

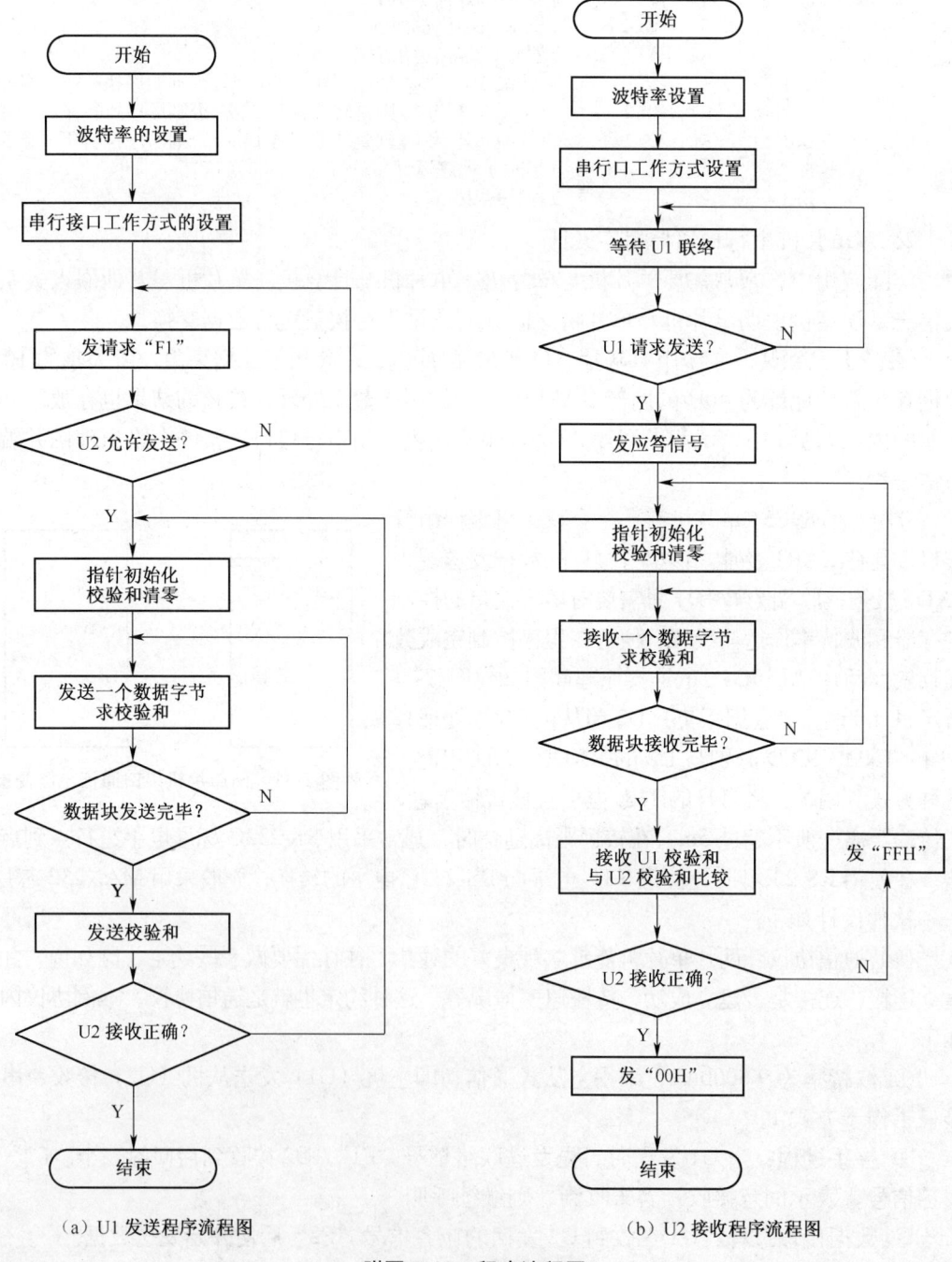

(a) U1 发送程序流程图　　　　　　　(b) U2 接收程序流程图

附图 7-12　程序流程图

## 项目三 电动自行车调速系统的设计与调试

(3) 参考程序代码

系统振荡频率为 11.0592MHz，串行接口工作于方式 1，波特率为 9 600bit/s，让定时器 T1 工作于方式 2，查表得 TH1=TL1=FDH，PCON 的 SMOD 位为 0。

① 发送子程序（U1）如下。

```
;************************************************************************
;文件名：p2ps.asm
;作　者：×××
;说　明：完成从 40H 开始数据块中的 10 个数据的发送
;************************************************************************
        ORG     0300H
SEND:   CLR     A                       ;关中断
        MOV     TMOD,   #20H            ;设置定时器 T1 工作于方式 2
        MOV     TH1,    #0FDH           ;加载定时器初值
        MOV     TL1,    #0FDH           ;
        MOV     PCON,   #00H            ;设置 PCON 的 SMOD 位为 0，设置
                                        ;波特率为 9 600bit/s
        SETB    TR1                     ;
        MOV     SCON,   #50H            ;设置串口工作方式为方式 1
U1LINK1:MOV     SBUF,   #0F1H           ;发送联络信号
U1WAIT1:JBC     TI,     U1ACK1          ;等待发送完毕
        SJMP    U1WAIT1
U1ACK1: JBC     RI,     U1ACK2          ;等待 U2 应答信号
        SJMP    U1ACK1
U1ACK2: MOV     A,      SBUF            ;读回 U2 应答信号
        XRL     A,      #0F2H           ;判断 U2 是否准备就绪
        JNZ     U1LINK1                 ;U2 未准备就绪，继续联络
U1LINK2:MOV     R0,     #40H            ;初始化数据指针
        MOV     R7,     #0AH            ;设置初始数据长度
        MOV     R6,     #00H            ;清零校验和单元
U1LINK3:MOV     A,      @R0             ;开始发送一个字节数据
        MOV     SBUF,   A
        ADD     A,      R6              ;求校验和
        MOV     R6,     A               ;存校验和
        INC     R0
U1WAIT2:JBC     TI,     U1LINK4
        SJMP    U1WAIT2
U1LINK4:DJNZ    R7,     U1LINK3         ;判断数据块是否传送完毕
        MOV     SBUF,   R6              ;发送校验和
U1WAIT3:JBC     TI,     U1ACK3
        SJMP    U1WAIT3
U1ACK3: JBC     RI,     U1ACK4          ;等待 U2 应答信号
        SJMP    U1ACK3
U1ACK4: MOV     A,      SBUF
        JNZ     U1LINK2                 ;若 U2 应答错误，重新发送数据
        RET
```

② 接收子程序（U2）如下。

```
;************************************************************************
```

```
;文件名：p2pr.asm
;作  者：×××
;说  明：完成 U1 发送数据的接收并保存于从 40H 开始的数据块中
;***********************************************************************
            ORG     0300H
SEND:       CLR     A                       ;关中断
            MOV     TMOD,   #20H            ;设置定时器 T1 工作于方式 2
            MOV     TH1,    #0FDH           ;加载定时器初值
            MOV     TL1,    #0FDH           ;
            MOV     PCON,   #00H            ;设置 PCON 的 SMOD 位为 0，设置
                                            ;波特率为 9 600bit/s
            SETB    TR1                     ;
            MOV     SCON,   #50H            ;设置串口工作方式为方式 1
U2ACK1:     JBC     RI,     U2ACK2          ;等待 U1 联络信号
            SJMP    U2ACK1
U2ACK2:     MOV     A,      SBUF            ;读回联络信号
            XRL     A,      #0F1H           ;判断是否为 U1 联络信号
            JNZ     U2ACK1
            MOV     SBUF,   #0F2H           ;发回应答信号
U2WAIT1:    JBC     TI,     U2LINK1         ;等待发送完毕
            SJMP    U2WAIT1
U2LINK1:    MOV     R0,     #40H            ;初始化数据指针
            MOV     R7,     #0AH            ;设置初始数据长度
            MOV     R6,     #00H            ;清零校验和单元
U2LINK2:    JBC     RI,     U2LINK3
            SJMP    U2LINK2
U2LINK3:    MOV     A,      SBUF
            MOV     @R0,    A               ;存储接收数据
            INC     R0
            ADD     A,      R6              ;求校验和
            MOV     R6,     A               ;存校验和
            DJNZ    R7,     U2LINK2         ;是否接收完预定数据(10 个)
U2WAIT2:    JBC     RI,     U2ACK3          ;接收校验和
            SJMP    U2WAIT2
U2ACK3:     MOV     A,      SBUF
            XRL     A,      R6              ;比较校验和
            JZ      END1
            MOV     SBUF,   #0FFH           ;校验和不对，发错误标志
U2WAIT3:    JBC     TI,     U2LINK1         ;重新接收
            SJMP    U2WAIT3
END1:       MOV     SBUF,   #00H
            RET
```

## 附录 8  补 充 知 识

### 一、伪指令

1. 定义字伪指令 DW（Define Word）

伪指令格式：<标号：>DW<项或项表>

DW 的基本含义和 DB 的相同,所不同的是其项或项表的数据为 16 位,高 8 位存低地址,低 8 位存高地址。

例如： ORG    0100H
TABLE: DW    3F00H,0678H

2．数据地址赋值伪指令 DATA

伪指令格式：<标号：><字符名称> DATA<数或表达式>

该指令的作用是给标号段中的标号赋值,与 EQU 类似,但也有差别。

(1) 用 DATA 定义的标识符汇编时将作为标号登记在符号表中,故可以先使用后定义;而 EQU 定义的标识符必须先定义后使用。

(2) 用 DATA 只能将数据或表达式的值赋给字符名,而用 EQU 可以将一个汇编符号赋给字符名但不能将表达式的值赋给字符名。

(3) DATA 常用来定义数据地址。

例如：XRAM    DATA    20F0H

汇编后 XRAM 的值为 20F0H。

### 二、指令

1．外部数据传送指令

外部数据传送指令是通过 P0 口和 P2 口实现累加器 A 与外部 RAM 或 I/O 口之间的数据传送,涉及的指令助记符为 MOVX。外部 RAM 和 I/O 口统一编址,此时单片机采用总线工作方式,由 P2 口（高 8 位地址）和 P0 口（低 8 位地址）构成地址总线,P0 口作为数据总线,分时传送地址和数据。采用的寻址方式是寄存器间接寻址,其指令格式为

```
MOVX    <目的操作数>,<源操作数>
```

外部数据传送指令的助记图如附图 8-1 所示。

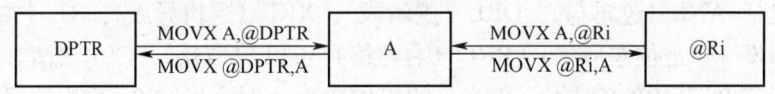

附图 8-1　外部数据传送指令助记图

下面通过一个例子来加以说明。

将外部 RAM 中 2040H 单元中的内容送外部 RAM40H 单元中。

```
MOV     DPTR,#2040H     ;使 DPTR 指向外部 RAM2040H 单元
MOVX    A,@DPTR         ;取外部 RAM2040H 单元的内容送累加器 A
MOV     R0,#40H         ;使 R0 指向外部 RAM40H 单元
MOVX    @R0,A           ;将累加器 A 的内容送间接寻址的 R0,即送外部 RAM40H
```

2．交换指令

交换指令有全字节交换,有半字节交换,其目的操作数均为累加器 A。涉及的指令助记符包括 XCH（字节交换）、XCHD（半字节交换）和 SWAP（累加器 A 高、低半字节交换）。此类指令可用于处理有某种递进关系的数据,例如,若需利用数码管实现显示数据从

左至右递进显示的效果时,对于显示数据的处理就可以利用交换指令来实现。采用的寻址方式有直接寻址、寄存器寻址和寄存器间接寻址,其指令格式为

```
XCH    <目的操作数>,<源操作数>
XCHD   <目的操作数>,<源操作数>
SWAP   A
```

交换指令助记图如附图 8-2 所示。

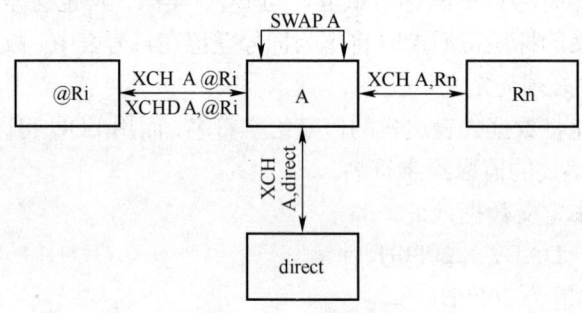

附图 8-2 交换指令助记图

下面通过一个例子来加以说明(以下指令在执行时前后关联)。

```
设 (A)=27H,(R6)=3EH,(3EH)=4CH,(R1)=20H,(20H)=0FAH
XCH    A,R6      ;指令执行后 (A)=3EH,(R6)=27H
XCH    A,3EH     ;指令执行后 (A)=4CH,(3EH)=3EH
XCH    A,@R1     ;指令执行后 (A)=0FAH,(R1)=20H,(20H)=4CH
XCHD   A,@R1     ;指令执行后 (A)=0FCH,(R1)=20H,(20H)=4AH
SWAP   A         ;指令执行后 (A)=0CFH
```

### 3. 逻辑运算类指令

逻辑运算类指令主要包括逻辑与、逻辑或、逻辑异或、移位、取反和清零等指令,涉及的助记符包括 ANL(逻辑与)、ORL(逻辑或)、XRL(逻辑异或)、RL(左环移)、RR(右环移)、RLC(带进位左环移)、RRC(右环移)、CPL(取反)、CLR(清零)等。这类指令一般不影响 PSW 中的标志位,仅当目的操作数为 A 时会影响 P。采用的寻址方式有立即寻址、直接寻址、寄存器寻址和寄存器间接寻址,其指令格式为

```
ANL    <目的操作数>,<源操作数>
ORL    <目的操作数>,<源操作数>
XRL    <目的操作数>,<源操作数>
RL     A
RR     A
RLC    A
RRC    A
CPL    A
CLR    A
```

逻辑运算类指令的助记图如附图 8-3 所示。

项目三 电动自行车调速系统的设计与调试

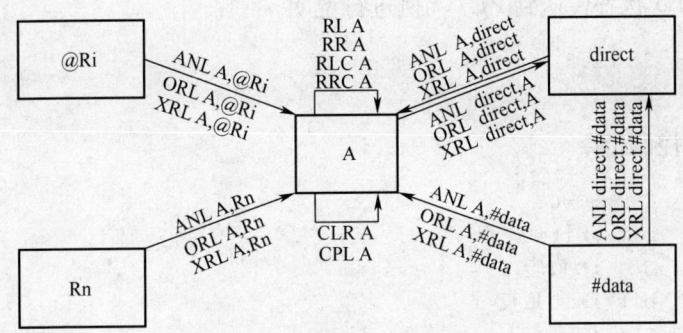

附图 8-3 逻辑运算指令助记图

下面通过一个例子来加以说明。

设 (A) = 0C5H (1100 0101B), C=0, (R0) = 47H, (47H) = 39H
RL A                  ;执行指令后, A=8BH (1000 1011B), C=0
RLC A                 ;执行指令后, A=8AH (1000 1010B), C=1
ANL A,40H             ;执行指令后, A=00H(0000 0000B),C=0
ORL A,@R0             ;执行指令后, A=39H
XRL A,47H             ;执行指令后, A=00H (0000 0000B)
CPL A                 ;执行指令后, A=0FFH
CLR A                 ;执行指令后, A=0

4．位操作类指令

位操作类指令也称布尔运算类指令，这类指令操作的对象主要是直接地址位和 I/O 端口位，涉及的指令助记符包括位数据传送（MOV）、位清零（CLR）、位取反（CPL）、位置位（SETB）、位逻辑与（ANL）、位逻辑或（ORL）和位条件转移（JC、JNC、JB、JNB、JBC）。

在 51 单片机内有一个布尔处理器，以进位标志 CY（程序状态字 PSW 的最高位即 PSW.7）作为累加器 C，以 RAM 和 SFR 内的位寻址区的单元作为操作数，进行位数据的传送、修改和逻辑运算等操作。位地址的写法有 4 种，以进位标志 C 为例。

※位地址名称 C
※位地址 0D7H
※直接地址位 0D0H.7
※特殊功能寄存器的位地址 PSW.7

（1）位数据传送指令

    MOV C, bit
    MOV bit, C

这两条指令主要用于对位操作累加器 C 进行数据传送，前一条指令的功能是将某指定位的内容送入位累加器 C 中，后一条指令是将 C 的内容传送到指定位。

要点：位传送指令其中一个操作数必须是位累加器 C，另一个可以是任何直接地址位。也就是说，位数据的传送必须经过 C 进行。

下面以把 P1.3 状态传送到 P1.7 为例进行说明。

```
MOV    C, P1.3
MOV    P1.7, C
```

(2) 位状态控制指令

```
CLR    C       ;C=0
CLR    bit     ;bit=0
CPL    C       ;C取反
CPL    bit     ;bit 取反
SETB   C       ;C=1
SETB   bit     ;bit=1
```

这类指令的功能分别是清除、取反、置位进位标志 C 或直接寻址位，不影响标志位。

(3) 位逻辑操作指令

```
ANL    C,bit
ANL    C,/bit
ORL    C,bit
ORL    C,/bit
```

这组指令的功能是把进位 C 的内容及直接位地址的内容逻辑"与"、"或"后的操作结果送回到 C 中。斜杠"/"表示对该位取反后再参加运算，但不改变原来的值。

(4) 布尔条件转移指令

```
JC     rel
JNC    rel
JB     bit,rel
JNB    bit,rel
JBC    bit,rel
```

JC 判进位标志为 1 转移，JNC 判进位标志为 0 转移，否则顺序执行下一条指令；JB 判位为 1 转移，JNB 判位为 0 转移，JBC 判位为 1 转移，并将该位清 0，否则顺序执行下一条指令。

下面通过具体的例子加以说明：试判断累加器中数的正负，若为正数，存入 20H 单元；若为负数则存 21H 单元。

注意：在单片机中单字节的数据若为有符号数，通常以数据的最高位为符号位，符号位为 0 则表示该数据为正数，符号位为 1 则表示该数据为负数。因此这里的问题主要是要判断累加器中数据的最高位是 0 还是 1。

```
START: JB     ACC.7, LOOP    ;累加器符号位为1，转至 LOOP
       MOV    20H, A         ;否则为正数，存入 20H 单元
       RET                   ;返回
LOOP:  MOV    21H, A         ;负数存入 21H 单元
       RET                   ;返回
```

## 附录9  MC5-51 指令系统汇总

| 页码 | 助记符 | 功能简述 | 字节数 | 周期数 |
|---|---|---|---|---|
| | 数据传递类指令 | | | |
| 85 | MOV A,Rn | 寄存器传送到累加器，即(Rn)→(A) | 1 | 1 |
| | MOV A,direct | 直接地址传送到累加器，即(direct)→(A) | 2 | 1 |
| | MOV A,@Ri | 间接RAM送到累加器，即(Ri)→(A) | 1 | 1 |
| | MOV A,#data | 立即数传送到累加器，即data→(A) | 2 | 1 |
| | MOV Rn,A | 累加器传送到寄存器，即(A)→(Rn) | 1 | 1 |
| | MOV Rn,direct | 直接地址传送到寄存器，即(direct)→(Rn) | 2 | 2 |
| 73 | MOV Rn,#data | 立即数传送到寄存器，即data→(Rn) | 2 | 1 |
| | MOV direct,A | 累加器传送到直接地址，即(A)→(direct) | 2 | 1 |
| 85 | MOV direct,Rn | 寄存器传送到直接地址，即(Rn)→(direct) | 2 | 2 |
| | MOV direct,@Ri | 间接RAM 传送到直接地址，即((Ri))→(direct) | 2 | 2 |
| | MOV direct1,direct2 | 直接地址传送到直接地址，即(direct2)→(direct1) | 3 | 2 |
| 73 | MOV direct,#data | 立即数传送到直接地址，即data→(direct) | 3 | 2 |
| 85 | MOV @Ri,A | 累加器传送到间接RAM，即(A)→((Ri)) | 1 | 1 |
| | MOV @Ri,direct | 直接地址传送到间接RAM，即(direct)→((Ri)) | 2 | 2 |
| 73 | MOV @Ri,#data | 立即数传送到间接RAM，即data→((Ri)) | 2 | 1 |
| | MOV DPTR,#data | 16位常数传送到数据指针，即data16→(DPTR) | 3 | 2 |
| 102 | MOVC A,@A+DPTR | 代码字节传送到累加器，即(A+DPTR)→(A) | 1 | 2 |
| | MOVC A,@A+PC | 代码字节传送到累加器，即(PC)+1→(PC),(A+PC)→(A) | 1 | 2 |
| 239 | MOVX A,@Ri | 外部RAM(8地址)传送到累加器，即((Ri))→(A) | 1 | 2 |
| | MOVX A,@DPTR | 外部RAM(16地址)传送到累加器，即((DPTR))→(A) | 1 | 2 |
| | MOVX @Ri,A | 累加器传送到外部RAM(8地址)，即(A)→((Ri)) | 1 | 2 |
| | MOVX @DPTR,A | 累加器传送到外部RAM(16地址)，即(A)→((DPTR)) | 1 | 2 |
| 154 | PUSH direct | 直接地址压入堆栈，即(SP)+1→(SP),(direct)→(SP) | 2 | 2 |
| | POP direct | 直接地址弹出堆栈，即(SP)→(direct),(SP)-1→(SP) | 2 | 2 |
| 239 | XCH A,Rn | 寄存器和累加器交换，即(A)←→(Rn) | 1 | 1 |
| | XCH A,direct | 直接地址和累加器交换，即(A)←→(direct) | 2 | 1 |
| | XCH A,@Ri | 间接RAM 和累加器交换，即(A)←→((Ri)) | 1 | 1 |
| | XCHD A,@Ri | 间接RAM 和累加器交换低4位字节，即(A)0~3←→((Ri))0~3 | 1 | 1 |

续表

| 页码 | 助记符 | | 功能简述 | 字节数 | 周期数 |
|---|---|---|---|---|---|
| | | | 算术运算类指令 | | |
| 155 | ADD | A,Rn | 寄存器与累加器求和，即(A)+(Rn)→(A) | 1 | 1 |
| | ADD | A,direct | 直接地址与累加器求和，即(A)+(direct)→(A) | 2 | 1 |
| | ADD | A,@Ri | 间接RAM与累加器求和，即(A)+((Ri))→(A) | 1 | 1 |
| | ADD | A,#data | 立即数与累加器求和，即(A)+data→(A) | 2 | 1 |
| | ADDC | A,Rn | 寄存器与累加器求和(带进位)，即(A)+(Rn)+(CY)→(A) | 1 | 1 |
| | ADDC | A,direct | 直接地址与累加器求和(带进位)，即(A)+(direct)+(CY)→(A) | 2 | 1 |
| | ADDC | A,@Ri | 间接RAM与累加器求和(带进位)，即(A)+((Ri))+(CY)→(A) | 1 | 1 |
| | ADDC | A,#data | 立即数与累加器求和(带进位)，即(A)+data+(CY)→(A) | 2 | 1 |
| 156 | SUBB | A,Rn | 累加器减去寄存器（带借位），即(A)-(Rn)-(CY)→(A) | 1 | 1 |
| | SUBB | A,direct | 累加器减去直接地址（带借位），即(A)-(direct)-(CY)→(A) | 2 | 1 |
| | SUBB | A,@Ri | 累加器减去间接RAM(带借位)，即(A)-((Ri))-(CY)→(A) | 1 | 1 |
| | SUBB | A,#data | 累加器减去立即数（带借位），即(A)-data-(CY)→(A) | 2 | 1 |
| 102 | INC | A | 累加器加1，即(A)+1→(A) | 1 | 1 |
| | INC | Rn | 寄存器加1，即(Rn)+1→(Rn) | 1 | 1 |
| | INC | direct | 直接地址加1，即(direct)+1→(direct) | 2 | 1 |
| | INC | @Ri | 间接RAM加1，即((Ri))+1→((Ri)) | 1 | 1 |
| | INC | DPTR | 数据指针加1，即(DPTR)+1→(DPTR) | 1 | 2 |
| | DEC | A | 累加器减1，即(A)-1→(A) | 1 | 1 |
| | DEC | Rn | 寄存器减1，即(Rn)-1→(Rn) | 1 | 1 |
| | DEC | direct | 直接地址减1，即(direct)-1→(direct) | 2 | 1 |
| | DEC | @Ri | 间接RAM减1，即((Ri))-1→((Ri)) | 1 | 1 |
| 156 | MUL | AB | 累加器和B寄存器相乘，结果的高8位在B里，低8位在A里，即(A)×(B)→(B)(A) | 1 | 4 |
| 157 | DIV | AB | 累加器除以B寄存器，商在累加器中，余数在B寄存器中，即(A)/(B)高位→(A)，余数→(B) | 1 | 4 |
| 155 | DA | A | 累加器十进制调整 | 1 | 1 |
| | | | 逻辑运算类指令 | | |
| 240 | ANL | A,Rn | 寄存器"与"到累加器，即(A)∧(Rn)→(A) | 1 | 1 |
| | ANL | A,direct | 直接地址"与"到累加器，即(A)∧(direct)→(A) | 2 | 1 |

续表

| 页码 | 助记符 | 功 能 简 述 | 字节数 | 周期数 |
|---|---|---|---|---|
| 240 | 逻辑运算类指令 | | | |
| | ANL A,@Ri | 间接RAM"与"到累加器，即(A)∧((Ri))→(A) | 1 | 1 |
| | ANL A,#data | 立即数"与"到累加器，即(A)∧data→(A) | 2 | 1 |
| | ANL direct,A | 累加器"与"到直接地址，即(direct)∧(A)→(direct) | 2 | 1 |
| | ANL direct,#data | 立即数"与"到直接地址，即(direct)∧data→(direct) | 3 | 2 |
| | ORL A,Rn | 寄存器"或"到累加器，即(A)∨(Rn)→(A) | 1 | 1 |
| | ORL A,direct | 直接地址"或"到累加器，即(A)∨(direct)→(A) | 2 | 1 |
| | ORL A,@Ri | 间接RAM"或"到累加器，即(A)∨((Ri))→(A) | 1 | 1 |
| | ORL A,#data | 立即数"或"到累加器，即(A)∨data→(A) | 2 | 1 |
| | ORL direct,A | 累加器"或"到直接地址，即(direct)∨(A)→(direct) | 2 | 1 |
| | ORL direct,#data | 立即数"或"到直接地址，即(direct)∨data→(direct) | 3 | 2 |
| | XRL A,Rn | 寄存器"异或"到累加器，即(A)+(Rn)→(A) | 1 | 1 |
| | XRL A,direct | 直接地址"异或"到累加器，即(A)+(direct)→(A) | 2 | 1 |
| | XRL A,@Ri | 间接RAM"异或"到累加器，即(A)+((Ri))→(A) | 1 | 1 |
| | XRL A,#data | 立即数"异或"到累加器，即(A)+data→(A) | 2 | 1 |
| | XRL direct,A | 累加器"异或"到直接地址，即(direct)+(A)→(direct) | 2 | 1 |
| | XRL direct,#data | 立即数"异或"到直接地址，即(direct)+data→(direct) | 3 | 2 |
| 136 | CLR A | 累加器清零，即0→(A) | 1 | 1 |
| 240 | CPL A | 累加器求反，即$\overline{(A)}$→(A) | 1 | 1 |
| 101 | RL A | 累加器循环左移 | 1 | 1 |
| | RLC A | 带进位累加器循环左移 | 1 | 1 |
| | RR A | 累加器循环右移 | 1 | 1 |
| | RRC A | 带进位累加器循环右移 | 1 | 1 |
| 239 | SWAP A | 累加器高、低4位交换 | 1 | 1 |
| 72 | 布尔指令 | | | |
| | CLR C | 清进位标志位，即0→(CY) | 1 | 1 |
| | CLR bit | 清直接寻址位，即0→bit | 2 | 1 |
| | SETB C | 置位进位标志位，即1→(CY) | 1 | 1 |
| | SETB bit | 置位直接寻址位，即1→bit | 2 | 1 |
| | CPL C | 取反进位标志位，即$\overline{(CY)}$→(CY) | 1 | 1 |
| | CPL bit | 取反直接寻址位，即$\overline{bit}$→bit | 2 | 1 |

续表

| 页码 | 助记符 | | 功能简述 | 字节数 | 周期数 |
|---|---|---|---|---|---|
| | | | 布尔指令 | | |
| 241 | ANL | C,bit | 直接寻址位"与"到进位标志位,即(CY)∧bit→(CY) | 2 | 2 |
| | ANL | C,/bit | 直接寻址位的反码"与"到进位标志位,即(CY)∧$\overline{bit}$→(CY) | 2 | 2 |
| | ORL | C,bit | 直接寻址位"或"到进位标志位,即(CY)∨bit→(CY) | 2 | 2 |
| | ORL | C,/bit | 直接寻址位的反码"或"到进位标志位,即(CY)∨$\overline{bit}$→(CY) | 2 | 2 |
| | MOV | C,bit | 直接寻址位传送到进位标志位,即bit→(CY) | 2 | 1 |
| | MOV | bit,C | 进位标志位传送到直接寻址,即(CY)→bit | 2 | 2 |
| | JC | rel | 如果进位标志位为1则转移,即若(C)=1,则(PC)+2+rel→(PC);若(C)=0,则(PC)+2→(PC) | 2 | 2 |
| 84 | JNC | rel | 如果进位标志位为0则转移,即若(C)=0,则(PC)+2+rel→(PC);若(C)=1,则(PC)+2→(PC) | 3 | 2 |
| | JB | bit,rel | 如果直接寻址位为1则转移,即若(bit)=1,则(PC)+3+rel→(PC);若(bit)=0,则(PC)+3→(PC) | 1 | 2 |
| | JNB | bit,rel | 如果直接寻址位为0则转移,即若(bit)=0,则(PC)+3+rel→(PC);若(bit)=1,则(PC)+3→(PC) | 1 | 2 |
| | JBC | bit,rel | 直接寻址位为1则转移并清除该位,即若(bit)=1,则(PC)+3+rel→(PC);若0→(bit),则(bit)=0,同时(PC)+3→(PC) | 2 | 3 |
| | | | 控制转移类指令 | | |
| 86 | ACALL | addr11 | 绝对调用子程序,即(PC)+2→(PC),(SP)+1→(SP),(PCL)→(SP),(SP)+1→(SP),(PCH)→(PC),addr11→(PC)10~0 | 3 | 2 |
| | LCALL | addr16 | 长调用子程序,即(PC)+3→(PC),(SP)+1→(SP),(PCL)→(SP),(SP)+1→(SP),(PCH)→(PC),addr16→(PC) | 2 | 2 |
| | RET | | 从子程序返回,即(SP)→(PCH),(SP)-1→(SP),(SP)→(PCL),(SP)-1→(SP) | 1 | 2 |
| 110 | RETI | | 从中断服务子程序返回,即(SP)→(PCH),(SP)-1→(SP),(SP)→(PCL),(SP)-1→(SP),从中断返回 | 2 | 2 |
| 72 | AJMP | addr11 | 无条件绝对转移,即(PC)+2→(PC),addr11→(PC)10~0 | 2 | 2 |
| | LJMP | addr16 | 无条件长转移,即addr16→(PC) | 2 | 2 |
| | SJMP | rel | 无条件相对转移,即(PC)+2→(PC),(PC)+rel→(PC) | 2 | 2 |
| 97 | JMP | @A+DPTR | 相对DPTR的无条件间接转移,即(A)+(DPTR)→(PC) | 3 | 2 |

## 项目三 电动自行车调速系统的设计与调试

续表

| 页码 | 助记符 | 功 能 简 述 | 字节数 | 周期数 |
|---|---|---|---|---|
| | 控制转移类指令 | | | |
| 101 | JZ　　rel | 累加器为 0 则转移，即若(A)=0，则(PC) +2+rel→(PC)；若(A)≠0，则(PC)+2→(PC) | 3 | 2 |
| | JNZ　　rel | 累加器为 1 则转移，即若(A)≠0，则(PC) +2+rel→(PC)；若(A)=0，则(PC)+2→(PC) | 3 | 2 |
| 84 | CJNE　A,direct,rel | 比较直接地址和累加器，不相等转移，即若(A)=(direct)，(PC)+3→(PC)；若(A)≠(direct)，(PC)+3+rel→(PC)；(A)<(direct),1→(CY) | 3 | 2 |
| | CJNE　A,#data,rel | 比较立即数和累加器，不相等转移，即若(A)=data，(PC)+3→(PC)；若(A)≠data，(PC) +3+rel→(PC)；(A)<data,1→(CY) | 3 | 2 |
| | CJNE　Rn,#data,rel | 比较寄存器和立即数，不相等转移，即若(Rn)=data，(PC)+3→(PC)；若(Rn)≠data，(PC) +3+rel→(PC)；(Rn)<data,1→(CY) | 3 | 2 |
| | CJNE　@Ri,#data,rel | 比较立即数和间接 RAM，不相等转移，即若((Ri))=data，(PC)+3→(PC)；若((Ri))≠data，(PC) +3+rel→(PC)；((Ri))<data,1→(CY) | 3 | 2 |
| 73 | DJNZ　Rn,rel | 寄存器减 1，不为 0 则转移，即(Rn)-1→(Rn)，若(Rn)=0,(PC)+2→(PC);若(Rn)≠0，(PC) +2+rel→(PC) | 2 | 2 |
| | DJNZ　direct,rel | 直接地址减 1，不为 0 则转移，即(direct)-1→(direct)，若(direct)=0,(PC)+3→(PC)；若(direct)≠0，(PC) +3+rel→(PC) | 3 | 2 |
| | NOP | 空操作，用于短暂延时 | 1 | 1 |

伪指令

| 页码 | 指 令 符 | 功 能 简 述 |
|---|---|---|
| 69 | ORG | 指明程序的开始位置 |
| 99 | DB | 定义数据表 |
| 238 | DW | 定义 16 位的地址表 |
| 99 | EQU | 给一个表达式或一个字符串起名 |
| 238 | DATA | 给一个 8 位的内部 RAM 起名 |
| 70 | BIT | 给一个可位寻址的位单元起名 |
| 70 | END | 指出源程序到此为止 |

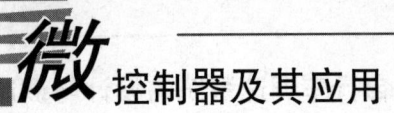

指令中的符号标识

| 符 号 | 简 述 |
|---|---|
| Rn | 工作寄存器 R0-R7 |
| Ri | 工作寄存器 R0 和 R1 |
| @Ri | 间接寻址的 8 位 RAM 单元地址（00H-FFH） |
| #data8 | 8 位常数 |
| #data16 | 16 位常数 |
| addr16 | 16 位目标地址，能转移或调用到 64KROM 的任何地方 |
| addr11 | 11 位目标地址，在下条指令的 2K 范围内转移或调用 |
| Rel | 8 位偏移量，用于 SJMP 和所有条件转移指令，范围-128～+127 |
| Bit | 片内 RAM 中的可寻址位和 SFR 的可寻址位 |
| Direct | 直接地址，范围片内 RAM 单元（00H-7FH）和 80H-FFH |
| $ | 指本条指令的起始位置 |

## 附录 10　主要知识点索引表

| 主要知识点 | 页 码 |
|---|---|
| 目前世界上较著名的 8 位单片机的生产厂家和主要机型 | 1 |
| 二进制、十进制和十六进制对照表 | 30 |
| ASCII 码表 | 32 |
| Proteus ISIS 的工作界面 | 38 |
| Proteus ISIS 元器件库分类 | 42 |
| μVision3 的窗口界面 | 48 |
| Keil C51 和 Proteus 联调 | 62 |
| 程序状态字寄存器 PSW | 8 |
| 机器周期 | 10 |
| 单片机复位电路 | 11 |
| 汇编语言指令格式 | 12 |
| AT89C51 单片机的存储器 | 5 |
| 内部数据存储区 | 6 |
| 特殊功能寄存器区 | 7 |
| 寻址方式 | 13 |
| 立即寻址和直接寻址方式 | 83 |

## 项目三 电动自行车调速系统的设计与调试

续表

| 主要知识点 | 页　码 |
|---|---|
| 寄存器寻址 | 99 |
| 基址变址寻址 | 100 |
| 位寻址和相对寻址方式 | 70 |
| 寄存器间接寻址方式 | 135 |
| AT89C51 的输入/输出口 | 78 |
| 中断系统 | 114 |
| 定时器/计数器及中断的应用 | 145 |
| 工作方式寄存器 TMOD | 145 |
| 控制寄存器 TCON | 146 |
| AT89C51 的定时器/计数器脉冲宽度测量应用 | 164 |
| 程序设计基本结构 | 96 |
| 软件延时程序主体 | 73 |
| 延时子程序设计 | 86 |
| 子程序设计及参数传递 | 87 |
| 发光二极管控制方法 | 67 |
| 开关控制方法 | 81 |
| 蜂鸣器工作原理及应用 | 166 |
| 跑马灯 | 102 |
| 多彩霓虹灯 | 104 |
| 按键控制多彩霓虹灯 | 106 |
| 显示接口设计 | 123 |
| 霍尔传感器测速应用 | 142 |
| 转速测量方法 | 144 |
| 并行 A/D 接口设计 | 191 |
| 串行 A/D 接口设计 | 195 |
| 电动机驱动电路 | 206 |
| 软件模拟 PWM 信号 | 211 |
| 电动机过电流保护 | 219 |
| 单片机串行接口 | 227 |

# 参 考 文 献

[1] 李朝青. 单片机原理及接口技术. 北京：北京航空航天大学出版社，2007.

[2] 张毅刚. 单片机原理及应用. 北京：高等教育出版社，2005.

[3] 李法春. 单片机原理及接口技术案例教程. 北京：机械工业出版社，2008.

[4] 吴金戌，沈庆阳，郭庭吉. 8051单片机实践与应用. 北京：清华大学出版社，2001.

[5] 张迎新，杜小平，樊桂花，等，单片机初级教程. 北京：北京航空航天出版社，1999.

[6] 何立民. 单片机高级教程. 北京：北京航空航天出版社，1999.

[7] 张毅刚，彭喜源，谭晓昀，等. MCS-51单片机应用设计. 哈尔滨：哈尔滨工业大学出版社，1997.

[8] 李全利. 单片机原理及应用技术. 北京：高等教育出版社，2001.7.

[9] 刘华东. 单片机原理及应用. 北京：电子工业出版社，2004.8.

[10] 胡汉才. 单片机原理及其接口技术，第2版. 北京：清华大学出版社，2004.

[11] 基于软件模拟的51单片机IIC总线的实现. 电子技术凌六一，伍龙..2004年第5期. 13-16.

[12] 徐江海. 单片机实用教程. 北京：机械工业出版社，2006.

[13] 曹天汉. 单片机原理与接口技术. 第2版. 北京：电子工业出版社，2006.

[14] 汪德彪. MCS-51单片机原理及接口技术. 北京：电子工业出版社，2003.

[15] 林契. 单片机应用实例开发. 西安：西安电子科技大学出版社，2009.

[16] 唐继贤. 51单片机工程应用实例. 北京：北京航空航天大学出版社，2009.

# 高等职业教育课改系列规划教材目录

| 书 名 | 书 号 | 定 价 |
|---|---|---|
| 高等职业教育课改系列规划教材（公共课类） | | |
| 大学生心理健康案例教程 | 978-7-115-20721-0 | 25.00 元 |
| 高等职业教育课改系列规划教材（经管类） | | |
| 电子商务基础与应用 | 978-7-115-20898-9 | 35.00 元 |
| 网页设计与制作 | 978-7-115-21122-4 | 26.00 元 |
| 物流管理案例引导教程 | 978-7-115-20039-6 | 32.00 元 |
| 基础会计 | 978-7-115-20035-8 | 23.00 元 |
| 基础会计技能实训 | 978-7-115-20036-5 | 20.00 元 |
| 会计实务 | 978-7-115-21721-9 | 33.00 元 |
| 人力资源管理案例引导教程 | 978-7-115-20040-2 | 28.00 元 |
| 市场营销实践教程 | 978-7-115-20033-4 | 29.00 元 |
| 市场营销与策划 | 978-7-115-22174-9 | 31.00 元 |
| 商务谈判技巧 | 978-7-115-22333-3 | 23.00 元 |
| 现代推销实务 | 978-7-115-22406-4 | 23.00 元 |
| 公共关系实务 | 978-7-115-22312-8 | 20.00 元 |
| 高等职业教育课改系列规划教材（计算机类） | | |
| 网络应用工程师实训教程 | 978-7-115-20034-1 | 32.00 元 |
| 计算机应用基础 | 978-7-115-20037-2 | 26.00 元 |
| 计算机应用基础上机指导与习题集 | 978-7-115-20038-9 | 16.00 元 |
| C 语言程序设计项目教程 | 978-7-115-22386-9 | 29.00 元 |
| C 语言程序设计上机指导与习题集 | 978-7-115-22385-2 | 19.00 元 |
| 高等职业教育课改系列规划教材（电子信息类） | | |
| 电子电路分析与调试 | 978-7-115-22412-5 | 32.00 元 |
| 电子电路分析与调试实践指导 | 978-7-115-22524-5 | 19.00 元 |
| 电子技术基本技能 | 978-7-115-20031-0 | 28.00 元 |
| 电子线路板设计与制作 | 978-7-115-21763-9 | 22.00 元 |
| 单片机应用系统设计与制作 | 978-7-115-21614-4 | 19.00 元 |
| PLC 控制系统设计与调试 | 978-7-115-21730-1 | 29.00 元 |
| 微控制器及其应用 | 978-7-115-22505-4 | 31.00 元 |

续表

| 书　名 | 书　号 | 定　价 |
|---|---|---|
| 高等职业教育课改系列规划教材（动漫数字艺术类） | | |
| 游戏动画设计与制作 | 978-7-115-20778-4 | 38.00元 |
| 游戏角色设计与制作 | 978-7-115-21982-4 | 46.00元 |
| 游戏场景设计与制作 | 978-7-115-21887-2 | 39.00元 |
| 高等职业教育课改系列规划教材（通信类） | | |
| 交换机（华为）安装、调试与维护 | 978-7-115-22223-7 | 38.00元 |
| 交换机（华为）安装、调试与维护实践指导 | 978-7-115-22161-2 | 14.00元 |
| 交换机（中兴）安装、调试与维护 | 978-7-115-22131-5 | 44.00元 |
| 交换机（中兴）安装、调试与维护实践指导 | 978-7-115-22172-8 | 14.00元 |
| 综合布线实训教程 | 978-7-115-22440-8 | 33.00元 |

　　如果您对"世纪英才"系列教材有什么好的意见和建议，可以在"世纪英才图书网"（http://www.ycbook.com.cn）上"资源下载"栏目中下载"读者信息反馈表"，发邮件至wuhan@ptpress.com.cn。谢谢您对"世纪英才"品牌职业教育教材的关注与支持！